普通高等教育机器人工程专业系列教材

机器人技术基础与应用实践

——基于模块化的机器人创意设计与实现

王留芳　曲　凌　郝朝会　佘鹏飞　编著

U0191299

机械工业出版社

本书介绍了模块化机器人的设计基础与进阶实践方法。全书包括绪论、初识机器人组件、编程基础、机器人控制系统的构建基础、机器人的机构设计基础、简单机构的设计与实践、初识复杂系统、机器人产品的原型设计与实践、仿生机器人的设计与实践、机器人创意设计中的通信技术及自主创意设计实例。每个章节设计了系列应用实例，帮助读者及时理解知识点、学习设计思路。特别是第 6 章遵循目标分层递进的教学理念，设计了一系列接近工程实际的小项目，借以引导初学者从简单项目入手，通过基础、进阶、挑战等过程，由浅入深、逐级递进，实现设计目标。

本书秉承以学生为中心、以能力培养为目标的教学宗旨，将知识学习和能力培养贯穿于教学实践全过程，使学生在实践过程中深刻体会"做中学，学中做，边学边做"的实践观以及知识"非用不活，非活无用"的学习理念。

本书可作为高等院校本科生工程实践类课程的教材，也可作为教学参考用书，同时，还适合作为本科生及机器人爱好者的自学指导书。

本书是新形态教材，读者可通过扫描书中二维码观看相关知识点授课视频。同时，本书配有电子教案、教学大纲等电子资源，需要的读者可登录 www.cmpedu.com 免费注册、审核通过后下载使用，或联系编辑索取（微信 18515977506，电话 010-88379753）。

图书在版编目（CIP）数据

机器人技术基础与应用实践：基于模块化的机器人创意设计与实现/王留芳等编著 . —北京：机械工业出版社，2023.11（2025.1 重印）
普通高等教育机器人工程专业系列教材
ISBN 978-7-111-74049-0

Ⅰ . ①机… Ⅱ. ①王… Ⅲ. ①机器人技术-高等学校-教材 Ⅳ. ①TP24

中国国家版本馆 CIP 数据核字（2023）第 207719 号

机械工业出版社（北京市百万庄大街 22 号 邮政编码 100037）
策划编辑：尚 晨 责任编辑：尚 晨 戴 琳
责任校对：樊钟英 薄萌钰 责任印制：单爱军
北京虎彩文化传播有限公司印刷
2025 年 1 月第 1 版第 2 次印刷
184mm×260mm · 20.75 印张 · 513 千字
标准书号：ISBN 978-7-111-74049-0
定价：79.00 元

电话服务 网络服务
客服电话：010-88361066 机 工 官 网：www.cmpbook.com
010-88379833 机 工 官 博：weibo.com/cmp1952
010-68326294 金 书 网：www.golden-book.com
封底无防伪标均为盗版 机工教育服务网：www.cmpedu.com

前　言

机器人技术是一门涉及机械、电子、自动控制、计算机、传感器技术及人工智能（AI）等多学科知识的综合性应用技术，近年来得到了越来越多的关注。特别是随着 AI、开源创客技术的快速发展，机器人设计和应用技术也在教育领域得以长足发展。作者经过多年教学实践和研究发现，很多学生虽然对机器人表现出浓厚的学习兴趣，但是在实际动手设计制作时，却又茫然无措，不知如何入手。相关教材不是理论深奥就是设计思路过于精简，对初学者而言，要从零开始学会机器人的结构设计、零部件加工、总装，实非易事。即使对于有基础的学生，要在有限课时内迅速理解机器人的动作机理，掌握各种机构的设计思路，制作出结构合理、性能优良、功能完善的机器人仍是难度极大的，这也是很多初学者在机器人学习之初畏难却步的主要原因。

为了降低学习门槛，引导学生快速上手，本书引入功能强大、设计灵活、易于实现模块化结构设计的探索者组件，选择 Arduino 开源创客硬件为技术支撑进行控制系统设计，结合作者多年的实践教学经验和教学研究成果，通过任务细化分解、目标逐层递进的实践模式，从感兴趣或熟悉的工程任务入手，由浅入深，引导学生逐步学习掌握创意机器人设计的基本方法、步骤和编程控制思路。

本书共分 10 章。

第 1~4 章主要学习机器人设计的基础知识。其中，第 1 章主要介绍机器人构建支撑组件、Arduino IDE；第 2 章介绍用于机器人控制系统设计的 C/C++编程语言的基本知识、功能库函数的应用等，为初学者奠定编程基础；第 3 章主要介绍 Arduino 开源创客实践平台，以及构建机器人控制系统必备的基础知识；第 4 章介绍机器人的机构设计基础。

第 5、6 章主要介绍机器人的设计思路与控制方法。第 5 章学习简单机构的基本构成、设计搭建步骤、编程控制思路；第 6 章主要学习如何利用简单机构来构建多功能或复杂机构的机器人系统，通过贴近工程实际的应用实例，由浅入深地学习目标分层递进的设计方法，掌握机器人的设计技巧和设计思路。

第 7 章以工业生产中的机器人产品原型机为模型，通过解构分析机器人的功能结构，学习产品机器人的设计思路和编程控制方法。

第 8 章介绍仿生机器人的设计搭建与控制，以串联关节型、并联关节型、仿人机器人为例研究仿生机器人的特点，学习仿生机器人的设计、搭建与控制。

第 9 章介绍机器人创意设计中的通信技术，包括串口通信（UART）、I^2C 总线通信、SPI 总线通信、WiFi、蓝牙、无线数传等常用的通信方式，有助于实现和丰富机器人创意设计的功能拓展，解决多机通信及远程控制问题。

第 10 章简要概述自主创意设计思路，并给出部分学生作品实例。

考虑到 2.0 以下版本的 Arduino 库函数的开源性更好，有助于初学者学习库函数编写，本书的 Arduino IDE 选择基于 Windows 7、Windows 10 以上的 1.8 版本。书上例程均可在 1.8 及以上版本的 Arduino IDE 中运行。需要本书示例参考程序的读者，可打开 http://www.cmpedu.com 网址或扫描书上二维码下载。

感谢上海交通大学和北京机器时代有限公司的领导、黄蓓蕾等老师以及李新等工程师给予的支持和帮助，使本书得以顺利出版。

由于水平有限，书中难免有疏漏之处，恳请广大读者批评指正。

编者

目　录

绪　　论

0.1　什么是机器人

说起机器人，很多人首先想到的可能还是具有人类外形的由钢铁筋骨构成的钢铁侠，或者是 2010 年上海世博会上的小提琴手。实际上，机器人的存在状态不一定是人形结构，而是一种能够模拟人类行为思想、取代或协助人类工作的机器装置，或者是能模拟其他生物的机械，如机械臂、机器狗、机械蛇等。机器人是集力学、机械、电子、自动控制、计算机以及信息学等于一体的多学科交叉的机器装置。

1. 机器人的由来

机器人的概念诞生于 3000 多年前。传说我国西周时期的能工巧匠偃师就研制出了能歌善舞的伶人，《墨经》记载春秋时期的鲁班制造木鸟"飞行三日不下"，三国时期蜀国丞相诸葛亮成功发明了"木牛流马"等。

机器人的英文"Robot"一词最早出现于 1920 年，是捷克作家 Karel Capek 在他的科幻小说《罗萨姆的万能机器人》中首先提出来的。他在书中构思了一个能够代替人类、不知疲劳地艰苦工作的机器人名叫 Robot。后来派生出大量的科幻小说、话剧和电影，如 Isaac Asimov 的科幻小说《我，机器人》、好莱坞电影《摩登时代》等，从而形成了人们对机器人的一种共识：外观像人，富有知识，甚至还有个性。

2. 现代机器人的科学定义

对机器人的定义，每个人都有不同的理解。《大英百科全书》对机器人定义如下：任何能够代替人类劳动的自动操控机器，虽然这种机器并不一定具有人的外形，或者不按照人类的方式来实现某些功能。伦敦大学 Medredith Thring 教授认为：机器人至少有一只手臂，能自行推动和自行转向；有配套的动力系统和控制系统，有能容纳一定数量指令的存储器，有能识别环境和对象的传感器。日本早稻田大学加藤一郎教授则提出：机器人应该具有脑、手、脚，有接收外界信息的各种接触或非接触传感器等要素。

1942 年，美国作家 Isaac Asimov 曾在其科幻小说《我，机器人》中提出机器人三定律，后来成为机器人研发原则：①机器人不得伤害人类，也不许见人类受伤害而袖手旁观；②应服从人类的一切命令，但不得违背第①条定律；③应能保护自身安全，但不得违反①、②条定律。

各国机器人工业协会也先后对机器人做了相应的定义。直到 1988 年国际标准化组织采纳了美国机器人协会给机器人下的定义：一种可编程、多功能、多自由度的操作机；或是为了执行不同的任务而具有可用计算机改变和可编程动作的专门系统。至此，国际上对机器人的概念开始逐渐趋于一致。

0.2 机器人的发展历史

1. 机器人的发展

机器人真正发展始于 20 世纪中期，随着计算机和自动化技术的快速发展，以及原子能的开发利用，迄今机器人的发展已经历了三代。

1）第一代机器人：1954 年美国戴沃尔提出了工业机器人概念并申请了专利，该专利借助伺服技术控制机器人的关节，利用人手对机器人进行动作示教，机器人能实现动作的记录和再现，是第一代机器人的雏形。1962 年，PUMA 机器人（通用示教再现型）研制成功，并应用到通用电气公司的工业生产装配线上，标志着第一代机器人走向成熟。20 世纪 70 年代出现了很多机器人公司，像安川、MOTOMAN 公司等，成功将机器人应用于汽车工业，使机器人正式走向应用。

2）第二代机器人：具有感知功能的机器人，具有类似人的某种感觉，如力觉、触觉、滑觉、视觉、听觉等，出现了很多专业的机器人公司，如 ABB、KUKA、FUNAC 等，同时将机器人的应用范围从工业扩展到服务行业。

3）第三代机器人：智能机器人，这种机器人不仅具有各种感知，还具有逻辑思维、学习、判断、决策等功能，可以根据要求自主地完成所给的任务。例如，由谷歌（Google）旗下 DeepMind 公司戴密斯·哈萨比斯领衔的团队开发的阿尔法围棋（AlphaGo）是第一个击败人类职业围棋选手、第一个战胜围棋世界冠军的人工智能机器人，其主要工作原理基于深度学习。

2. 机器人的主要用途

机器人目前正广泛应用于工农业生产、军事科研、空间探索、医疗技术、日常生活等领域，并且随着技术的发展，应用的范围不断扩大，相信不远的将来我们会在更多的应用领域看到机器人的身影。

0.3 如何设计制作机器人

要想设计制作机器人，首先需要了解机器人系统的工作原理、基本架构和重要组成。机器人是存在于物理世界里的自主系统，能够感知周围环境，并依靠自身判断，采取行动并完成特定目标。那么，组成机器人的重要部分有哪些呢？

1. 机器人系统的构成

解构机器人可以发现，机器人系统主要包括机械系统、控制系统、驱动执行系统、电源系统和感知系统等部分组成。除此之外，如果想让机器人感受外部信息，与外界进行对话交流，还需要配置感知系统和交互系统。

（1）机械系统

机器人的机械系统相当于人的身体，常见的有机身、臂部、手腕、末端执行器和行走机构等部分，每一部分都有若干个自由度，从而构成一个多自由度的机械系统。根据要完成的任务不同，机械系统需包括一个或多个部分。如果是仿生或轮式等行走类机器人，就需要具备行走机构；如果是工业机器人，除了手臂和手腕，末端执行器通常也不可缺少，这是直接装在手腕上的一个重要部件，它可以是机械手指或手爪，也可以是喷枪、焊枪等。

（2）控制系统

控制系统主要负责路径规划和电机联动的算法运算控制。它接收输入的指令信号或感知系统的检测信号，根据机器人的作业任务，发送控制指令，驱动控制机器人的执行机构执行规定运动和动作。

不同公司开发的机器人，主控制器有所不同，甚至同一公司不同系列的产品，控制器也有所区别。比如，工业生产用机器人更多地考虑长时间连续运行的稳定性、抗干扰性等，大多采用可编程控制器（PLC）作为主控制器。小型机器人大多采用单片机等作为控制器，实际设计时需要根据产品的使用环境和设计要求进行选型。本书在介绍机器人控制系统的构建时，控制核心单元选择普适性比较高的开源硬件 Arduino UNO 控制器。

（3）驱动执行系统

驱动执行系统主要是接收并执行控制系统发送的控制命令，让机器人的肢体完成一些实际的动作。机器人的执行机构主要是由电力驱动（也有液压驱动、气压驱动），如伺服电机、步进电机、直流电机、真空吸盘、蜂鸣器、指示灯等。控制系统输出的控制信号电流小，通常需要增加专用驱动电路才能使执行机构动作。

（4）电源系统

电源系统是机器人系统的重要组成部分，也是机器人能够稳定工作的基本保障，分为直流电源和交流电源（如无特殊说明，本书以 7~12 V 直流电源供电为主）。

机器人的用电设备比较复杂，为满足控制系统、感知系统及驱动系统的要求，通常包括电源开关、主控制器、驱动系统、执行机构、传感器等。

（5）感知系统

感知系统主要是获取机器人内部和外部环境信息，并将之反馈给控制系统，它由内部传感器和外部传感器组成。其中，内部传感器用于检测各关节的位置、速度等变量。外部传感器用于检测机器人与周围环境之间的一些状态变量，如距离、接近程度和接触情况等，它的作用相当于人的五官，可以使机器人以灵活快速的方式对其所处的环境做出反应，赋予机器人一定的智能。

（6）交互系统

交互系统主要包括人机交互系统、机器人与环境交互系统。人机交互系统是人与机器人进行联系和参与机器人控制的装置；机器人与环境交互系统是实现机器人与外部环境中的设备相互联系和协调的系统。

2. 常见的教育机器人组件

随着工业 4.0 时代的到来，人工智能、机器人、无人驾驶等前沿科技已不再是概念，正推动着我们工作学习以及日常生活方式发生重大变革，引发了学生知识结构、学习模式的变化，带动了科技创新教育产业链的高速发展，促使各种标准化或模块化机器人创新教育试验平台应运而生。目前应用比较广泛的教育机器人组件有慧鱼创意组合模型、乐高机器人组件、VEX 机器人组件、探索者组件等。

（1）慧鱼创意组合模型

慧鱼创意组合模型（fischertechnik）于 1964 年诞生于德国，是世界上最早体现先进教育理念的学具，为创新教育和创新试验提供了最佳的载体。慧鱼创意组合模型的主要部件采用优质尼龙塑胶制造，尺寸精确、不易磨损、可以反复拆装，如图0-1所示。

（2）乐高机器人组件

乐高机器人（LEGO Mindstorms）组件是由丹麦乐高公司在乐高积木的基础上，为12岁以上、对机器人感兴趣的人群开发的教育玩具。核心是一个称为RCX或NXT或EV3的可程序化控制器，使用者可以像玩积木一样，自由发挥创意，组合搭建各种能动起来的模型，如图0-2所示。

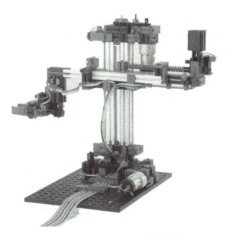 

图0-1　慧鱼机器人模型　　　　　　图0-2　乐高机器人模型

（3）VEX机器人组件

VEX机器人组件是由美国卡内基梅隆大学推出的积木式机器人组件，包括VEX U、VEX EDR、VEX IQ、VEX PRO等几个层次。结构件通过相互扣合进行组装，设计简单、容易使用，如图0-3所示。

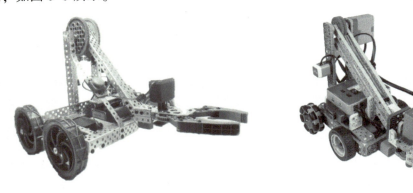

图0-3　VEX机器人模型

（4）探索者组件

探索者组件是由北京机器时代科技有限公司结合机械、电子、传感器、计算机软硬件、运动控制系统、人工智能和造型技术等众多的先进技术研发的教育机器人创新试验平台，如

图 0-4 所示。控制系统组合设计灵活，例如控制器有树莓派 3B、Basra 主控板，开发环境支持 Arduino、Ros 开源机器人软件，编程方式有 C++/C 语言、图形化、便携式三种，方便不同需求的使用者选择。采用该机器人组件精心设计的金属结构件可以完美地与通用标准化零件、自主创意设计相结合，大幅提升了创意设计空间。

图 0-4　探索者机器人模型

现在，我们已经了解了构建机器人的基本框架，也认识了几款常见的教育机器人创意设计组件，接下来将学习如何设计构建自己的机器人。本书选择与自主创意更具兼容性的探索者组件为实践平台，带领读者一起开启实践之门，进入机器人创意设计的世界。

第1章　初识机器人组件

1.1　机器人零件的特点

探索者机器人的零件是由一系列经过高度综合与抽象的几何元素构成的，借鉴"积木"拼装组合的设计思路，可根据需要构建"点、线、面、体"，从而设计出丰富多彩的机械结构。其基本零件如图1-1所示。

采用探索者的零件进行创意机器人设计，通常需要经过以下5个阶段：

1）学习阶段。这一阶段以学为主，主要熟悉探索者的各种构件及其连接方式，学习如何使用各种构件、控制元件以及编程基础，学习经典机构的设计思路与搭建方法。

2）模仿阶段。仿，是为了做；做，是为了创造。按照示例模仿制作探索者机器人，锻炼动手实践能力，激发兴趣和创造力。

3）改进阶段。经过学习→模仿的过程，将对如何使用探索者零件进行创意设计有基本的认识。在这一阶段，可以尝试改进原作品的机构或功能，优化并制作新的机器人，培养对知识的灵活运用能力和创造力。

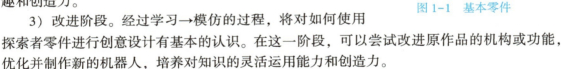

图1-1　基本零件

4）创新阶段。创新是设计所追求的境界。经过上述学与做的环节，将摆脱范例的框架约束，灵活运用已学知识，自主构思设计具有独特的新机构、新功能的创意作品。

5）总结阶段。这是设计的最后一个阶段，总结是一个从感性认知上升到理论认识的重要环节。设计中，时常梳理所用知识、设计思路，不断总结经验，有助于改进优化设计方案，活跃设计思维，提高工程设计能力和逻辑思维能力，也是培养分析、归纳、总结、撰写科技文章能力的重要步骤。

下面从认识探索者的基本零件出发，开启创意机器人设计的智慧之门。

1.2　基本零件及其连接

1.2.1　基本零件

零件是主要用来设计探索者创意机器人的机械结构。它的材质是一种广泛应用于航空器制造的铝镁合金，具有质量小、硬度高、延展性好、耐氧化的特点，可用于制作承力结构。

1. 零件孔

孔提供了"点"单位。探索者基础零件设计了大小形状各异的槽孔，如图 1-2 所示。槽孔的作用是方便通过紧固件（如螺钉、螺母、螺栓等）将多个零件组合装配在一起。最常用的零件孔是 3 mm 和 4 mm 两种尺寸。

图 1-2　零件孔

2. 连杆类

连杆提供了"线"单位。连杆类零件可用于组成平面连杆机构或空间连杆机构。其中带方孔为偏心轮连杆（如图 1-3 所示），主要用于和偏心轮组合搭建机器人行走机构。实际组装中，也可用连杆件组成的曲柄摇杆结构替代偏心轮，但容易存在动作死点问题。

a) 常规连杆   b) 偏心轮连杆

图 1-3　连杆类零件

3. 平板类

平板构成"面"单位。探索者提供了矩形和圆形两种平板类零件，如图 1-4 所示。矩形平板主要用于搭建底板、立板、背板、基座、台面、立体结构等，圆形平板常用于盘面，或者轮、滚筒、半球或球状结构的支撑圆面。

图 1-4　平板类零件

4. 框架类

框架零件属于钣金折弯件，具有一定的立体特征，是将"线"和"面"连接成"体"的主要元素，也是独立"体"。框架常用于转接，连接不同的"面"零件和"线"零件，组成不同形状或层次的机械机构等，如图 1-5 所示。

图 1-5　框架类零件

1.2.2　辅助零件

1. 传动件

传动件是传递动力和运动的重要零件，根据传递方式分为机械传动件、液压传动件、电力传动件和磁力传动件。这里只介绍机械传动件，如齿轮、偏心轮、传动轴等。如图 1-6

所示：齿轮借助于模数相同的主、从动齿轮的啮合进行动力传递；偏心轮用于组装偏心轮机构，代替凸轮或曲柄等；传动轴主要用来连接各种运动部件。

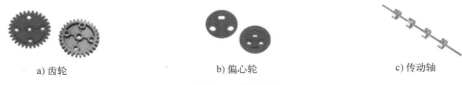

a) 齿轮　　　　　　　　　b) 偏心轮　　　　　　　　　c) 传动轴

图 1-6　传动件

2. 支架

支架主要起固定电机的作用，也是电机与其他机械结构连接的主要零件之一，包括直流电机支架、舵机支架（大、小两种）以及 U 形双折弯，如图 1-7 所示。

a) 直流电机支架　　　　　　b) 舵机支架　　　　　　c) U 形双折弯

图 1-7　支架

3. 输出头

输出头是电机轴伸与其他动作机构建立连接关系的零件，如图 1-8 所示。输出头的一侧中心带有内齿模数（或形状）与电机轴伸匹配的凸轴套，用来与电机轴伸相连。输出头与电机连接后，再用 M2×8 mm 的螺钉固定，这样电机产生的动力就可以通过电机轴伸和输出头传递给关联的机构。对于不同型号种类的电机，与之匹配的输出头也不同。

a) 直流电机输出头　　　　　　　　　b) 舵机输出头

图 1-8　输出头

4. 联轴器

联轴器主要用于连接轮（胎）与输出头或电机轴伸（步进电机）。不同的轮或电机需要配不同的联轴器，如图 1-9 所示。

图 1-9　联轴器

5. 标准件

探索者所用连接件如螺钉、螺母、螺柱等均为标准件，而且与其他标准件的兼容度非常高，如图 1-10 所示。

除了标准件，还有诸如万向轮、牛眼轮、福来轮等零部件也与探索者基本构件兼容，如图 1-11 所示。由于机器人构件种类较多且形状各异，本章因篇幅有限不再一一介绍。

图 1-10　标准件

图 1-11　与机器人构件兼容的标准件

1.2.3　构件的基本连接

构件是一个刚体，它可以由多个零件组成，开发者可以根据需求自由设计。

1. 固定连接

固定连接是指将两个以上的构件组装一起，它们的连接点位置、形状在受力后应保持固定的连接方式，如图 1-12 所示。固定连接一般利用 3 mm 零件孔，由"两点决定一条直线"的定律可知，固定连接至少需要 2 颗螺栓。

2. 铰链连接

铰链连接是指组装在一起的两个构件可以做相对转动的连接方式，如图 1-13 所示。铰链结构一般利用 $\phi 4$ mm 的零件孔，安装时需要先在零件孔内加一个不锈钢轴套，然后再用螺钉固定，轴套起到轴承的作用，使铰链结构可以转动。常用带铰链连接的结构很多，如轴、连杆组、滑块、不带电机的传动构造等。

图 1-12　固定连接

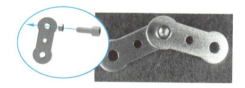

图 1-13　铰链连接

3. 零件的空间关系

由图 1-14 可知，探索者零件的孔中心距是 10 mm，而壁厚基本都是 2.5 mm，即 4 个零件叠加的厚度正好是 10 mm，等于两个孔的中心孔距尺寸。

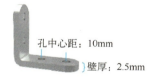

孔中心距：10mm

壁厚：2.5mm

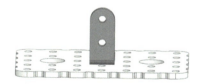

图 1-14　零件的空间关系

1.3　设计与装配

使用探索者零件进行创作设计，除了要熟悉基本零件及连接方式，还应该了解零件的装配组合方法。常用的设计有常规和自主两种。常规设计，通常是基于搭建手册或样机进行模仿设计；自主设计，是在熟练掌握基本设计方法的基础上，脱离设计手册和书本，进行灵活、个性化的创造性设计，也可借助 SolidWorks、AutoCAD 等计算机辅助设计软件，具有一定的原创性。

1.3.1 常规设计与装配

对初学者而言，参照探索者提供的系列配套的机器人机构搭建手册或课程技术支持，可以快速地模仿搭建一个简单机构或控制对象，建立设计的感性认知，学习机器人基本架构和动作机理，培养手感，为自主创意设计打基础。下面结合设计示例——智能道闸，介绍一下简单机构的装配方法与步骤。

1）根据要制作的目标机构，参照零件图及编号，选出所需要的零件，如图 1-15 所示。

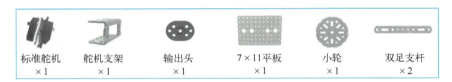

| 标准舵机 ×1 | 舵机支架 ×1 | 输出头 ×1 | 7×11平板 ×1 | 小轮 ×1 | 双足支杆 ×2 |

图 1-15 零件图

2）组装舵机。选出该步骤所需的零件，按照图 1-16 中❶❷❸顺序进行组装。组装时需要注意舵机的金属轴伸与支架圆弧端的位置关系，以避免因安装位置不正确对后面设计造成影响。

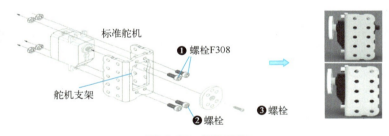

图 1-16 舵机组装

3）组装栏杆。用相同方法选出组装栏杆的零件，按照图 1-17 中的❹❺❻步骤将之与已装配好的舵机构件组装在一起，如图 1-17 ❹所示。

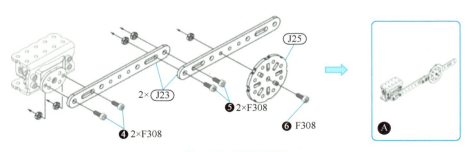

图 1-17 栏杆组装

依此类推，按照类似步骤依序组装各分部机构，直至完成最后一步。整体组装如图 1-18 所示。

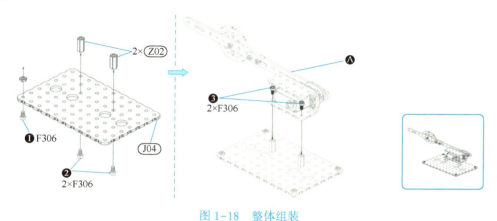

图 1-18　整体组装

1.3.2　自主设计与装配

模仿是为了创造。一个优秀的设计者往往不满足于简单模仿，而是希望设计出属于自己的原创作品。本书的目的也是希望读者在掌握基本构件设计与装配的基础上，展开想象空间，灵活运用知识和技术，创作出有价值、有特色的创意作品。自主设计与装配的步骤如下：

1）了解基本零件的特点、常用的基本零件及组合装配方法，然后可以根据设计需要将不同基本零件进行自由组合装配创作出不同的机构，如图 1-19 所示。

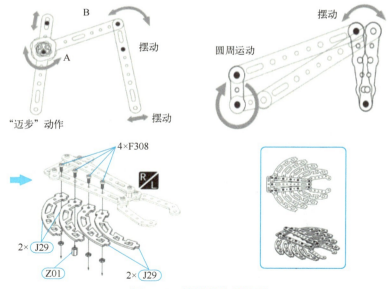

图 1-19　简单机构的装配

图 1-20 所示舵机构件通过与小轮或履带、齿轮、U 形支架、连杆机构等不同机构或零件之间的自由组合装配，可以设计制作如机械爪、各种轮式小车、多自由度机械臂、人形机

器人等产品。

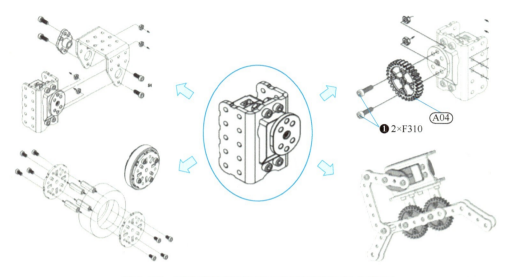

图 1-20　舵机构件与不同基础零件的自由组合装配

2）分析被控对象（机器人或机械机构）基本功能及工作环境、预期动作或工作姿态、运动轨迹、运动算法等，依此设计主体机构的雏形。例如，图 1-21 中分别为动态平衡小车的运动轨迹分析图和机械臂的运动轨迹分析图，以及用 MATLAB 仿真模拟某装置前端到达范围。

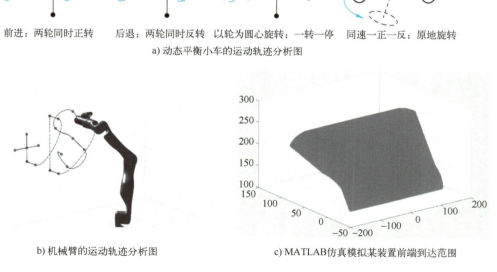

前进：两轮同时正转　　后退：两轮同时反转　　以轮为圆心旋转：一转一停　　同速一正一反：原地旋转

a) 动态平衡小车的运动轨迹分析图

b) 机械臂的运动轨迹分析图　　　　　　　c) MATLAB仿真模拟某装置前端到达范围

图 1-21　运动轨迹分析图

3）借助计算机辅助设计软件构建机构主体或模拟装配步骤。在自主设计搭建机构前，应该先构思创作包含设计个体元素或专业元素的结构模型或零件，然后可以应用 Solidworks、

AutoCAD 等设计软件建立 3D 实体模型或模拟整机装配步骤，从而增加设计创作过程的直观性和设计性，如图 1-22 所示。

4）设计方案可行性评估。利用计算辅助设计与装配虽然使创意设计更为科学合理，但在构思设计过程中，容易忽略标准化构件的局限性。这时，需要评估设计方案是否可行，搭建过程会存在哪些困难，如何解决，是否具备相应的技术条件等。方案评估是构思—设计—实践环节不可或缺的重要过程。

5）非标准件的设计加工。探索者零件丰富的槽孔设计，不仅满足了结构设计灵活性，也增加了与特殊机构、标准件相结合的可能性。当丰富多样的零件仍无法满足某些设计灵感的需求，设计者可以应用 3D 打印、激光加工、线切割等先进技术加工特殊形状的零件，如图 1-23 所示。

  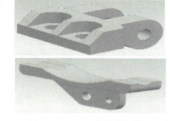

图 1-22　三维模拟装配图　　　　　　　图 1-23　非标准件模型

6）优化整体结构设计。优秀的创意设计或作品向来不是一蹴而就的，往往是经过不断探索、不断验证、反复修改的过程。

1.4　控制装置及其功能简介

1.4.1　Arduino/Basra 主控板

Arduino 是一款便捷灵活、方便初学者上手的开源电子平台，如图 1-24a 所示，由于其软件硬件开源，学习资源丰富，且可以在 Windows、Macintosh OS（Mac OS）、Linux 三大主流操作系统上运行，自 2005 年问世以来，已经推出了多种型号及众多衍生控制器。

Basra 是一款基于 Arduino 开源方案设计的开发板，如图 1-24b 所示，虽然结构布局有所不同，但微控制器（MCU）和功能都与 Arduino UNO R3 完全兼容，可以在 Arduino、Eclipse、Visual Studio 等集成开发环境中通过 C/C++语言编写程序，然后编译成二进制文件，再烧录进微控制器。

Basra 主控板共有 20 个输入/输出（Input/Output，I/O）端口。其中，D0~D13 是通用数字 I/O 端口，14~19 与 A0~A5 功能复用。作为模拟信号输入端口，A0~A5 是与内置的10 位 A/D 转换器相连；作为通用数字 I/O 端口，定义为 14~19。

除了 I/O 端口，还有电源部分。电源是控制系统能否正常工作的保障。Basra 提供了两种供电方式，一种通过 microUSB 供电，另一种是通过外接 7~12 V 的直流（DC）电源。外接电源供电的接通或断开受电源开关控制。

此外，还有 4 个板载灯和复位按键。其中，PWR 是电源指示灯，通电长亮。LED 是连接在数字口 13 上的一个 LED 灯，将在 1.5 节通过示例说明。TX、RX 是串口通信指示灯，在收发数据时，例如下载程序或读取 COM 口，这两个指示灯会不停闪烁。通常在系统运行出现异常时，按下复位按键使系统在不断电的情况下复位至上电初始状态。

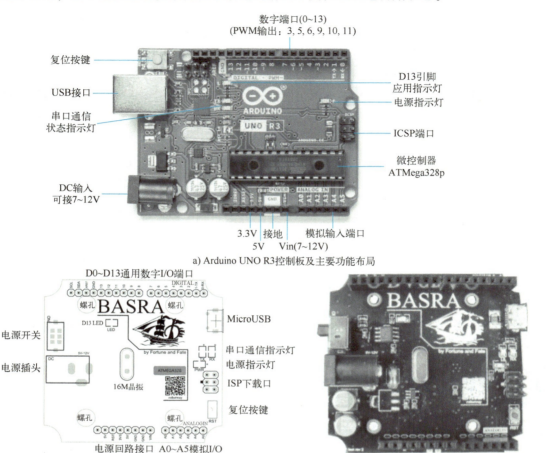

a) Arduino UNO R3控制板及主要功能布局

b) Basra主控板功能布局及实物图

图 1-24　Arduino/Basra 控制板

1.4.2　Bigfish 扩展板

　　探索者为 Basra 主控板提供了功能强大的扩展板——Bigfish，如图 1-25 所示。Bigfish 扩展板为核心板提供可靠稳定的外围电路（如 8×8 点阵）及接口，可连接传感器、电机、输出模块、通信模块等。

　　为了提高扩展板的带载能力和系统运行稳定性，Bigfish 扩展板增设了电源稳压芯片和电机驱动模块，通过 microUSB 接口由计算机直接供电不足以驱动外围电路，使用时最好连接外部电源，否则，外围电路可能无法正常工作。

图 1-25　Bigfish 扩展板实物图

1.4.3　电路连接方法

正确连接是控制电路能否正常工作的关键，也是创意设计实践过程中不可缺少的环节。

1）Bigfish 扩展板与 Basra 主控板堆叠连接。连接时，Bigfish 扩展板插针需要与 Basra 主控板的插孔一一对应，然后用力垂直插入，如图 1-26 所示。

2）外电源连接。如图 1-27 所示，锂电池连接在 1 处的 Basra 的电池接口，并通过旁边 2 处的电源开关控制电池接入或断开，长时间不用时记得将电源关闭。

图 1-26　堆叠

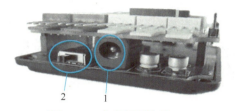

图 1-27　电源开关与接口

3）与计算机 USB 连接。下载程序时，需用 USB 线将图 1-28 所示的 micro USB 口与计算机连接。

4）传感器连接。多数传感器可通过 4 芯输入线与 Bigfish 扩展板的红色 4 针接口相连。

5）电机连接。Bigfish 扩展板自带驱动，能同时驱动 6 路舵机和 2 路直流电机。直流电机直接连在图 1-29 所标出的 2 针接口上，直流电机可以正转、反转运行，连接时，可以不考虑电机的正、负极。

图 1-28　micro USB 接口

图 1-29　直流电机连接

舵机有 3 根引出线，黑色为地线（GND）、红色为电源线（VCC）、白色为信号线（D＊），分别与 Bigfish 扩展板上的白色 3 针接口（GND/G、VCC/V、D）相连。连接时，要确保舵机与扩展板的 VCC 和 GND 连接正确。

另外，在程序中，还要对直流电机、舵机及传感器等所使用到的 I/O 端口，按照要求一一初始化。

1.5　配置编程环境

Basra 主控板是基于 Arduino UNO 开源方案设计，编程环境也采用 Arduino 官方提供的 IDE（集成开发环境）。下面将介绍在 Windows 10 系统下如何配置编程环境。

1.5.1　下载

Arduino IDE 属于开源软件。初学者打开网页输入 Arduino 官方网址 https：//www. arduino.

cc/en/Main/Software 或直接访问中文社区 https://www.arduino.cn/即可根据操作系统选择下载相应的版本。本书以 Windows 系统下安装版 arduino-1.8.8-windows.exe 为例介绍编程环境的配置。

1.5.2 安装

1. 安装 IDE

1）打开官方网站 www.arduino.cc，下载并安装 IDE。

2）显示安装协议，如图 1-30 所示，单击"I Agree"按钮。

3）选择安装内容，如图 1-31 所示，可按照默认的勾选，单击"Next"按钮。

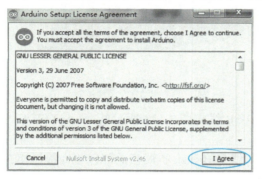
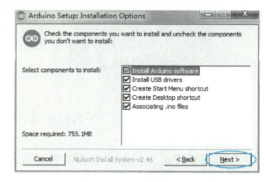

图 1-30 安装界面　　　　　　　　　　　　　　图 1-31 选择安装内容

4）选择安装路径，单击"Install"按钮开始安装，并显示安装进度。

5）安装结束，单击"Close"按钮。此时，桌面上应该创建了快捷图标。

2. 安装 USB 驱动

在 Windows 10 操作系统下，安装完成 IDE，将 Basra 控制板通过 micro USB 数据线与 PC 连接，通常 IDE 能够自动识别到 Basra 控制板。如果没有自动识别到串口，需要按照以下步骤手动或自动安装 USB 驱动。

1）在"我的电脑"或 图标上，单击右键，找到并打开"设备管理器"。在左边的端口列表中，找到"其他设备"中的 USB Serial Port，选中并单击右键，再选择图 1-32 所示的"更新驱动程序"。

2）如图 1-33 所示，在互联网环境下，可选择"自动搜索更新的驱动程序软件"。否则，选择第二项，手动查找并安装驱动程序软件，继续按照步骤 3）和 4）进行操作。

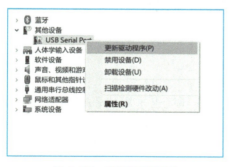

图 1-32 安装驱动程序　　　　　　　　　　　　图 1-33 选择搜索方式

3）在图 1-34 所示的安装路径下，选择"Arduino\drivers"，选中"FTDI USB Drivers"文件夹，单击"确定"按钮。

4）单击"下一步"按钮，系统便开始更新或安装 USB 驱动程序。

5）安装结束，打开"设备管理器"，在"端口（COM 和 LPT）"列表中出现"USB Serial Port（COMxx）"（xx 是数字，用来表示端口号）表示驱动安装成功。记录下该端口 COM xx，如图 1-35 中的端口为 COM10。

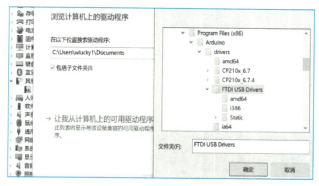

图 1-34　选择安装文件

图 1-35　安装成功

1.5.3　设置 IDE 选项参数

Arduino IDE 基于 C/C++编写代码，经过多个版本的更新维护，现在已经是应用广泛、较稳定和成熟的开发软件。早先也有图形化编程插件 ArduBlock，但与 Arduino 1.8 以上版本的 IDE 兼容性不是很好，安装运行时容易出错，因此，需要该插件或使用其他图形化编程软件的读者可自行查找或下载安装。下面介绍 IDE 主流界面及参数设置。

1. 初识 IDE 界面

双击图标，启动 Arduino IDE，将默认新建一个工程文件，并临时以当前日期命名，如图 1-36 所示。Arduino IDE 界面显示标题栏、菜单栏、工具栏、编辑窗口和状态栏，许多下拉菜单中命令的用法与其他应用软件相似。

（1）编辑窗口（Edit window）

编辑窗口是程序代码的书写区，包含初始化 void setup( )、循环 void loop( )两个框架函数的编程模板。C 程序是从主函数 main( )开始执行，编程模板虽不包含 main( )，但界面上所显示的代码都是在主函数 main( )中执行的，因此不需要另外定义主函数 main( )，以避免重复定义。

（2）工具栏（Tool bar）

工具栏中的快捷图标通常是由使用频率比较高的菜单命令组成的。如图 1-37 所示，由左至右分别是验证程序、上传并运行程序、新建文件、打开文件、保存文件和打开串口监视器六个常用菜单命令。

在编辑窗口编写好程序代码，需要单击✓进行语法规则检查，检查无误再单击→将程序上传（Upload）至 Barsa 主控板并运行。

（3）状态栏

如图 1-38 所示，状态栏由上至下分三层：上层是验证和下载程序时的状态提示；中间层为编译调试输出窗（DeBug），用来显示程序编译器的信息，程序编译错误时也会在黑色区域中提示；下层提示当前光标所在编辑窗口的行数、开发板的类型以及所连接的串口编号。

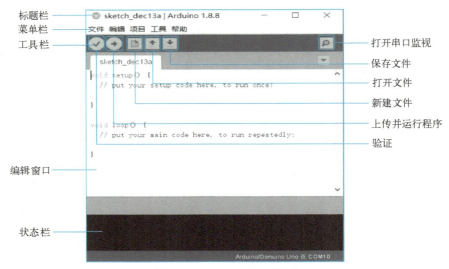

图 1-36　Arduino IDE 界面

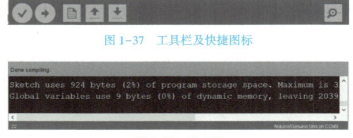

图 1-37　工具栏及快捷图标

图 1-38　状态栏

2. 设置选项参数

连接开发板，打开 Arduino IDE，在菜单"工具"栏中分别选择端口和开发板类型，如图 1-39 和图 1-40 所示。

图 1-39　配置通信端口 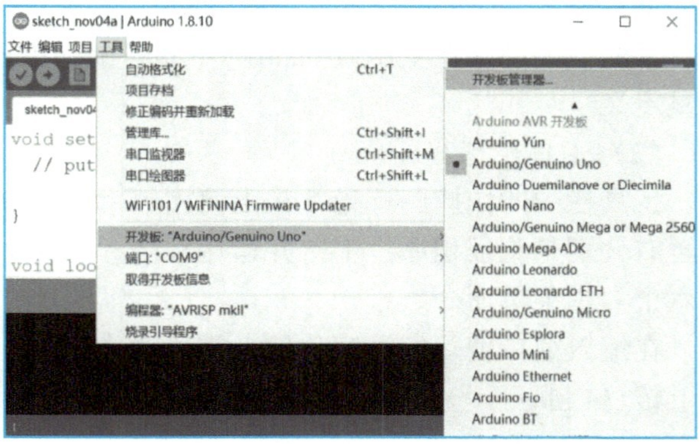　　　　　　　图 1-40　选择开发板

1.6　设计之体验：Blink

　　本节主要通过 Blink 示例让读者体验使用 Arduino IDE 执行程序的过程，同时也可以测试 BASRA 主控板的功能是否正常。本示例只需要用到 BASRA 主控板（图 1-41）和 USB 数据线（图 1-42），通过编程控制 BASRA 板载 LED 灯（与数字端口 D13 相连）的闪烁。具体操作如下：

图 1-41　BASRA 主控板

图 1-42　USB 数据线

1. 连接电路

将 BASRA 或 UNO R3 主控板通过 USB 线连接到 PC。

2. 打开示例

在菜单"文件—示例—01. Basics"中选择 Blink，打开该示例程序，或创建一个新 sketch 文件，输入如下程序代码并保存。

```
void setup( ) {
  pinMode(LED_BUILTIN, OUTPUT);        // initialize digital pin LED_BUILTIN as an output
}

// the loop function runs over and over again forever
void loop( ) {
  digitalWrite(LED_BUILTIN, HIGH);      // turn the LED on (HIGH is the voltage level)
  delay(1000);                          // wait for a second
  digitalWrite(LED_BUILTIN, LOW);       // turn the LED off by making the voltage LOW
  delay(1000);                          // wait for a second
}
```

注意：*程序源代码、符号及文件名必须使用英文字符，不能是中文字符。*

3. 选择通信端口和开发板型号

按照 1.5 节的内容设置选项参数，如开发板型号 Arduino UNO R3，串口端口 COMx。

4. 验证程序代码

单击快捷图标☑验证程序代码是否正确。若程序验证无误，编译输出窗口输出白色提示信息，如图 1-43 所示。

若验证有错，编译输出窗口将以红色字体输出错误提示信息，如图 1-44 所示。

5. 除错

界面所显示的错误信息为最后一条。通常很多错误是由第一条信息中的错误引起的，所以除错时可以向上滑动右侧的滚动条，找到第一条信息，查看错误所在的行和列，以及产生的原因。除错后再重新校验，直至通过编译。

图 1-43   程序已通过编译

图 1-44   程序有误未通过编译

6. 程序校验

单击 图标将程序代码编译后传送到控制板的 MCU 并运行。这时板载 LED 灯（位置如图 1-45 所示）开始不停闪烁。

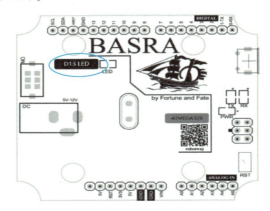

图 1-45   板载 LED 位置

7. 程序解读

（1）注释

符号"/*"和"*/"之间包含的文字全部为注释。"//"后面的文字也是注释，有效范围为一整行。注释是用于程序或语句的解释说明，帮助理解程序，以增加程序的可读性，不是有效的代码，不被编译。

（2）setup() 初始化函数

```
/*****************************************************************/
void setup() {   //每次主控板上电或按下复位键时都会执行一次的函数
    pinMode(LED_BUILTIN,OUTPUT)；   //初始化数字引脚 13（LED_BUILTIN）为输出
}
/*****************************************************************/
```

这是在 loop() 函数运行前的一些必要设置，如设置 I/O 口类型、配置串口、外部中断等。每次主控板上电启动或复位后，都会执行一次 setup() 函数，{ } 内的代码依次执行。

pinMode(LED_BUILTIN,OUTPUT)函数就是仅执行一次的动作，用于设置 I/O 端口的工作模式。pinMode()函数中两个参数分别是数字引脚号和工作模式。其意义如下：

> **函数原型**：pinMode(pin,mode)；
>
> **参数含义**：pin，数字引脚号；mode，工作模式，有三种，即输出 OUTPUT、输入 IN-PUT 或带内置上拉输入 INPUT_PULLUP。
>
> **返回值**：无。

编程时，I/O 端口每个使用的数字引脚都需要设置。具体是输出或输入，取决于该引脚所连接的实际电路接线方式。在 Blink 程序中，数字引脚 13 控制板载指示灯，其工作模式为 OUTPUT。LED_BUILTIN 是函数已定义过的常量，代表 13 号数字引脚，程序编译时会全部被替换为 13。

Arduino IDE 函数库提供了各种库函数，用户在使用时，可以通过 Arduino IDE/帮助/参考，或网址 www.arduino.cc/reference/en，打开官方的参考手册。鉴于篇幅有限，本书不对库函数进行一一解读。

（3）loop()主循环函数

```
/*********************************************************/
void loop() {                    //下面 loop() 函数一直循环执行的内容
    digitalWrite(LED_BUILTIN, HIGH);   //向端口写高电平，点亮 LED
    delay(1000);                 //延时等待 1000 ms
    digitalWrite(LED_BUILTIN, LOW);    //向端口写低电平，熄灭 LED
    delay(1000);                 //延时等待 1000 ms
  }
/*********************************************************/
```

初始化之后，主控板将由上至下依次循环执行 loop() 函数中的内容。在这里首先执行的是 digitalWrite(LED_BUILTIN, HIGH)函数。该函数是对指定的数字 I/O 端口进行写操作，第二参数表示向该引脚写的电平值，HIGH 为高电平，LOW 为低电平。其意义如下：

> **函数原型**：digitalWrite(pin,value)；
>
> **参数含义**：pin 为数字引脚号；value 为向指定引脚输出电平，HIGH 为高电平，LOW 为低电平。
>
> **返回值**：无。

delay(1000)用作延时，括号中的参数是等待的毫秒数。程序执行后，可以看到主控板数字引脚 13 的信号指示灯在 loop 函数的控制下不断闪烁。D13 端口高电平时指示灯点亮，低电平时指示灯将熄灭，每隔 1 s 交替点亮与熄灭，直至主控板断电。

1.7　进阶实践

设计要求：

1）根据图 1-46a 所示的 LED 控制电路原理图，尝试修改 Blink 示例，用数字 I/O 端口 D12，控制 LED 模块或自己搭建的 LED 灯点亮或闪烁。

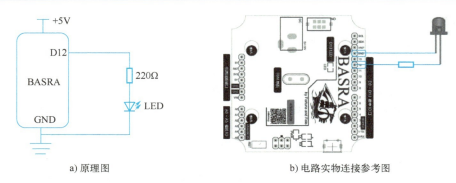

a) 原理图   b) 电路实物连接参考图

图 1-46   LED 控制电路

2）在要求 1）的基础上，尝试增加一个 LED 灯和一只 220 Ω 电阻，模仿例程代码增加程序语句，实现两个 LED 灯的依次循环闪烁控制。

1.8   本章小结

本章先介绍了探索者零件的机构特点以及利用零件进行机器人创意设计需要经历的几个阶段，然后介绍了构件连接方式、Arduino IDE、库函数的基本使用方法，最后通过几个示例进一步加深与巩固基础知识点的学习，激发大家动手制作一个机器人的兴趣。

第2章 编程基础

BASRA 控制板可基于 Arduino IDE 开发，程序设计采用 C/C++语法结构，并将单片机（MCU）的许多配置函数化，通过调用相应函数并按照其规则进行参数设定，即可快速实现想要的功能。对于零基础读者，要想快速灵活掌握 Arduino 的程序设计方法，还需要了解 C/C++ 编程。本章将主要介绍编程基础知识、内置库函数的调用方法和用户自定义库函数的编写与封装等概念，开启零基础读者的 Arduino 系统应用开发之门。库函数章节为拓展知识，供有一定基础的读者选读。

2.1 常量、变量与表达式

2.1.1 常量

程序运行过程中，其值不能被修改的量称为常量。常量一般分为整型常量（如 3、A0）、实型常量（如 3.14、12e3）、字符型常量（如‘a’、‘d’）等，通常从其字面形式即可判别，也可以用一个指定的标识符代表一个常量，一般形式如下：#define 标识符 字符串。如：

```
#define  PI  3.14
```

在程序中，用#define 命令行定义 PI 代表常量或字符串 3.14，此后凡在该工程文件出现 PI 都代表 3.14。这种用一个标识符代表一个常量的，称为符号常量，即标识符常量。习惯上，符号常量名用具有一定含义的大写字母。

该定义称为宏定义，标识符 PI 称为"宏名"。在编译预处理时，程序中所有宏名被替换成字符串，这个替换过程称为"宏展开"。

2.1.2 变量

1. 变量的定义

程序运行过程中，其值可以被修改的量称为变量。它分为局部变量和全局变量。C/C++语言提倡使用具有一定含义的小写字母表示变量名。必须遵循下列几种简单的命名规则：

1）在名称中只能使用字母字符、数字和下画线三种字符。
2）名称中第一个字符不能是数字。
3）区分大写字母和小写字母。
4）不能将 C/C++语言的关键字作为变量。
5）C/C++语言对名称长度（字符个数）无统一规定，随系统而不同。

6）以两个下画线或下画线和大写字母打头的名称被保留给实现（编译器及其使用的资源）使用。以一个下画线开头的名称被保留给实现，用作全局标识符。例如，像_time_stop或_Count 这样的名称不会导致编译器错误，会留给实现使用，但会导致结果的不确定性。

在 C 语言中，变量须遵循"先定义，后使用"的原则。其目的如下：

1）凡未被事先定义的，不能作为变量名，以保证程序中变量名使用正确。

2）每个变量名被指定为一个确定类型，在编译时就能为其分配相应的存储单元。

3）每一个变量属于一个类型，便于在编译时据此检查该变量所进行的运算是否合法。

（1）局部变量

局部变量又称内部变量，是在一个函数内定义的变量，作用范围仅限本函数内部。例如：

```
void setup（ ）{                        //初始化
    int pin;                          //定义变量 pin
    for( pin = 2; pin<10; pin++)  {
        pinMode( pin, OUTPUT);
        digitalWirite( pin, LOW);
    }
}
```

该 setup（）函数中，定义了整型变量 pin，该变量即为局部变量，其作用的有效范围是从定义到该函数结束。可见，局部变量可以防止一个函数无意中修改另一个函数使用的变量时出现编程错误。

（2）全局变量

全局变量又称外部变量，是在函数外部定义的变量，作用的有效范围可以覆盖整个工程文件中所有函数。在 Arduino 环境中，在函数外部［例如 setup（）、loop（）等］声明的任何变量都是全局变量。例如：

```
int ledRed = 10;
void setup( ) {
    pinMode( ledRed, OUTPUT);
}
void loop( ) {
    digitalWrite( ledPin, HIGH);
}
```

在 setup（）函数前面定义了一个整型变量 ledRed，该变量不隶属于任何一个函数，但 setup（）与 loop（）函数均可使用，那么变量 ledRed 即为全局变量。

2. 变量定义的通用格式

根据变量定义与命名规则，变量定义的通用格式如下：

类型说明符　变量名(赋值符号)(初始值)；

例如：

unsigned long　last_time(=)(0)； // 括号内的内容根据需要确定

3. 变量赋值

程序中常常需要对一些变量预先设置初值。C/C++规定，可以在定义变量时同时初始化变量，也可以使被定义的部分变量赋初值，如果多个变量初值相同，则需要分别赋初值。
例如：

```
int sensorVal = 0;          //定义 sensorVal 为整型变量，初值为 0
double data = 0.00;         //定义 data 为双精度型变量，初值为 0.00
char state = 'a';           //定义 state 为字符型变量，初值为 a
int a, b, c = 5;            //定义 a、b、c 为整型变量，并给 c 赋初值为 5
float x = 1.2, y = 1.2;     //定义 x、y 为实型变量，且初值均为 1.2
```

4. 变量的数据类型

（1）整型变量

整型变量分为：基本型（int）、短整型（short）、长整型（long）和无符号型（unsigned）。

（2）实型变量

实数又称浮点数。其表示形式分为十进制小数表示形式和指数表示形式。实型变量分为
单精度（float）型和双精度（double）型两类。

一般情况，一个 float 型数据在存储器中占用 4 个字节（32 位），一个 double 型数据占
用 8 个字节。单精度实数提供 7 位有效数字，双精度实数提供 15~16 位有效数字，数值的
范围随 MCU 系统而异。

（3）字符型变量

字符型变量用来存放字符。每个字符变量可以存放一个字符，其定义形式如下：

```
char a1 = 'b';              //定义 a1 为字符型变量，且存放了一个字符 b
```

Arduino IDE 支持的 ANSI C 中使用基本数据类型及其所分配的长度见表 2-1，常用变量
限定符见表 2-2。

表 2-1　基本数据类型及其所分配的长度

数 据 类 型	类 型 说 明	所 占 位 数	数值的范围
char	字符型	16	$-32768 \sim 32767$，即 $-2^{15} \sim (2^{15}-1)$
int	整　型	16	$-32768 \sim 32767$，即 $-2^{15} \sim (2^{15}-1)$
short［int］	短整型	16	$-32768 \sim 32767$，即 $-2^{15} \sim (2^{15}-1)$
long［int］	长整型	32	$-2147483648 \sim 2147483647$，即 $-2^{31} \sim (2^{31}-1)$
unsigned char	无符号字符型	16	$0 \sim 65535$，即 $0 \sim (2^{16}-1)$
Unsigned int	无符号整型	16	$0 \sim 65535$，即 $0 \sim (2^{16}-1)$
unsigned short	无符号短整型	16	$0 \sim 65535$，即 $0 \sim (2^{16}-1)$
unsigned long	无符号长整型	32	$0 \sim 4294967295$，即 $0 \sim (2^{32}-1)$
float	浮点型	32	以 IEEE 格式表示的 32 位浮点数
double	双精度型	32	以 IEEE 格式表示的 32 位浮点数
bool	布尔型	8	布尔量包含两个值：true 或 false
boolean	布尔型	8	boolean 是 Arduino 定义的 bool 的非标准类型名。用法同 bool
byte	字节型	8	一个字节存储一个 8 位无符号数 $0 \sim 255$，即 $0 \sim (2^8-1)$
word	字型	16 或 32	取决于主板型号。如：UNO 及基于 ATMEGA 的主板，一个字存储一个 16 位无符号数；due 和 zero，存储一个 32 位无符号数
String-char array	字符串型		可以由字符（char）数组生成，以空字符 '\0' 结尾

说明： 与 C 和 C++对于 double 型和 float 型数字的有效位数要求不同，Arduino 上的 double 型和 float 型相同，精度并未提高。

表 2-2　常用变量限定符（关键字）

关　键　字	存　储　类　型	用　途　说　明
void	无类型	表明在函数调用中不要求带返回值的函数
volatile	易变类型	表明变量可能会被意想不到地改变
static	静态类型	数据存储在静态存储区，仅程序运行开始时初始化，且在运行期间被保留
const	恒定类型	可替代预处理编译指令#define。但 const 指明了类型，且适用于复杂类型
extern	外部定义	表示变量或函数定义在其他文件中

5. 数据类型转换

（1）自动类型转换

整型、实型（包括单精度、双精度）、字符型（可与整型通用）数据可以混合运算。在进行运算时，系统会自动将不同类型的数据要先转换成同一类型，然后进行运算。转化规则如图 2-1 所示。

图 2-1 中横向向左的箭头表示数据类型的必定转换。如运算时，char 型数据或 short 型数据必定先转换成 int 型数据；float 型数据必定先转换成 double 型数据，然后再进行运算。

纵向箭头表示当运算对象为不同类型数据时的转换方向。即当运算时涉及两种类型时，数据类型由较低级别向高级别转换。

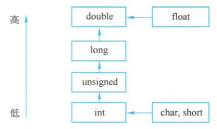

图 2-1　数据类型自动转换的方向

如 int 型（或 long 型等）与 double 型进行运算时，须将 int 型（或 long 型）数据先转换为 double 型，这样就变成了两个相同类型（double）进行运算，运算结果为 double 型。

如果一个操作数为有符号，另一个操作数为无符号，且无符号操作数比有符号操作数级别高，则将有符号操作数转换为无符号操作数所属类型。

（2）强制类型转换

C/C++还允许通过强制类型转换运算符将一个表达式或运算对象转换成所需类型。其通用格式如下：

```
（typeName）value        //将 value 值转换成 typeName 型
typeName（value）        //将 value 值转换成 typeName 型
```

例如，将存储在变量 sensorVal 中的 int 型转换成 double 型，可以使用下述表达方式中的一种：

```
（double）sensorVal      //将 sensorVal 值转换成 double 型
double（sensorVal）      //将 sensorVal 值转换成 double 型
```

说明： 在 C 语言编程环境下，仅适用前一种格式；而在 C++编程环境下，两种格式均适用。由于 Arduino 系统开发支持 C/C++，所以两种格式均适用。如果被转换的是一个表达式，还应把表达式用括号括起来，如（float)(5%3)。

2.1.3 表达式

用运算符和括号将运算对象（也称操作数）连接起来，符合 C 运算法则的式子，称为 C 表达式。运算对象包括常量、变量、函数等。例如：

```
x+1.5*2
(vall>100&&valr<100)
```

C/C++语言规定了运算符的优先级和运算法则。在表达式运算求值时，按照运算符的优先级别执行。C 规定了各种运算符的结合方向。如：算术运算符的结合方向为"自左向右"即左结合性，优先级别类似数学中的四则混合运算法则；而赋值运算符"="的结合方向为"自右向左"即右结合性。

如果一个运算符两侧的数据类型不同，先自动进行类型转换，然后再进行运算。

2.2 常用运算符

C 运算符范围很宽。除控制语句和输入输出语句以外的几乎所有基本操作都作为运算符处理。

2.2.1 算术运算符

C/C++使用运算符进行运算。基本的算术运算中，除去自增和自减，其他算术运算符都需要两个操作数参与运算。操作数可以是变量和常量。运算说明见表 2-3。

表 2-3 算术运算符及运算说明

操 作 符	含 义	说 明
+	加法（正值）运算符	例如：3+5、+3 或 9-5、-7
-	减法（负值）运算符	
*	乘法运算符	例如：2*PI*r，PI 为常量 π，r 为实型变量
/	除法（取整）运算符	操作数是整数，结果是商的整数部分，若有一个是实数，按运算规则结果是 double 型
%	模（求余）运算符	取模运算中，两个操作数必须是整型数据

++	自增运算符	使变量值加 1（减 1）。例如：
		i=0;
		i++;

--	自减运算符	结果为 1

2.2.2 关系运算符和关系表达式

1. 关系运算符

关系运算符实际上就是比较运算符，是将两个操作数进行比较，判断比较的结果是否符合给定的条件。C/C++均提供了 6 种关系运算符对数字进行比较，规则见表 2-4。

表 2-4　关系运算符及优先级

操 作 符	含 义	优 先 级
>	大于	优先级高，同等级别从左向右结合
>=	大于或等于	
<	小于	
<=	小于或等于	
= =	等于	优先级低，同等级别从左向右结合
! =	不等于	

2. 关系表达式

关系表达式的值是一个逻辑值。即如果比较的结果为真，则其值为真（true），否则为假（false）。注意，C 语言没有逻辑型数据，以 1 表示真，0 表示假。

例如：$a=5$，$b=2$，$c=1$，则：

1）（b<a）= =c 的值为真（因为 b<a 的值为 1，等于 c 的值），表达式的值为 1。

2）f=a>b>c 的值为 0，因为"＞"运算符是自左向右的结合方向，先执行"a>b"，其值为 1，再执行关系运算"1>c"，其值为 0，最后赋给 f。

2.2.3　逻辑运算符和逻辑表达式

1. 逻辑运算符

逻辑运算符通常连接两个（或多个）关系表达式或逻辑量。C/C++提供了 3 种逻辑运算符，详见表 2-5。

表 2-5　逻辑运算符及运算说明

操 作 符	含 义	说 明
‖	逻辑或（相当于 OR）	两个条件任一为真，其值即为真
&&	逻辑与（相当于 AND）	两个条件全为真，其值才为真
!	逻辑非（相当于 NOT）	将其后面的表达式（操作数）的值取反

2. 逻辑表达式

逻辑表达式的值应该是一个逻辑量"真"或"假"。C 语言编译系统在给出逻辑运算结果时，以 1 表示真，0 表示假，但在判断一个量是否为真时，以 0 表示假，以非 0 表示真。

2.2.4　位操作运算符和使用注意事项

1. 位操作运算符

程序中的所有数在内存中都是以二进制的形式储存的。位操作运算就是直接对整数在内存中的二进制位进行操作，运算符包括：按位与"&"、按位或"｜"、按位异或"^"、按位取反"~"、按位左移"≪"、按位右移"≫"，详见表 2-6。

表 2-6　位操作运算符及运算说明

操 作 符	含 义	说 明
&	按位与	两操作数相应位均为 1，则该位的结果为 1，否则为 0
｜	按位或	两操作数相应位任一为 1，则该位的结果为 1，否则为 0

（续）

操　作　符	含　　义	说　　明
^	按位异或	两操作数相应位的值不同，则该位结果为 1，否则为 0
~	按位取反	对二进制数的按位取反，即将 0 变 1，1 变 0
≪	按位左移	左操作数的所有二进制位按右操作数指定的位数向左移或右移。左移时右补 0，高位左移后溢出被舍弃
≫	按位右移	

例如：

```
int a = 5;        //二进制：0000000000000101，变量 a 初值为 5
int b = a<<3;     //二进制：0000000000101000，a 左移 3 位后送给变量 b=40
int c = a|b;      //二进制结果：0000000000101101，十进制 2⁵+2³+2²+2⁰=45
int c = a&b;      //二进制结果：0000000000000000，十进制 0
```

2. 位操作运算的注意事项

位操作运算中除按位取反运算"~"以外，均为二目运算符，即要求运算符两侧各有一个运算量。值得注意的是，在右移运算时需要注意符号问题。对无符号数，右移时左边高位补 0，移到右端的低位被舍弃。对有符号数，如果原来符号位为 0（正数），则操作与无符号数相同；如果符号位为 1（负数），则左边移入 0 还是 1，要取决于所用的计算机系统，移入 0 的称为逻辑右移，移入 1 的称为算术右移。

2.2.5　运算符的优先级和结合性

在编程过程中，很多表达式都包含多个运算符，究竟最先使用哪一个运算符呢？表 2-7 列出了常用运算符使用结合性和优先级。

表 2-7　常用运算符使用结合性和优先级

操　作　符	类　　型	结　合　性	优　先　级
（　）	括号运算符	自左向右	高
［　］	方括号运算符		
！	逻辑非运算符	自右向左	
~	位取反运算符		
++、--	自增、自减运算符		
（类型）	类型转换运算符		
*、%	算术运算符	自左向右	
+、-	算术运算符		
≪、≫	位左移、右移运算符		
>、>=、<、<=	关系运算符		
==、!=	关系运算符		
&、^、|	位操作运算符		
&&、||	逻辑运算符		
?:	条件运算符	自右向左	低
=、+=、-=、*=、/=、%=、>>=、<<=、&=、^=、|=	赋值运算符		
,	逗号运算符	自左向右	

2.3　流程控制的基本结构

采用结构化程序设计方法,不仅使程序结构清晰、可读性强,还可以提高程序设计质量和效率。归纳起来,C 程序有 3 种基本结构。

2.3.1　顺序结构

顺序结构是一种最基本、简单的编程结构。在这种结构中,程序由低地址向高地址顺序执行指令代码。如图 2-2 所示,程序按照由上至下的顺序,先执行 A 操作,再执行 B 操作。

图 2-2　顺序结构

2.3.2　选择结构

智能控制的关键是使程序具有决策能力。也就是希望控制系统在执行过程中,能根据某些设定条件选择性执行某个操作。当条件为真时,执行一个方向的程序流程,当条件为假时,执行另一个方向的程序流程。C/C++提供了两种分支选择语句:if 语句和 switch 语句。

1. if 语句

当程序必须决定是否执行某个操作时,通常使用 if 语句来进行选择。if 语句有 3 种形式:if…、if… else…和 if… else if…else…。

(1) if (表达式) 语句

这种形式表示,如果()内表达式成立,则执行 if 下面内嵌的语句。其执行过程如图 2-3 所示。例如:

```
if( button = =HIGH) {
    digitalWirte( 10,LOW) ;
    delay( 500) ;
}
```

(2) if (表达式) 语句 1　else 语句 2

这种形式表示,如果()内表达式成立,则执行内嵌的语句 1,否则执行语句 2。其执行过程如图 2-4 所示。例如:

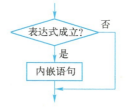

图 2-3　if 语句的执行过程

图 2-4　if…else…语句的执行过程

```
if( pinFiveInput> 500) {
    digitalWrite(3,HIGH);      // 动作 A
    }
else {
    digitalWrite(3,LOW);       //动作 B
    }
```

（3） if（表达式 1） 语句 1　else if（表达式 2） 语句 2　else 语句 3

首先判断表达式 1 是否成立，如果表达式 1 成立，执行内嵌的语句 1；如果表达式 1 不成立，再判断表达式 2 是否成立，如果成立，执行内嵌的语句 2；否则，执行语句 3。执行过程如图 2-5 所示。例如：

```
if( pinA0 < 500) {
    Back( );  // 语句 1
    }
else if( pinA0 >= 100) {
    Left( );     //语句 2
    }
else {
  Stop( );       //语句 3
    }
```

说明：

1） if 后面 （ ） 内表达式一般为逻辑表达式或关系表达式。if 与 else 是配对关系，即从最里层 else 开始，if 与 else 的数目相同，从内层到外层一一对应。

2） 如果被执行的内嵌语句只有一条操作语句，{ }可以省略；如果内嵌语句包含两条或两条以上的操作语句，此时需要用{ }将几条语句括起来成为一个复合语句，且每条语句均以分号结束。

3） if…else if…else…语句形式虽然可以多级嵌套，但是如果嵌套层数过多，程序将变得冗长烦琐，降低可读性。此时，可直接使用多分支选择 switch 语句。

2. switch 语句

switch 语句是多分支选择语句，其执行过程如图 2-6 所示。一般形式如下：

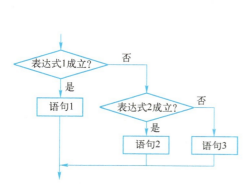

图 2-5　if…else if…else…语句的执行过程

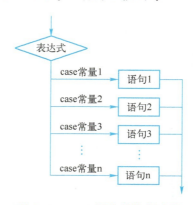

图 2-6　switch 语句的执行过程

```
switch(表达式)
    { case 常量 1:语句 1;
      case 常量 2:语句 2;
                ⋮
      case 常量 n:语句 n;
      default:语句 n+1;
    }
```

例如：

```
void loop( ) {
    int key = digitalRead(7);              //获取 key 值
    switch(key) {
        case 0: digitalWrite(8,HIGH);      // key 为 0 时执行
                digitalWrite(9,LOW);
                break;
        case 1: digitalWrite(9,HIGH);      //key 为 1 时执行
                digitalWrite(8,LOW);
                break;
        default:  break;                   //key 值无匹配的标号
    }
}
```

说明：

1）switch 后面（）内表达式的值可以是整型，字符型或枚举型的数据。

2）当表达式的值与某一个 case 后面的常量表达式的值相等时，就执行该 case 后面的语句；若无与之相匹配的，则执行 default 后面的语句。

3）每个 case 后面的常量表达式的值必须互不相同。各个 case 和 default 出现的次序不影响执行结果，一般情况下，尽量将出现概率大的 case 放在前面。

4）执行完一个 case 后面的语句后，流程控制转移到下一个 case 继续执行。case 标签只是行标签，而不是选项之间的界限。在执行 switch 语句时，根据 switch 后面表达式的值找到匹配的入口标号，就从此标号执行下去，不再进行判断。

5）程序不会在执行到下一个 case 处自动停止，要让程序执行完一组特定语句后停止，必须使用 break 语句。这将导致程序跳转到 switch 后面的语句处执行。

6）default 标签是可选的，如果被忽略，而又没有与之匹配的标签，程序将跳转到 switch 后面的语句处执行。

特殊说明：在工程文件中，如果 case 的标号与中断服务子函数（尤其外部中断）关联时，case 的后面需要使用{ }将执行语句括起来，否则可能会因中断发生，影响程序执行结果。

2.3.3 循环结构

很多情况下，程序需要执行重复操作。如将数组中的元素送给输出端口，或将 LED 循环点亮，或将某个信息打印 20 份等。在 C/C++中可使用 while、do while、for 等语句。

1. while 语句

while 语句用来实现当型循环结构。一般形式如下：

```
while(表达式)
    {语句;}
```

执行过程如图 2-7 所示。当（）里表达式值为真（非 0）时，执行 while 循环体中的内嵌语句。循环体由一条语句或者{ }定义的复合语句块组成。执行完循环体后，程序返回继续测试条件，重新评估表达式值是否还为真，如果为真，则再次执行循环体，直至表达式值为假。显然，如果希望循环结束，循环体中的代码必须具有影响表达式操作的语句。例如：

```
while(i<100) {
    i++;
}
```

2. do while 语句

do while 语句用来实现直到型循环结构，一般形式如下：

```
do
    {语句;}
while(表达式);
```

执行过程如图 2-8 所示。先执行语句，然后再判断表达式条件是否为真，如果为真则继续循环，如果为假则终止循环。do while 与 while 语句的区别：当两种语句具有相同循环体，while 表达式第一次值为真时，两种语句的运行结果相同；否则，两种语句的运行结果不相同。在条件判断结束、循环之前，do while 就已经先执行了一次内嵌语句。

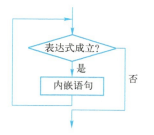

图 2-7 while 语句的执行过程

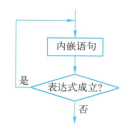

图 2-8 do while 语句的执行过程

3. for 语句

C 语言中的 for 语句使用多个表达式，组合灵活，既可以实现有限次循环，也能实现无限次循环。for 语句的一般形式如下：

```
for(表达式 1;表达式 2;表达式 3)
{
    …; //执行语句
}
```

执行过程如图 2-9 所示。

1）先求解表达式 1。

2）求解表达式 2，若其值为真（非 0），则执行 for 循环中内嵌的语句，然后再执行第 3）步；若为假（0），则结束循环，跳到第 5）步。

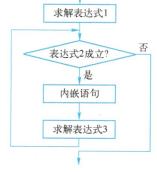

图 2-9 for 循环执行过程

3）求解表达式3。

4）返回第2）步继续执行。

5）执行 for 语句下面的一个语句。

例如：

```
/ * 使用一个 PWM 引脚控制 LED 灯亮度 * /
int PWMpin = 10;    // LED 在 10 号引脚串联一个阻值为 220Ω 的限流电阻
void setup( ) {
                      //这里无须设置
      }
void loop( ) {
      for (int i = 0; i <= 255; i++) {
          analogWrite(PWMpin, i);
          delay(10);
      }
}
```

说明：for 语句（ ）中的表达式可以不同程度省略，但要注意省略表达式时，其后的分号却不能省略。

1）表达式1可以省略，但此时应该在 for 语句之前定义循环变量并赋初值。

2）省略表达式2，即 for 循环无判断循环条件，循环将无终止地执行。

3）表达式3也可以省略，但此时程序设计者应另外设法保证循环能正常结束。如：

```
for( int i = 0; i <= 100;    ) {
    sum = sum+i;
    i++;
}
```

4）表达式1和表达式3可以同时省略，这种情况完全等同于 while 语句。

```
for (    ; i<=100;    ) {                    while( i<=100 ) {
    sum = sum +i ;          等同于            sum = sum +i ;
    i++;                                      i++;
}                                          }
```

5）如果3个表达式都省略，for 语句相当于 while(1) 死循环。

6）表达式1可以是与循环变量无关的表达式。另外，表达式1和表达式3可以是一个简单的表达式，也可以是一个逗号表达式，即包含一个以上的简单表达式，中间用逗号隔开。如：

```
for( i = 1, j = 100; i < j; i++, j--)    //逗号表达式内，求解顺序自左向右
    int k = i+j;
```

7）表达式2一般是关系表达式或逻辑表达式，也可以是数值表达式或字符表达式，只要其值非0，就执行循环体。

可见，在 for 语句中省略表达式虽然不会影响程序运行结果，但会在一定程度上降低程序的可读性。况且省略表达式后的 for 语句所表达的含义，若使用 while 或 do while 来实现将表达得更加清晰且容易理解。

2.4 函数及其调用规则

一个工程文件（或程序）通常包含若干个程序模块，每个程序用来实现一个特定的功能。在 C/C++中，程序的作用由函数完成。一个 C 程序可由一个主函数和若干个子函数构成。主函数可以调用其他子函数，其他函数也可以互相调用。同一个函数可以被一个或多个函数多次任意调用。C 语言中有两类函数，即系统提供的函数（库函数）和用户自定义的函数。

2.4.1 函数的定义

根据函数是否有返回值，可把函数分为无返回值函数和有返回值函数。无返回值函数称为 void 函数。

1. 无返回值函数

```
void 函数名(参数列表)
  {
    语句;
    return;   //可省略
  }
```

例如，延时函数

```
void delay(int ms)
  {
    for(int i=0; i<ms; i++)
  }
```

2. 有返回值函数

```
类型说明符 函数名(参数列表)
    {
    语句;
    return   value;
    }
```

说明：return 只能返回一个值，而不能返回多个值；return 带回的返回值的类型应与定义函数时函数的类型一致，如果不一致，则以定义函数时规定的函数类型为准进行类型转换；如果函数中没有 return 语句，返回值是一不确定数。例如：

```
float converTemp(float celsius) {    //float 函数返回值的类型
    float fahrenheit=0;
    fahrenheit=(1.8 * celsius)+32;
    return   fahrenheit;          //返回值
  }
```

3. 无参函数

```
类型标识符 函数名()
  {
    语句;
  }
```

例如，在 Arduino IDE 中内嵌的 void setup( ) 和 void loop( ) 两个函数都是无参函数。用类型标识符指定函数值的类型，即函数带回来的值的类型。

在函数调用时，主调函数并不将数据传递给被调用函数，无参函数可以带回或不带回返回值。一般不需要带回函数值，所以函数类型可以不写类型标识符。

4. 有参函数

```
类型标识符 函数名(形式参数列表)
|说明部分
    语句;
  |
```

例如：

```
void loop( )    |
    blinkLED(6,200);                        //调用函数,实际参数
    delay(1000);
    |
void blinkLED   (int cycles,  int del )  |     //形式参数类型 int
    for (int z=0;z<cycles;z++)  |              //函数体
        digitalWrite(LED,HIGH);
        delay(del);
        digitalWrite(LED,LOW);
        delay(del);
      |
  |
```

这是一个实现 LED 循环闪烁的程序。blinkLED(int cycles,int del) 函数中的 cycles 和 del 为形式参数，分别表示 LED 闪烁的次数与亮灭的时间，类型为 int。主调函数 loop( ) 将通过调用函数 blinkLED(6,200) 把实际参数值 6、200 分别传递给被调用函数中的形式参数 cycles 和 del。

在调用函数时，主调函数和被调用函数之间存在着参数传递。也就是说，主调函数可以将数据传给被调用函数使用，被调用函数中的数据也可以带回主调函数使用。

2.4.2　函数的调用

1. 函数调用格式

按照函数在程序中出现的位置来分，函数的调用格式有以下 3 种：

1）函数语句：函数调用作为一个语句。这种情况只要求函数完成一定的动作，不要求函数带回值。如：

```
delay(10);
```

2）函数表达式：函数作为表达式的一部分参与表达式运算。这时要求函数带回一个确定值。如：

```
int sensorValue=analogRead(A0);
```

3）函数参数：函数调用作为一个函数的实参。如：

```
Serial. println( random(300));
```

其中，随机函数 random(300)是一次函数调用，它的值作为函数 Serial. println( )的实参送至串口监视器输出。

2. 函数调用规则

1）被调用的函数必须是已经存在的函数（库函数或用户已定义过的函数）。

2）如果使用库函数，还应该在本文件开头用#include 命令将调用有关库函数的所有信息包含到本文件中。例如，#include <Servo. h>，其中 Servo. h 是一个有关伺服舵机的头文件。

3）如果使用用户自定义的函数，而且该函数与主调函数同处一个文件中，一般还应该在主调函数中对该被调用函数的返回值类型加以说明。一般形式如下：

> **类型说明符　被调用函数的函数名( );**

C 语言规定在以下几种情况中，可以不在主调函数中对被调用函数返回值的类型进行说明：

1）如果被调用函数的返回值为整型或字符型时，可不进行说明，系统自动将此被调用函数的返回值看成整型。

2）如果被调用函数定义在主调函数之前，也可不对其进行说明。

3）如果在所有函数定义之前，如在文件的开头或在函数的外部已经对函数类型进行了说明，则在各个主调函数中不必再对被调用函数进行说明。

3. 函数的嵌套调用

C 语言中不允许嵌套定义函数，即所有的函数定义都是互相平行、独立的。但是允许嵌套调用函数，也就是在被调函数中又调用其他函数，如图 2-10 所示。

图 2-10　函数的嵌套调用

4. 函数的递归调用

在调用一个函数的过程中直接或间接调用它自身称为递归调用。这种函数称为递归函数。C 语言允许函数的递归调用。在递归调用中，主调函数又是被调函数。执行递归函数将反复调用其自身。每调用一次就进入新的一层。例如：

```
int f (int x) {
    int y;
    z=f(y);
    return z;
}
```

这是一个递归函数。但是运行该函数将无休止地调用其自身，这显然是不正确的。为了防止递归调用无终止地进行，必须在函数内有终止递归调用的手段。通常将递归调用放在 if 语句中，通过条件判断加以控制。

2.5　复合数据类型

除了 int、float、char 这些基本数据类型，C/C++还提供了数组、枚举、指针、结构体、共用体等复合数据类型。本节仅介绍 Arduino 编程中常用的复合数据类型——数组。

2.5.1　数组

数组（array）是一种数据格式，是有多个相同类型的有序数据的组合，它用一个统一的数组名和下标来唯一地确定数组中的元素。

1. 一维数组的定义和引用

（1）一维数组的定义

格式：

类型说明符　数组名[数组元素数目]；

例如：

short　months［12］；

说明：创建一个名为 months 的数组，该数组有 12 个元素，每个元素都是一个 short 类型的值，即 months［0］，months［1］，…，months［11］。数组中的元素数目可以是整型常数或 const，也可以是常量表达式或符号常量等，但不能包含变量。

（2）一维数组的引用

数组必须先定义后使用。C 语言规定只能逐个地引用数组元素而不能一次引用数组中的全部元素。数组元素的表现形式如下：

数组名[下标]

其中，下标最大值为数组元素数目−1。

（3）一维数组的初始化

C 语言中，对数组元素的初始化方法有以下几种：

1）在定义数组时对数组元素进行初始化。例如：

static 类型说明符 数组名［N］=｛值 0,值 1,…,值 N−1｝；

将数组元素的初值依次放在一对花括号里。注意，关键字 static 表示静态存储的意思。对 static 数组如果不赋初值，系统会对所有数组元素自动赋以 0。

2）只给部分元素赋初值。初始化数组时，提供的值少于数组元素数目，编译器将把其他元素的值设置为 0。例如：

static int a［10］=｛0,1,2,3,4｝；

表示只给前 5 个元素赋初值，后面的元素值为 0。

3）如果想使一个数组中的全部元素值为 0，可以写成如下形式：

long totals［200］=｛0｝；

4）定义时不指定数组大小，由初始化的数组元素来确定大小。例如：

static int a［　］=｛0,1,2,3,4｝；

这里定义的 a 数组没有给定长度，而花括号内有 5 个元素，系统会据此自动定义数组的长度为 5。如果被定义的数组长度与提供处置的元素个数不相同，则数组长度不能省略。

2. 二维数组的定义和引用

（1）二维数组的定义

格式：

类型说明符 数组名[数组元素行数目 M][数组元素列数目 N]

例如：

```
float   a[2][4];
```

说明：二维数组可以看作是一种特殊的一维数组，即它的元素又是一个一维数组。C 语言中，二维数组中元素排列顺序是：按行存放，即在内存中先存放第一行的元素，再存放第二行的元素。

```
float a[2][4]={ {a[0][0],a[0][1],a[0][2],a[0][3]},{a[1][0],a[1][1],a[1][2],a[1][3]} };
```

（2）二维数组的引用

二维数组的元素表示形式为：

```
数组名[下标][下标]
```

在使用数组元素时，应该注意下标值应在已定义的数组大小的范围内。与一维数组类似，行下标最大值为数组元素行数目 M-1，列下标最大值为数组元素列数目 N-1。

（3）二维数组的初始化

可以通过以下几种方法对二维数组初始化：

1）按行给二维数组赋初值。例如：

```
static int a[3][4]={ {0, 1, 2, 3}, {4, 5, 6, 7}, {3, 5, 9, 0} };
```

这种赋初值的方法比较直观，把内层第一个花括号内的数据赋给第一行的元素，第二个花括号内的数据赋给第二行的元素，……，即按行赋初值。

2）将所有数据写在一个花括号内，按数组排列顺序对元素赋初值。例如：

```
static int a[3][4]={0, 1, 2, 3, 4, 5, 6, 7, 3, 5, 9, 0};
```

显而易见，与第一种方法相比，该方法不适合数据较多的数组，容易遗漏。

3）对部分元素赋初值。例如：

```
static int a[3][4]={ {0}, {4}, {3} };
```

它的作用只对第一列元素赋初值，其余元素自动为 0 值。当然，也可以对各行中的某些元素赋初值。例如：

```
static int a[3][4]={ {0}, {0, 5, 6} };
```

4）如果对全部元素赋初值，则定义数组时对第一维的长度可以不指定，但第二维的长度不能省略。例如：

```
static int a[3][4]={{0, 1, 2, 3}, {4, 5, 6, 7}, {3, 5, 9, 0}};
```

与下面的定义等价：

```
static int a[ ][4]={0, 1, 2, 3, 4, 5, 6, 7, 3, 5, 9, 0};
```

3. 多维数组

C/C++均允许使用多维数组。有了二维数组的基础，再掌握多维数组也不难，不再赘述。

2.5.2　字符数组

用于存放字符数据的数组是字符数组。字符数组中的一个元素存放一个字符。其定义与初始化方法与一般数组的定义与初始化方法相同。例如：

```
static char c[6] = { 'I', '\', 'a', 'm', 'n', ' % ' };
```

2.6 编译预处理

2.6.1 宏定义

1. 不带参数的宏定义

用一个指定的标识符代表一串字符串，比如：#define　KEY　3。也就是前面讲的定义符号常量。一般形式如下：

```
#define   标识符   字符串
```

其作用是指定标识符 KEY 来代替数字引脚 "3" 这个字符串，在编译预处理时，把程序中该命令以后的所有 KEY 都用 "3" 代替。这个标识符就是宏名，编译时用字符串替换宏名的过程称为宏展开。#define 即宏定义命令。

注意：为了与变量区分，宏名一般用大写字母（首字母大写），且宏定义不是 C 语句，不必在行末加分号。宏定义的范围从定义命令开始到本源文件结束，但可以用#undef 命令终止宏定义的作用域。

2. 带参数的宏定义

带参数的宏定义是可以进行参数替换的，例如，定义圆的面积 S，半径为 r，如果程序执行有以下宏定义：

```
#define   S(r)   3.14 * r * r
float   area;
…
area = S(5);
```

那么在编译时，程序中带实参的宏 S(5)，则按#define 命令中指定的字符串从左到右进行置换。展开后的赋值语句为：

```
area = 3.14 * 5 * 5;
```

一般形式如下：

```
#define 宏名(参数) 字符串
```

2.6.2 文件包含

文件包含就是将另外的文件包含在本文件之中。文件包含命令避免了程序设计的重复编写，一般形式如下：

```
#include "文件名"   或   #include <文件名>
```

说明：

1) 在 include 命令中，文件名可以用双引号也可以用尖括号。双引号，表示系统先检索引用被包含文件的源文件所在的文件目录，找不到再按系统指定的标准方式检索；尖括号，直接按系统指定的标准检索方式检索文件目录，而不检索源文件所在的文件目录。

2) 一个 include 命令只能包含一个文件，如果要包含多个文件，需要用多个命令。

3）如果文件 1 包含文件 2，而文件 2 又要用文件 3 的内容，则可在文件 1 中用两个 in-clude 命令分别包含文件 2 和文件 3，且文件 3 应出现在文件 2 之前。

4）文件包含可以嵌套。

5）被包含文件与其所在的源文件，在编译时不是直接链接，而是作为一个源程序进行编译，得到一个目标文件，然后被下载到主控板的存储器里。

例如，希望在某个 sktech.ino 文件中增加指令#include <Servo.h>，即可将 Servo 库函数的头文件 Servo.h 包含在 sktech.ino 文件中，并与该文件的源程序代码一起被编译成目标文件。

2.6.3 条件编译

在 Arduino 基础函数库或第三方提供的库函数里某些函数的源程序并不是所有语句每次都参与编译，而是在一定条件下才进行编译，当某些条件满足则编译，否则不编译，即所谓的条件编译。

条件编译命令的一般形式有 3 种：

1. #ifdef

```
程序段 1
#else
程序段 2
#endif
```

2. #ifndef

```
程序段 1
#else
程序段 2
#endif
```

作用：以上两种形式的用法一样，但作用相反，即当标识符已经被定义过（或未被定义过），则编译程序段 1，否则编译程序段 2，其中#else 部分可以省略。

3. #if

```
程序段 1
#elif
程序段 2
#else
程序段 3
#endif
```

作用：从形式可以看出与 if…else if…else 类似，即如果条件 1 成立（非 0）编译程序段 1，如果条件 2 成立编译程序段 2，否则编译程序段 3。可以事先给定一定的条件，使程序在不同的条件下执行不同的功能。

例如，伺服舵机 Servo 库函数中的（Arduino\libraries\Servo\src\avr）文件 Servo.CPP。

```
/ * * * * * * * * * * * * * * * * * * * * * * * * * * * * * * * * * * * * * * * * * * * * * * * * * * /
#ifndef WIRING   //如果没有定义 WIRING，编译 Arduino 的中断处理程序
// Arduino 的中断处理程序
```

```
#if defined(_useTimer1)
SIGNAL (TIMER1_COMPA_vect)
    {
        handle_interrupts(_timer1, &TCNT1, &OCR1A);
    }
#endif
…
#elif defined WIRING //如果定义 WIRING, 编译 Wiring 的中断处理程序
//Wiring 的中断处理程序
#if defined(_useTimer1)
void Timer1Service()
    {
        handle_interrupts(_timer1, &TCNT1, &OCR1A);
    }
#endif
/*****************************************************************/
```

2.7 库函数

2.7.1 常用的库函数及其调用

Arduino 系统最大的特点就是软、硬件开源, 因此除标准 C 库函数以外, 还为用户提供了丰富 Arduino 基础函数库和外设函数库资源。

1. 基础函数库及调用

Arduino 基础函数库包括处理输入/输出功能的相关函数、数学函数、三角函数、定时函数、通信函数、外部中断函数与中断函数, 位操作与字节操作函数、特征函数、USB 函数等。初学者只需要了解和掌握这些库函数的功能含义及其调用方法, 便可以轻松实现原本在单片机上的各类烦琐的参数设置, 如配置 I/O 端口, 从而快速开发控制功能, 完成自主创意设计。

（1）pinMode(pin, mode)

描述：设置指定数字引脚的模式为输入或输出。

参数：pin, 用户指定的数字 I/O 端口（引脚）编号。

mode, INPUT（输入）或 OUTPUT（输出）, 或 INTPUT_PULLUP（上拉输入）。

返回值：无。

例如：

```
int ledPin = 13;                    //定义 LED 与 13 端口相连
void setup(){
    pinMode(ledPin, OUTPUT);  // 设置该端口为输出
  }
```

（2）analogWrite(pin, value)

描述：向某个端口写一个模拟量（PWM 信号）。

参数：pin, 具有 PWM 功能的引脚号。主控板 MCU 的型号不同, 具有 PWM 功能的引

脚数量也不尽相同。如 ATmega328 有 6 个 PWM 功能的引脚 3、5、6、9、10、11，Arduino Due 支持 analogWrite( ) 的引脚 2~13、DAC0 与 DAC1。

value，PWM 信号占空比为 0~255。255 表示占空比为 100%。

返回值：无。

（3） shiftOut(dataPin，clockPin，bitOrder，value)

描述：位移输出函数，输入 value 数据后 Arduino 会自动把数据转换并移动分配到 8 个并行输出端。

参数：

dataPin，数据引脚。输出每一位（int）的引脚。

clockPin，时钟引脚。dataPin 设置为正确值（int）后要切换一次引脚信号。

bitOrder，移出位的顺序，MSBFIRST 或 LSBFIRST（最高位优先或最低位优先）。

value，要移出的数据（byte）。

返回值：无。

例如：

```
int data = 500;
shiftOut( dataPin, clock, MSBFIRST, ( data >> 8 ) );      //移出高字节
shiftOut( dataPin, clock, MSBFIRST, data );              //移出低字节
data = 500;       // Or do this for LSBFIRST serial
shiftOut( dataPin, clock, LSBFIRST, data );              //移出高字节
shiftOut( dataPin, clock, LSBFIRST, ( data >> 8 ) );      //移出低字节
```

说明：Arduino 基础库函数数量较多，本章仅抽选 3 个进行样例说明，其余不一一详述，更多应用可通过 Arduino IDE 的菜单命令中的"帮助"→"参考"，或直接打开 IDE 库函数的官方网站查找。本书例程使用的库函数调用将在后面章节结合实例进行介绍。

2. 外设函数库及调用

外设函数库通常是由开发商或第三方根据需要与所连外部设备相关参数创建的一些函数库，如 SPI（串行外设接口）、Servo 等。在调用该类库函数之前，需要先将该库函数所在的函数库头文件 *.h 以#include< *.h>方式添加至工程文件中，分以下两种情况：

（1） 调用加载库中已存在的函数库

如果该库文件已经在 Arduino IDE 的加载库中了，可以打开 Arduino IDE，通过菜单添加。例如打开"项目"→"加载库"→"Servo"，即可在当前工程文件的首行自动添加#include <Servo. h>代码。当然，也可以通过手动输入，在代码区添加#include <Servo. h>。

（2） 调用不包含在加载库中的函数库

如果库函数是第三方提供的，一般不包含在 Arduino IDE 中。简单的方法是通过网络在线添加，打开"项目"→"加载库"→"管理库"，在库管理器中搜索需要的库函数名，并选择相应的版本安装。当无法网络连接时，要想加载库，需要先把要添加的库文件复制到 libraries 文件夹中（文件名不能用中文）。

如果加载库里并未出现该库文件名，此时可以打开"项目"→"加载库"→"添加 .ZIP 库"，选择相应的库文件，加载库中便可以看到了，然后按照（1）中步骤操作即可在工程文件中添加代码。

例如，想加载一个第三方提供的文件名为 U8glib_1inch3OLED_IIC 的库，那么就需要先

把该文件复制至库文件所在的 libraries 文件夹，然后打开 Arduino IDE，打开"项目"→"加载库"→"添加.ZIP 库"，从路径\libraries\U8glib_1inch3OLED_IIC\选择打开该文件夹。若加载成功，Arduino IDE 会出现如图 2-11 所示的提示信息。此时，打开加载库便会发现该函数库已赫然在列。

图 2-11　库加载成功提示信息

2.7.2　自定义库函数的编写及调用

通常自行设计的机器人自由度越多、机构越复杂，其控制程序也会越长。而程序越长，调试起来也越困难。如果将一些任务分别写成一个个的功能函数即自定义函数，然后在 loop 函数中调用这些自定义函数，一个复杂冗长的 loop 函数就变得简单了。

使用了函数，程序就变得更清楚、有逻辑性了。对于一个反复使用的功能函数，不仅方便自己使用，也希望能够方便他人使用，怎么办？这种情况下就需要定义函数并将其封装后发在 libraries，即所谓的自定义库函数。基于 Arduino 的用户自定义库函数与 avr_lib 的格式不同，它包括库函数源代码 ∗.c 或 ∗.cpp、存放定义声明的头文件 ∗.h、存放关键字的说明定义文本文件 ∗.txt 和示例程序。下面将介绍在 Arduino IDE 下，如何创建与编写自定义库函数。

1. 建立新的标签

1）打开 Arduino IDE，单击"新建"按钮，创建一个新的 sketch 工程文件。

2）如图 2-12 所示，单击编辑窗口最右边的▼按钮，会弹出下拉菜单，选择第一个选项"新建标签"，此时编辑窗口下方便出现黄色的输入框。

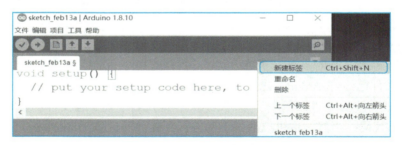

图 2-12　新建标签

2. 创建新的文件

1）在图 2-13 所示的"新文件的名字"文本框里，键入想要创建的文件名 ∗.c（C 语言编写）或 ∗.cpp（C++语言编写），单击"好"按钮即可。这样工程中就包含了两个文件：一个是后缀为.ino 的 sketch 文件（主文件），一个是后缀为.c 或.cpp 的新建文件 ∗.c§ 或 ∗.cpp§，如图 2-14 所示的 LED.cpp§ 文件。

2）按照同样的步骤再创建一个后缀为.h 的头文件，例如 LED.h。注意：用户自定义库函数至少需要创建一对文件 ∗.c 和 ∗.h 或者 ∗.cpp 和 ∗.h。当然也可以根据需要创建其他辅助的文件。

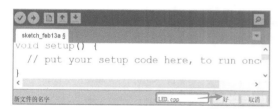

图 2-13 创建.c/.cpp 文件

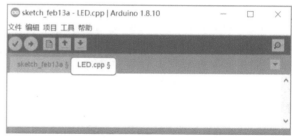

图 2-14 创建完成

另外，其中 LED. cpp 和 LED. h 的代码编写也可以直接在 DEVC++中实现。

3）新文件创建完成，就可以按照文件后缀指定语言格式分别编写库函数的头文件 LED. h 和源代码文件 LED. cpp。以下是两个文件的参考示例：

```
/************************************************************/
/* LED. h
/************************************************************/
#ifndef _LED_H_
#define _LED_H_
#include "Arduino. h"        //导入 Arduino. h 头文件
class led                    //定义属于 led 的成员函数
  {
      private:
      int pin;
      int mode;
      int value;
      public:
         void setIOMode(int pin, int mode);
         void setIOValue(int value);
  };
#endif;
/************************************************************/
/* LED. cpp
/************************************************************/
#include "LED. h"
void led::setIOMode(int pin, int mode)
  {
      this->pin=pin;
      this->mode=mode;
      pinMode(pin,OUTPUT);
  }
void led::setIOValue(int value)
  {
      this->value=value;
      digitalWrite(pin,value);
  }
/************************************************************/
```

3. 库函数的封装

所谓库函数封装就是把一个或者多个功能通过函数、类的方式组合起来，对外只提供一个简单的函数接口。例如上面示例中，就是通过定义类 led 及其成员函数 setIOMode()、setIOValue()把引脚的功能设置封装成一个库。

将文件保存或另存在安装路径下的 Arduino\libraries 里，这里命名为 LED，如图 2-15 所示。打开 libraries 文件夹，在此可以看到刚刚创建的文件夹 LED，文件夹里是已保存的库函数文件。该文件夹名为用户自定义，通常使用一些能说明库函数含义的字母命名。

图 2-15 保存/创建 LED 文件夹

4. 识别新库的关键字

参照 Arduino 内置库函数或第三方提供的库函数的封装形式（如 Servo），为了提高自定义库函数的使用性，增加与 Arduino 库的融合性，在库文件夹中还应定义一个 keywords.txt 文件，用来描述新自定义库函数给 Arduino 贡献的新关键字。

代码编译器会自动识别它认识的不同类型，如数据类型、函数、常量，分别用不同颜色和加粗字体表示。

文本每一行定义一个关键字，通用格式如下：

关键字(⟨Tab⟩键)类型

KEYWORD1 是用户定义的数据类型和类，KEYWORD2 表示方法和函数，LITERAL1 是类中定义的常量，如内置函数 pinMode()中的 HIGH、OUTPUT 等。

还有一些说明以及对关键字分类，例如：Syntax Coloring Map XXX 是 XXX 库的语法着色图，Datatypes(KEYWORD1)使类名呈高亮色，Methods and Functions(KEYWORD2)使类中自定义函数呈高亮色。

对于自建的 LED 库，可以将以下代码保存为 keywords.txt 文件，并与 LED.h、LED.cpp 文件放在相同的文件夹里。

```
##################################
# Syntax Coloring Map For LED
##################################


##################################
# Datatypes（KEYWORD1）
##################################
led    KEYWORD1    led
##################################
# Methods and Functions（KEYWORD2）
##################################
```

```
setIOValueKEYWORD2
setIOModeKEYWORD2
######################################
# Constants（LITERAL1）
######################################
```

5. 库函数的引用

在编写程序过程中如果执行之前同样的操作时，不需要再写同样的函数来调用，可以直接引用库函数。下面以 LED 灯的闪烁为例，介绍自定义库函数中的引用方法。

1）单击菜单命令"项目"→"加载库"→"添加 .ZIP 库"，在文件资源管理器中找到库文件 LED，选择"打开"，如图 2-16 和图 2-17 所示，该库即被加载到加载库的下拉菜单选项中。

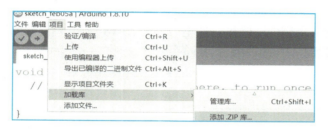

图 2-16　添加 .ZIP 库

图 2-17　选择含有库的文件/文件夹

2）再次单击菜单命令"项目"→"加载库"，在弹出的下拉菜单里找到刚加载的库 LED 并选中，库函数头文件 LED.h 就被引用到 sketch 文件的首行：

```
#include <LED.h>
```

3）参考 LED 库文件夹的 keywords.txt 文件中的关键词，可以在编辑窗口编写 LED 灯的闪烁程序。注意。这里需要在 void setup( ) 函数前面先定义一个 led 的全局对象，然后编写代码时才能直接调用自定义库函数的功能函数（如 led 类的成员函数）。

```
/*******************************************************************/
// ** LED_Test
/*******************************************************************/
#include <LED.h>                    //通过加载库将 LED.h 头文件包含进来
int ledp1 = 12;
led  led1;                          //定义一个全局 led 的对象 led1
/*******************************************************************/
void setup( ) {
```

```
    led1. setIOMode(ledp1,OUTPUT);        //通过功能函数将设置 I/O 端口 ledp1 的类型
  }
/ *******************************************************/
void loop( ) {
    led1. setIOValue(HIGH);              //向 led1 所连接的 I/O 端口 led1 送一个高电平
    delay(1000);
    led1. setIOValue(LOW);               //向 led1 所连接的 I/O 端口 led1 送一个低电平
    delay(1000);
}
/ *******************************************************/
```

6. 提供自定义函数库的示例程序

自定义函数库封装后，如果需要把功能函数库对外发布，通常还需要提供若干个示例程序，例如前面编写的 LED 闪烁程序，来演示新库的使用方法。也可在库文件中新建文件夹 examples，然后将所有示例程序保存在这里，如图 2-18 所示。这样加载新库时，这些示例程序就可以一起加载到 Arduino IDE 的菜单命令"文件"→"示例"里。

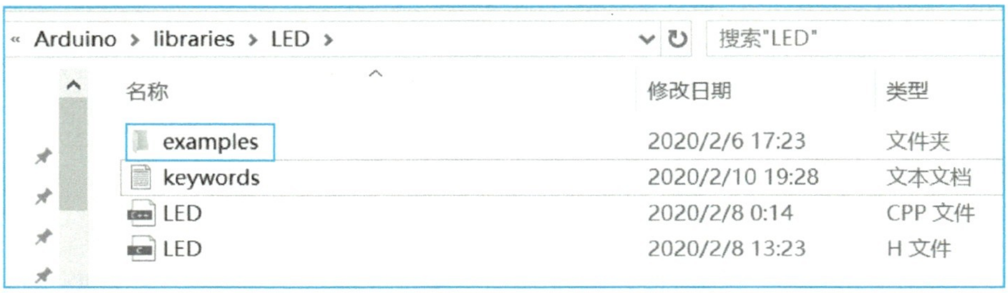

图 2-18　新建 examples 文件夹

2.7.3　关于库函数的几点说明

1）关于基础库函数的应用请参照语法手册的函数定义及调用方法。

2）由于 Arduino 系统的开源性，程序员可以从网络上下载第三方提供的功能函数，将其复制、封装在 arduino\libraries 库函数中，编写程序时以同样的方法直接加载、引用库函数。

3）很多读者可能认为自定义库函数增加编写代码任务，调用起来也比较麻烦，有点多此一举。对于像 LED 灯闪烁这样的简单程序的确如此，但对集通信、控制、数据采集等众多功能于一体的复杂程序设计，其优越性便不言而喻。

4）编写 keywords. txt 时需要注意关键字必须与库函数定义一致。文档中的关键字与 KEYWORD 类型之间的不是空格，而是一个制表符（即〈Tab〉键），有时会存在长短不一的现象，但不影响程序编译。

5）初学者在编写库函数过程中，可以参照 libraries 中已有库文件的格式和文件类型进行编写。

6）库函数编写过程中要注意自定义的函数名、数据类型、变量名等在该库中的一致性。

2.8 进阶实践

设计要求：

（1）基本要求

1）参照第 1 章的示例 Blink，使用 for 或 while 循环实现 LED 灯的闪烁控制。

2）设计实现多个 LED 的依次循环点亮控制。

（2）拓展要求

参照 2.7 节库函数编写示例，以控制多个 LED 按照不同方式点亮为目标，实现库函数的编写、封装与调用，成员函数可根据功能自行定义，例如 LED 灯常亮、闪烁、交替亮灭等，库文件夹名为 MyLib。

2.9 本章小结

本章主要介绍 Arduino 系统设计的 C/C++编程基础知识：变量和常量的定义、常用的运算符、流程控制语句等，Arduino 基础函数库和外设函数库资源的使用方法，如何自定义一个库函数，为零基础读者学习设计机器人控制系统提供条件。

第3章 机器人控制系统的构建基础

控制系统是机器人的重要组成部分。它是机器人的大脑，也是决定机器人功能和性能的主要因素。其主要任务是接收来自传感器的检测信号，根据操作任务要求，执行相应的动作，例如驱动控制机器人到达工作空间中的特定位置、按照一定的姿态和轨迹运动、设定操作的顺序及动作持续时间等。控制系统对机器人的性能起着决定性作用，也是体现机器人设计能力的重要标志。本章从基本概念出发，介绍机器人控制系统的构建基础知识和构建方法。

3.1 控制系统的基本构成

一个简单的控制系统（除了电源部分），通常由输入设备、控制器、输出设备（执行机构）三部分组成，如图3-1所示。输入设备主要用来接收外部信息，控制器对信息进行处理并根据处理结果发出控制指令，输出设备执行控制指令。如果将其与人类的行为进行对照，那么人的感官如视觉就是输入单元，感知外部信息并将信号送入控制中枢——大脑，大脑对此进行判断识别和做出反应，用肢体动作、语言等作为输出表达出来。

图 3-1 简单控制系统的基本构成

如果希望控制的效果更精准，除了基本组成单元，还可以加入一个反馈环节，对输出设备以及被控对象的运行情况、被控对象的姿态、环境条件等工况进行实时检测、判断和调节，如图3-2所示。

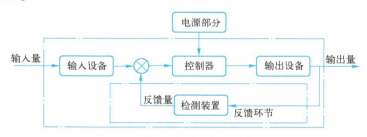

图 3-2 单闭环控制系统的基本构成

按照有无反馈，控制系统又可分为开环控制系统和闭环控制系统。开环控制系统的输出量不会对系统的控制产生任何影响，如图3-1所示。系统的输入直接送至控制器，并通过控制器产生的控制指令对输出设备进行控制，输入设备与输出设备之间的信号传递是单向的。开环控制系统结构简单，但控制精度低且易受环境变化的影响。

　　闭环控制系统是将输入量与反馈量（检测到的输出量）比较后产生的偏差量送给控制器，再通过控制器产生指令控制输出设备，从而调节输出量，如图 3-2 所示。系统输出量返回到输入端，对控制过程产生影响。与开环控制系统相比，闭环控制系统精度高、动态性能好、抗干扰能力强，但结构比较复杂。

1. 控制器

　　控制器作为控制系统的核心单元，主要对输入端口读取的外部指令信息进行分析运算、处理、存储或通过输出端口向输出设备发送控制指令。

　　这里控制器选择普适性比较高的开源硬件 Arduino UNO 控制板，其内核采用 AVR 的八位单片机 ATmega328。该控制板软硬件开源，资源丰富、入门简单，适合零基础者学习使用。

　　探索者 Basra 控制板与 Arduino UNO 系列同源，二者引脚定义、功能特点与使用方法完全兼容。

2. 输入设备

　　输入设备由各种传感器、键盘、鼠标等器件及其电路构成，如图 3-3 所示。传感器是一类特殊功能的物理元件或化学元件，能感受或探测到外部环境信息或操作指令，将之转化为电信号或其他可以表示的信息。例如热敏电阻，先把温度转换为电阻，再经电路转换成电压信号。

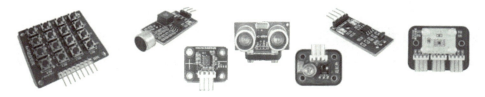

图 3-3　几种常用的输入设备

　　输入设备通过控制器的输入/输出接口与控制板相连。控制器的输入接口分为数字接口和模拟接口，I^2C、Serial、SPI 等协议接口也是数字接口。

　　探索者将大多数传感器模块设计为四线接口，可直接连扩展板接口，使用比较简单。

3. 输出设备

　　输出设备是各种执行机构及驱动控制电路的总和，包括各类电机、电磁阀、继电器、蜂鸣器、指示灯、显示模块以及各种驱动电路等，如图 3-4 所示。

图 3-4　几种常用的输出设备

输出设备主要接收来自控制器输出端口的控制命令，转化并执行相应的命令，产生能改变或调节系统工作状态的动作或操作。

控制器提供了输入/输出接口，连接相应的输出设备，可把电能转换为机械能、光能等其他形式的能量释放或消耗。

4. 检测装置

检测装置主要由传感器、数据采集以及反馈环构成，作用主要是检测输出量信息或环境信息等，并将检测值以特定形式的信号传送到输入端或控制器，以便对系统进行调节。

5. 电源系统

电源是机器人正常工作的动力保障，也是控制系统稳定可靠运行的关键。不同的机器人控制系统对电源的要求不一样，不同的电子器件对电压的要求也有所不同。例如，单片机工作电压一般为 5 V/3.3 V，电机驱动通常使用 6~12 V 或者更高，温度传感器 LM35 工作电压为 5~30 V，OLED 显示屏电压为 3.3~5 V 等。

机器人功能越强大，其控制系统构成越复杂，对电源电压要求也越高。在设计时，可以用 7~12 V 锂电池等直流电源，或者用 AC/DC 电源模块为控制系统提供动力，再经 DC/DC 电压转换模块或三端稳压模块为微控制器供电。图 3-5 所示是小型机器人系统中经常使用的电源设备。

a) 8V和12V锂电池   b) AC/DC电源模块   c) DC/DC电压转换模块

图 3-5   常用电源设备

3.2 I/O 端口及其应用

I/O（Input/Output 的缩写）端口，即输入/输出端口。它是控制器与外设之间进行信息交换的通道。作为输入时，从外界接收检测信号、键盘信号等信息；作为输出时，向外界输送单片机内部电路的运算结果、显示信息、控制命令和驱动信号等。Arduino UNO、Basra 等以 ATmega328 为内核的开源主控板都具有独立位操作功能的双向通用 I/O 端口（D0~D19），当作为通用数字 I/O 端口使用时，每个引脚都具有真正的读取-修改-写入功能，并且可以通过程序单独定义成输入或输出口。使用时，用户可通过 Arduino 基础函数库提供的数字 I/O 的配置函数来进行设定。

通过 I/O 端口传输的信息分为数字信号与模拟信号。数字信号在时间和数值上都是离散的，是由 0 和 1 表示的二进制形式的信号。在 sketch 程序代码中分别用 LOW（低）或者 HIGH（高）表示，HIGH 值是 1，该引脚配置 INPUT 模式对应大于 3 V，OUTPUT 模式对应 5 V；LOW 值是 0，该引脚配置 INPUT 模式对应小于 1.5 V，OUTPUT 模式对应 0 V，如图 3-6 所示。模拟信号在时间和数值上都是连续的，如图 3-7 所示，模拟信号需要经过模/数转换量化成数字编码才能被计算机进行运算处理。下面结合应用实例学习 I/O 端口的配置与应用。

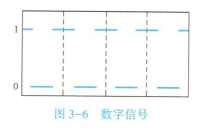

图 3-6　数字信号

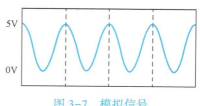

图 3-7　模拟信号

3.2.1　数字 I/O 端口及其应用

Arduino UNO 控制板上有 D1～D13 和 D14～D19（对应 A0～A5）共 20 个数字引脚，端口在使用前，需要先通过调用 Arduino 基础函数库中的 pinMode(pin, Mode) 函数配置该端口为输入模式或输出模式。下面以按键控制 LED 闪烁为例详细讲解数字 I/O 端口的应用。

【实践项目】按键控制 LED 闪烁。

【实践材料】Arduino 主控板 1 块，红、黄、绿 3 个 LED、3 个 220 Ω 限流电阻、1 个 10 kΩ 电阻、1 个按键、1 块面包板，以及面包板导线若干。

【实践要求】按住按键，LED 闪烁；松开按键，LED 熄灭。

【设计思路】分析实践任务可知，当 CPU 查询到输入端口上的按键有被按下的信息，将向输出端口发送控制指令，控制 3 个 LED 依次顺序点亮和熄灭。

要实现按键控制 LED 点亮与熄灭，需要先了解按键、LED 等器件的工作原理，以及与 Arduino 主控板的电路连接方法，然后才能进行电路设计、I/O 端口配置、编写控制程序。

1. LED 及其电路连接方法

（1）LED 的工作原理

LED 一般指发光二极管，是一种可以将电能转化为可见光的半导体器件，常用于信号指示灯、显示屏、补光等。发光二极管与普通二极管一样是由 PN 结组成，也具有单向导电性，如图 3-8 所示。LED 的长引脚为阳极 A，短引脚为阴极 K。当 LED 加上正向电压（阳极接电源正极），且正向电压大于二极管的通态管压降时，电流将从 LED 阳极流入，阴极流出，LED 导通点亮；否则，二极管熄灭。

LED 的亮度与流过二极管的正向电流有关。电流太小，二极管不亮，电流太大，将导致二极管因过电流烧坏。使用时，通常串联一个限流电阻以控制流过二极管的电流，如图 3-9 所示。限流电阻的阻值可以参考式（3-1）求出。

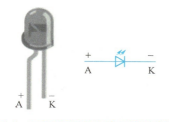

图 3-8　LED 实物图及其电气图形符号

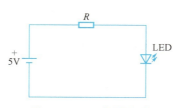

图 3-9　LED 常用电路

$$R = \frac{V_{DC} - V_D}{I_D} \tag{3-1}$$

式中，V_{DC} 为电源电压；V_D 为 LED 的正向导通压降，不同颜色 LED 的管压降略有不同，一般为 $1.5 \sim 2\,V$；I_D 为 LED 的典型工作电流 $10 \sim 15\,mA$。

（2）LED 与 Arduino 电路连接

在控制系统中，LED 通常是作为输出器件连接在数字引脚上，根据 I/O 端口上电流的流向不同，LED 有灌电流和拉电流两种接线方式。

1）灌电流接线方式。如图 3-10 所示，电路的电流从 Arduino 主控板的 +5 V 电源流出，然后经 LED 阳极、限流电阻、流入 I/O 端口，这种接线方式称为灌电流接线方法，也称为控阴极接法。根据 LED 点亮条件，只要控制 I/O 端口电平为低电平，LED 就会被点亮，否则 LED 熄灭。

2）拉电流接线方式。如图 3-11 所示，电路电流从 I/O 端口流出，经限流电阻、LED，再流回到控制板上的 GND，这种接线方式称为拉电流接线方法，也称为控阳极接法。要使 LED 点亮，I/O 端口需要输出高电平信号。由于电流是从 I/O 端口流出，受单片机输出电流的限制，不适合驱动电流较大的场合。

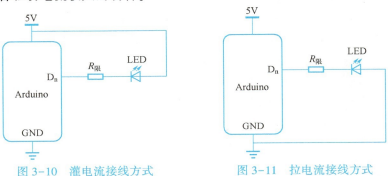

图 3-10   灌电流接线方式   图 3-11   拉电流接线方式

（3）电路连接与面包板

通常在控制的初级设计阶段，可以使用面包板来固定元器件和完成电路的连接。面包板布局和内部结构如图 3-12 和图 3-13 所示，上面布满插孔，依靠内部的金属连通电路，电子元器件可根据需要插入，免去了焊接，节省了电路的组装时间。此外，元器件可以拔出重复使用，非常适合电子电路的组装、调试和训练。

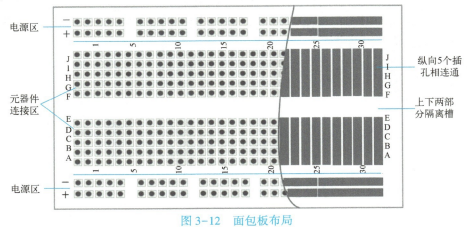

图 3-12   面包板布局

2. 按键及其电路连接方法

（1）按键开关及其工作原理

轻触式按键开关是一种电子开关，属于电子器件类，依靠内部金属弹片受力变化来实现通断。如图 3-14 所示，按键开关在自然状态下是断开的，此时同侧两个引脚相通。当按键按下时，开关闭合，四个引脚全部接通；松开按键，开关立即断开，恢复到自然状态。

如果将按键的一侧引脚与单片机的 I/O 端口引脚相连，另一侧引脚连接电压信号 VCC 或接地 GND，这样按键的通断即可引起端口引脚上的电平变化，单片机就可以通过程序读入 I/O 端口引脚电平信号，判断按键的状态。

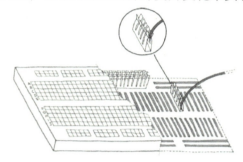

图 3-13　面包板内部结构

图 3-14　按键开关实物图及其断开与闭合示意图

（2）按键常用接线方式

在控制系统中，按键属于输入单元，Arduino 控制器的数字引脚配置为 INPUT（输入）模式。如果在 I/O 端口上只连接按键，当开关处于断开状态时，CPU 读取的输入信号将"浮动"，从而导致不可预知的结果。为了确保 I/O 端口的输入信号在任何时候都保持稳定，通常使用一个上拉或下拉电阻。其作用是在开关断开时将引脚电平拉至已知状态。该电阻通常选择 10 kΩ 的电阻，因为在开关断开时，其电阻值足够小，可以防止浮动输入；在开关闭合时，其电阻值足够大，不会产生太大功耗。

1）下拉电阻接线方式。图 3-15 所示为下拉电阻接线方式。开关断开时，I/O 端口通过电阻 R1 接地，输入引脚电平为 LOW（低）；开关闭合时，I/O 端口经按键直接与 +5 V 相连，输入引脚电平为 HIGH（高）。

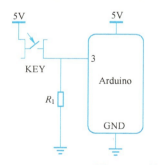 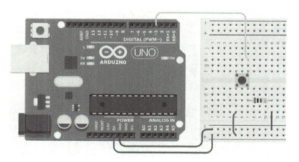

图 3-15　外接下拉电阻的接线方式及面包板接线示意图

2）上拉电阻接线方式。上拉电阻接线方式如图 3-16 所示，开关断开时，I/O 端口通过电阻 R_1 连接 +5 V，输入引脚电平为 HIGH（高）；开关闭合时，I/O 端口经按键直接接地，输入引脚电平为 LOW（低）。

3）内置上拉电阻接线方式。Arduino 上的微控制器具有可访问的内置上拉电阻。通过设置 pinMode( ) 函数中的 Mode 参数为 INPUT_PULLUP，可以启动内置上拉电阻，从而简化外接电路，其接线方式如图 3-17 所示。其开关通断与高低电平的关系同上拉电阻接线方式保持一致，即开关断开时，输入引脚电平为 HIGH（高）；开关闭合时，输入引脚电平为 LOW（低）。

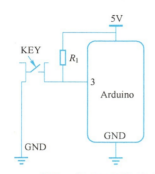

图 3-16　外接上拉电阻的接线方式

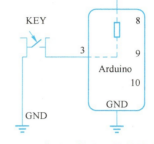

图 3-17　内置上拉电阻的接线方式

3. 电路设计

假设，按键使用下拉电阻，LED 采用拉电流接线方式，主控板选择 Arduino UNO。其按键控制 LED 的电路设计如图 3-18 所示。其中数字引脚 3 连接按键，数字引脚 9 连接 LED。下拉电阻 R_1 选择 10 kΩ，限流电阻 R_2 选择 220 Ω。

4. 配置 I/O 端口

Arduino 上的引脚可以配置为输入或输出。根据图 3-18 的电路连接，应将数字引脚 3 配置为输入模式，数字引脚 9 配置为输出模式。

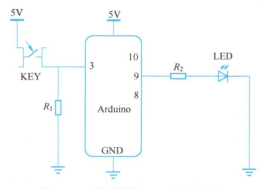

图 3-18　按键控制 LED 的电路设计

编程时，根据图 3-19 所示实物连线图，在 setup( ) 中使用 I/O 端口配置函数 pinMode(pin, Mode) 对所使用的引脚进行一一配置。未经初始化的 I/O 端口可能无法正常工作。如

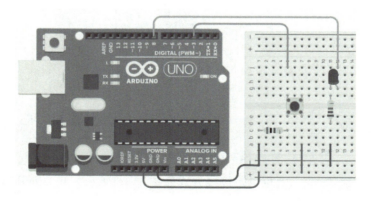

图 3-19　键控 LED 的接线示意图

果要将多个相邻的引脚配置为相同的工作模式，可以使用循环结构让其更加简便。例如将数字引脚 3 配置为输入，将数字引脚 8~10 配置为输出，可以用如下代码：

```
// ******************************************************/
void setup( )
  {
     pinMode(3,INPUT);              //数字引脚 3 配置为输入模式
     for( int pin=8; pin<=10;pin++) //数字引脚 8~10 配置为输出模式
         pinMode(pin, OUTPUT);
  }
// ******************************************************/
```

5. 数字 I/O 端口的读/写操作

在 1.6 节的 Blink 程序中，已经体验了如何使用 digitalWrite( ) 控制 LED 闪烁。除了写操作函数，Arduino 函数库为用户提供了一个数字 I/O 端口的读操作函数 digitalRead(pin)。这是一个有返回值的函数，主控板执行该函数后，返回值是所读输入引脚的电平状态，高电平为 HIGH，低电平为 LOW。

在图 3-18 中，数字引脚 3 连接的按键使用下拉电阻，执行读操作函数 digitalRead(3) 的结果：按键按下，返回值 HIGH；按键松开，返回值 LOW。根据设计要求和读取的按键结果，通过 digitalWrite( ) 函数向连接 LED 的输出端口写入 HIGH 或 LOW，控制其亮灭。

6. 程序设计

在 Blink 程序中，已经成功实现了控制 LED 闪烁，现在需要通过按键启动，那么按键是如何控制 LED 点亮与熄灭的？这里就需要一个判断选择的过程，根据图 3-18 的电路连接，按键按下，数字引脚 3 将与 +5 V 接通，引脚电平从 LOW 变为 HIGH；按键断开，数字引脚 3 通过下拉电阻接地，引脚电平为 LOW。这时，如果执行 digitalRead( ) 函数读取 I/O 端口状态，并根据读取到数字引脚 3 的返回值决定程序下一步执行动作：如果返回值为 HIGH，说明此时按键按下，就向数字引脚 8 写一个高电平 HIGH，让所连接的 LED 导通点亮；0.5 s 后再向数字引脚 8 写一个低电平 LOW 让 LED 熄灭，持续 0.5 s，再次读取按键状态，如果返回值仍为 HIGH，重复上述操作，如果返回值为 LOW，表示按键断开，程序不会向数字引脚 8 写操作，LED 将不会闪烁。如此就实现了按键控制 LED 点亮与熄灭。

在这个设计中，可以把动作过程分成两部分：读取键值，并判断是否有按键按下；控制 LED 交替点亮与熄灭。计算机是按照所给的程序，从头开始，一条条执行指令。其程序流程图如图 3-20 所示。

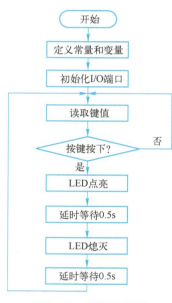

图 3-20　程序流程图

根据上述分析和程序流程图，可以在 Arduino IDE 中编写控制程序，详见参考程序代码。

7. 参考程序代码

```
/ ******************************************************/
#define   Key   3   //根据电路图，数字引脚 3 连接按键 Key，数字引脚 8 连接 LED
```

```
#define  LED  8
/ *********************************************************/
void setup( )    //setup( )函数在 Arduino 主控板上电或复位（按 RESET）时，只运行一次
  {
    pinMode(Key, INPUT)；    //初始化数字引脚：Key 配置为输入，LED 配置为输出
    pinMode(LED, OUTPUT)；
  }
/ *********************************************************/
void loop( ) {
    int keyval = digitalRead(Key)；    //读键值，结果存入变量 keyval
    if( keyval == HIGH)               //如果键值为 HIGH，执行下面{  }中的内嵌语句
      {
      digitalWrite(LED, HIGH)；      //向数字引脚 LED 写一个 HIGH，LED 导通点亮
      delay(500)；                   //延时等待 500 ms
      digitalWrite(LED, LOW)；       //向数字引脚 LED 写一个 LOW，LED 截止熄灭
      delay（500）；                 //延时等待 500 ms
      }
   }
/ *********************************************************/
```

8. 按键消抖

由于使用的按键是一种机械弹性开关，所以在闭合和断开的瞬间会伴随一连串的抖动，这种抖动反映到电路上即产生电平变化，如图 3-21 所示。

按键抖动会导致一次按键被误读多次，从而导致 CPU 产生误操作，需要在信号切换时等待电路稳定后再读取按键状态，即按键消抖。

常用消抖方法有两种：硬件消抖，如用 RS 触发器电路；软件消抖，即延时消抖，第一次检测到按键闭合后，先执行 10~20 ms 的延时程序，再次检测按键状态，若两次相同则按键有效。

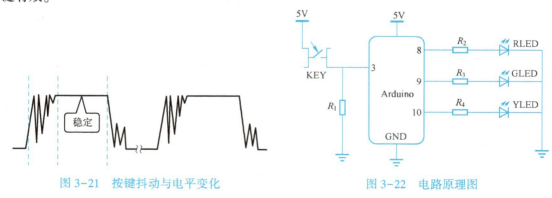

图 3-21　按键抖动与电平变化　　　　　　图 3-22　电路原理图

9. 动手做

【设计要求】

1）如图 3-22 所示，在上述示例程序基础上增加 2 个 LED，实现按住按键多个 LED 轮流亮灭。

2）结合图 3-23 所示 loop( ) 函数的程序流程图，编写一个小程序，实现按下按键，LED 闪烁；再次按下按键，LED 熄灭。

3）根据图 3-24 所示电路原理图，编程实现十字路口的交通灯控制。参考时序见表 3-1，每个时段的持续时间自定义。

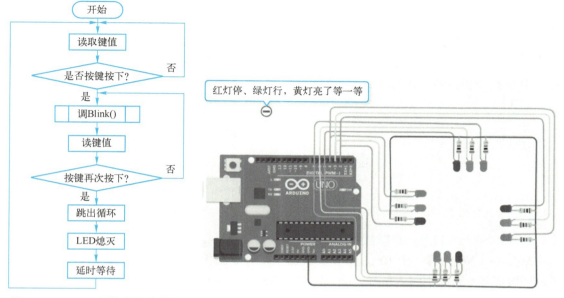

图 3-23　loop( )函数程序流程图　　　　　　图 3-24　十字路口交通灯的电路接线示意图

表 3-1　交通灯的参考时序

方向	时段 1	时段 2	时段 3	时段 4	时段 5	时段 6
东西向	绿灯亮	绿灯闪烁	黄灯亮	红灯亮		
南北向	红灯亮			绿灯亮	绿灯闪烁	黄灯亮

【设计提示】

1）可参图 3-24 所示电路原理图搭建电路，作为数字 I/O 端口使用时，需要对每个数字引脚进行配置。

2）为便于检查连线错误，硬件连接应遵守工程技术规范。在条件允许时，可将电路用不同颜色的导线加以区分，例如连接+5 V 使用红色导线，GND 使用黑色导线，控制信号使用彩色导线。同一信号建议使用相同颜色的导线。

3.2.2　模拟输入端口及其应用

在 Arduino 控制系统中，模拟输入 A0～A5 是与数字引脚 14～19 复用的。与数字 I/O 不同的是，模拟输入端口的信号是单向传输，使用时不需要在 setup( )函数中设置端口的工作模式。下面结合应用实例分别介绍模拟信号、模拟输入端口及其应用。

生活中，我们接触到的信号大多数都是模拟信号，如声音、温度、光线、速度等。如图 3-25 所示，模拟信号是可以用连续变化的物理量表示的信息，信号的幅值、频率或相位会随时间变化而连续变化。

虽然模拟信号能够精确、真实地反映事物客观现象，但是计算机无法直接处理模拟信号。计算机要处理模拟信号，必须先将其转换成数字信号。模拟信号转换为数字信号需要经过信号采集、信号调理、A/D 转换等过程。

传感器就是一种信号采集装置，图 3-26 所示是一些常见的模拟量传感器。它可以把被测的模拟信号按照一定规律转换成易于处理、传输、存储的电信号或其他形式的信息（电阻、电容等）。通常，A/D 转换器接收的模拟信号为 0~5 V 或 0~3.3 V 的电压信号，ATmega328 默认接收的模拟信号为 0~5 V 的电压信号，所以信号在输入 Arduino 模拟端口 A0~A5 之前，还需要通过信号调理电路将传感器的采样结果调理成 0~5 V 的电压信号，再经 A/D 转换器将其转换成离散的数字量。

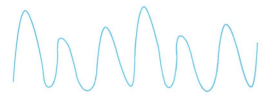

图 3-25　模拟信号

图 3-26　常见的模拟量传感器

1. 模拟输入端口与模拟读操作

Arduino UNO 内置一个 10 位 A/D 转换器，带有 6 路相互独立的模拟输入通道 A0~A5，可以同时连接 6 路模拟输入信号。编程时，通过执行 analogRead() 函数，将 0~5 V 模拟信号转换成 0~1023 的数值。

> **函数原型**：analogRead(pin)；从指定模拟输入引脚读取采样值：0~5 V 电压。
> **参数含义**：pin，模拟输入引脚号 A0~A5。
> **返回值**：有返回值。返回值为数字量 0~1023。

A/D 转换器分辨率为 4.9 mV（5 V/1024 个单位），读取模拟输入大约需要 100 μs（0.0001 s），因此最大读取速率约为 10000 次/s。

2. 模拟输入端口的应用

下面结合光敏电阻介绍模拟输入端口与模拟传感器的应用设计和编程思路。

【实践项目】用光敏电阻设计一个自动感应灯。

【实践材料】光敏电阻、10 kΩ 分压电阻、220 Ω 限流电阻、LED、Arduino 控制板、面包板及导线。

【实践要求】每过 0.5 s 测量一次光线，并将测量数据送到串口显示，能根据光线的数据控制灯的亮灭。

【设计思路】光敏电阻是一种对光线非常敏感的元件。它的电阻值随着光强增大而减小。当光线很暗时，其电阻值很大（一般可达 1.5 MΩ），当光线亮时，其电阻值很小，甚至可低至 1 kΩ 以下。由于光敏电阻的特殊性能，经常被用于环境光检测，典型采样电路如图 3-27 所示。其中，R_L 为光敏电阻，分压电阻 R_1 选取 10 kΩ，工作电压 V_{in} 为 5 V。根据串联分压原理，可计算出光敏电阻的电压 V_{out}

$$V_{out} = \frac{R_L}{R_L + R_1} V_{in} \tag{3-2}$$

3. 电路设计

如果将光敏电阻的采样信号 V_{out} 连接 Arduino 控制板的模拟输入端口 A0，LED 采用拉电流接线方式，接在 9 号数字端口，其控制电路如图 3-28 所示。

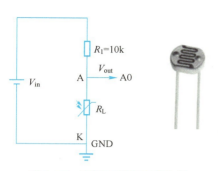

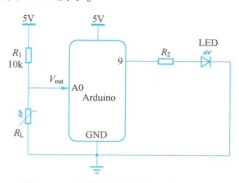

图 3-27　光敏电阻及采样电路　　　　　　图 3-28　光线测控系统的电路原理图

当 CPU 对模拟引脚端口 A0 执行读操作时，会读取到一个 0~5 V 的电压信号，经过内置 A/D 转换器，该模拟信号被转换成 0~1023 的数值。环境光线变化时，光敏电阻的电阻值会变化，V_{out} 电压也会随之改变，analogRead( )的返回值也会发生相应的变化。

4. 配置 I/O 端口

自动感应灯电路接线如图 3-29 所示。模拟输入端口的信号是单向传输，模拟引脚 A0 无须设置输入模式，这里只需要将数字引脚 9 配置为输出模式即可。

5. 程序设计

参考程序流程图（图 3-30），设定一个参考值 x，如果 analogRead( )返回值>x，说明光线比设定的基准暗；如果 analogRead( )返回值<x，则光线比设定的基准亮。以此控制数字引脚上的 LED 电路，光线暗时 LED 点亮，光线亮时 LED 熄灭，从而实现对环境光线自动感应和调节。根据上述控制逻辑，编写程序代码如下：

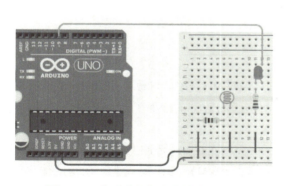

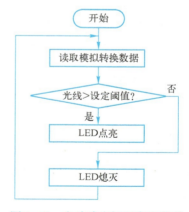

图 3-29　自动感应灯电路接线示意图　　　　　图 3-30　自动感应灯程序流程图

```
/************************************************************/
#define LED 9              //数字引脚 9 连接 LED
#define RL A0              //光敏电阻连接模拟引脚 A0
void setup( )  {
    pinMode( LED, OUTPUT);     //配置数字引脚 9 为输出模式
    Serial. begin( 9600);      //启动串口监视
```

```
    }
/***************************************************************/
void loop() {
    int serval = analogRead(RL);        //读取模拟引脚A0，并将返回值送给变量serval
    Serial. println(serval);            //测量结果输出到串口
    if (serval>600)
     {
       digitalWrite(LED, HIGH);
     }
    else
       digitalWrite(LED, LOW);
    delay(500);                         //每过0.5 s测量一次
}
/***************************************************************/
```

将程序传送到控制板中，打开串口监视器（Serial Monitor），遮挡传感器的感光区域，观察显示的内容，如图3-31所示，数值会随着光线的明暗而变化，并且光线越亮数值越小。

从代码可以看出，数字端口和模拟端口读取信息的方式是不同的。数字端口使用digitalRead()来读取数字信号。而模拟端口是通过analogRead()来读取模拟信号。通过

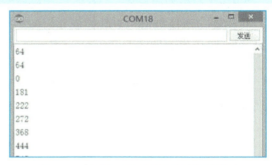

图3-31　用串口监视器观察模拟信号

串口监视器可以更直观地看出数字信号与模拟信号的区别。digialRead()返回的值只有0或者1，而analogRead()可以得到0~1023的整数值。特别说明：本节中使用的光敏电阻因为分压电路的结构所限，送出的电压达不到5 V或者0 V，所以在执行结果中看不到上下限的数值也是正常的。

3.2.3　模拟输出端口及其应用

在Arduino UNO控制板上，模拟输出端口（PWM输出）与数字引脚3、5、6、9、10、11复用，为了便于与其他数字引脚区别，这些引脚的数字前增加了"~"符号。

1. 模拟输出与PWM信号

这里的模拟输出主要指PWM（Pulse Width Modulation，脉冲宽度调制）。它是Arduino的定时器/计数器在PWM（快速PWM和相位修正PWM）工作模式下，在指定输出端口产生的一种脉冲宽度可以调节的方波信号，如图3-32所示。图中虚线表示不同占空比的输出电压平均值。

调节脉冲信号的宽度可以控制在指定端口上输出的PWM信号占空比，从而控制在该输出端口模拟产生一个平均电压在0~5 V的电压信号。这也是单片机利用数字方法解决模拟输出的一种方式。

2. 模拟写操作与PWM信号的调节

编程时，通过调用模拟写操作函数analogWrite()向指定模拟输出端口写一个PWM信

号。执行 analogWrite( ) 后，该引脚将生成一个指定占空比的方波，直到下次再执行写操作时，才能调整占空比。在 UNO 板上，引脚 5 和 6 输出的 PWM 信号频率为 980 Hz，其他引脚输出的 PWM 信号频率为 490 Hz。

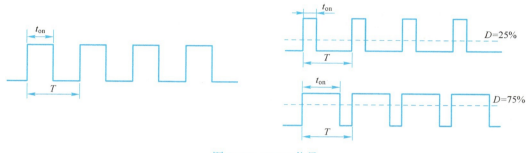

图 3-32　PWM 信号

t_{on}—脉冲宽度　T—周期　D—占空比，$D=t_{on}/T$

函数原型：analogWrite(pin，value)；向指定模拟输出端口写一个模拟量（PWM）。
参数含义：pin，模拟输出引脚号 3、5、6、9、10、11。
　　　　　value，用于控制 PWM 脉冲信号的占空比，为 0~255 的整数值。
返回值：无返回值。

下面以控制 RGB LED 的色彩变化为例介绍模拟输出端口的应用。

3. 模拟输出端口的应用

RGB LED 由红（Red）、绿（Green）和蓝（Blue）三色 LED 组成，相当于把三个 LED 的阴极或阳极连在一起，引出公共端。如图 3-33 所示，将三个阴极连起来引出公共阴极，称为共阴极 RGB LED；反之，就是共阳极 RGB LED。根据三原色的混色原理，只要调整三个 LED 中每个灯的亮度就能产生各种不同的颜色。如果三个灯的色度值相同，就是白色。

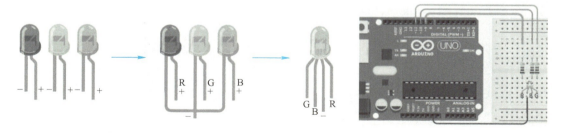

图 3-33　共阴极 RGB LED 及其连线图

与模拟输入相似，模拟输出端口在编程时无须在 setup( ) 函数中初始化端口，直接通过 analogWrite( ) 函数向模拟输出端口写数值即可。

如果想让灯每过 1 s 随机变化一种颜色，可以使用如下的代码实现：

```
/******************************************************************/
void setup( )
```

```
              }
          }
      void loop( )
          {
          for( int pin=9;pin<12;pin++)
              analogWrite( pin,random(0,255));    //随机数依次送给引脚9、10、11
          delay(1000);
          }
/******************************************************************/
```

说明：random(min,max)随机函数可以生成伪随机数，是有参数、有返回值的函数，返回值是在 min 与 max 之间的整数，不含上限。

4. 动手做

【设计要求】用电位器和 LED 设计一个调光灯，让 LED 的亮度随着电位器旋转的角度而变化。

提示：电位器是一种可变电阻器，使用时将电位器的固定端分别接到 5 V 和 GND，在转动电位器旋钮时，输出端就可以得到 0~5 V 的电压。为了让电位器模拟输入值的上下限（0~1023）与 PWM 输出的上下限（0~255）正好对应，可以采用整除 4 的方法，也可以使用映射函数 map(value，fromLow，fromHigh，toLow，toHigh)转换，再通过 analogWrite( )函数输出 PWM 信号。参考电路以及硬件连接如图 3-34 所示。

函数原型：map(value，fromLow，fromHigh，toLow，toHigh)；

参数定义：value，待转换的变量名。

　　　　　　fromLow、fromHigh，转换前的数值下限与上限。

　　　　　　toLow、toHigh，转换后的数值下限与上限。上限可大于下限。

返回值：有返回值。返回值为转换结果。

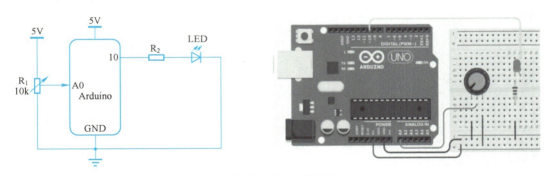

图 3-34　调光灯电路原理与接线示意图

3.3　中断

中断（Interrupt）在单片机系统中是一个非常重要的概念，在很多控制系统中都应用了中断技术。

3.3.1　中断的概念

1. 理解中断与中断概念

正常情况下，CPU 是按程序指令一条一条向下顺序执行的。但如果此时发生了某一事件 B 请求 CPU 迅速去处理，CPU 暂停当前的工作并保存断点信息（压栈保存现场），转去处理事件 B（响应中断，执行中断服务程序）。待 CPU 将事件 B 处理完毕后，再回到原来被中断的地方（中断返回）找回断点信息（出栈恢复现场），继续执行程序的完整过程称为中断。

用生活中的"中断"现象做类比，如图 3-35 所示，假设老师正在上课，突然电话铃响了，是否需要立即停止上课去处理电话呢？如果电话铃响了老师不予理睬继续上课，这称为**中断屏蔽**。如果事件紧急，需要暂停讲课马上处理电话，这时需要先将上课信息存储在大脑中（压栈保存现场），转去处理电话。待结束后返回教室需要先找回上课信息（出栈恢复现场），再接着继续上课。那么，接听电话的整个过程就是**中断**。电话铃响声就相当于向老师（CPU）发出一个**中断请求**，老师接听电话就是**中断响应**，电话结束返回课堂继续上课则是**中断返回**。如果老师在电话铃响时又听到广播消防演习，

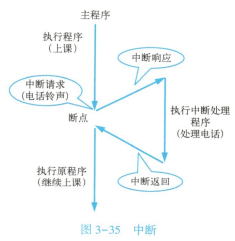

图 3-35　中断

需要立即组织学生撤离，那么就有两个**中断源**。假设，消防演习无条件执行，老师需要先疏散学生，然后再处理电话的事情，这就是**中断优先级**。高级别的中断可以打断低级别的中断，也就是即使已经接通了电话，如果在接听过程中听到了警报，老师也会暂停通话开始组织撤离，待撤离完毕再返回继续之前的电话，这是**中断嵌套**。显然，撤离时是没有时间接听电话的，也就是当高级别的中断正在执行时，低级别的中断请求无效。

可见，中断是由事件触发的。引起中断的原因或者能发出中断请求信号的来源统称为中断源。由外部设备发出的中断请求信号触发的中断称为外部中断，由内部中断源发出的中断请求产生的中断则称为内部中断。

2. 中断源

Arduino UNO 微处理器的中断系统有 26 个中断源，见表 3-2。向量序号越小优先级最高，优先级是固定的，不支持软件更改。其中，RESET 拥有绝对的优先权，只要 RESET 被触发，不管当前在执行什么程序，都会被中止并重启系统，并且这个中断是不可屏蔽的。

表 3-2　ATmega328 中断系统

向 量 序 号	程 序 地 址	中　　断　　源	中　断　定　义
1	0x0000	RESET	外部电平复位，上电复位，掉电检测复位，看门狗复位
2	0x0001	INT0	外部中断请求 0
3	0x0002	INT1	外部中断请求 1
4	0x0003	PCINT0	引脚电平变化请求 0

（续）

向量序号	程序地址	中　断　源	中断定义
5	0x0004	PCINT1	引脚电平变化请求 1
6	0x0005	PCINT2	引脚电平变化请求 2
7	0x0006	WDT	看门狗超时中断
8	0x0007	TIMER2 COMPA	定时器/计数器 2 比较匹配 A
9	0x0008	TIMER2 COMPB	定时器/计数器 2 比较匹配 B
10	0x0009	TIMER2 OVF	定时器/计数器 2 溢出中断
11	0x000A	TIMER1 CAPT	定时器/计数器 1 捕捉事件
12	0x000B	TIMER1 COMPA	定时器/计数器 1 比较匹配 A
13	0x000C	TIMER1 COMPB	定时器/计数器 1 比较匹配 B
14	0x000D	TIMER1 OVF	定时器/计数器 1 溢出中断
15	0x000E	TIMER0 COMPA	定时器/计数器 0 比较匹配 A
16	0x000F	TIMER0 COMPB	定时器/计数器 0 比较匹配 B
17	0x0010	TIMER0 OVF	定时器/计数器 0 溢出中断
18	0x0011	SPI, STC	SPI 串行传输完成
19	0x0012	USART, RX	USART 接收完成
20	0x0013	USART, UDRE	USART 数据寄存器为空
21	0x0014	USART, TX	USART 发射完成
22	0x0015	ADC	ADC 转换完成
23	0x0016	EE READY	EEPROM 准备
24	0x0017	ANALOG COMP	模拟比较器
25	0x0018	TWI	2 线串行接口
26	0x0019	SPM READY	SPM 准备

3. 开启和禁用中断

默认情况下，中断是处于启用状态的。但是，有些程序不希望被中断打扰，这时可以在程序中设置 noInterrupts( )禁用中断。当中断被禁用时，一些函数将不工作，通信可能被忽略。中断被禁用后，它是无法自动开启的，需要通过 Interrupts( )函数重新开启。例如：

```
/**********************************************************/
void setup( ) {}
void loop( ) {
    noInterrupts( );
    //关键的、对时间敏感的、不希望被打扰的代码
    interrupts( );
    //其他的代码
    }
/**********************************************************/
```

3.3.2　定时器中断及其应用

本书的第一个实例——Blink 中就已经用到了定时器，其中 delay( ) 函数功能就是通过设定定时器实现的，只是为了让初学者能更快捷地使用，这个过程被函数进行了封装。

1. 定时器与定时器库

ATmega328 的内部有 3 个定时器：Timer0、Timer1 和 Timer2。每个定时器都有一个计数器，在计时器的每个时钟周期递增。当计数器计数达到存储在比较匹配寄存器中的指定值时触发 CTC 定时器中断，计数器清零然后继续再次计数到指定值。这一过程不断重复，通过选择指定值并设置定时器递增计数器的速度，可以控制定时器中断的频率。表 3-3 所列是这 3 个定时器在 Arduino 中的配置关系。Timer0 和 Timer2 是 8 位定时器，可以存储最大计数器值 255。Timer1 是一个 16 位定时器，可以存储最大计数器值 65535。Timer0 尽量不要更改，会影响 delay( )、millis( ) 和 delayMicroseconds( ) 等函数的使用。此外还要注意定时器使用时不要和已用的封装函数冲突。例如，在调用 Servo 库后，由于不能再使用 Timer1 去产生其他的定时中断，此时在引脚 9、10 上用 analogWrite( ) 函数进行 PWM 输出是无效的。同样的，在使用 tone( ) 函数时，对引脚 3、11 的 PWM 也有影响，不能同时使用。

表 3-3　定时器在 Arduino 中的配置关系

定 时 器	位 数	封 装 函 数	PWM 输出引脚
Timer0	8	delay( )、millis( ) 和 micros( ) 等	5, 6
Timer1	16	Servo. h、TimerOne 库等	9, 10
Timer2	8	tone( )、IRremote. h 等	3, 11

下面以 Timer2 为例，介绍定时中断函数的使用。定时器库的名称是 MsTimer2，可通过菜单栏中的"工具"→"管理库"搜索 MsTimer2，在线安装后就能够使用。其他 Timer 的使用也类似。MsTimer2. h 函数库包含以下三个库函数：

（1）定时器设置

成员函数：MsTimer2::set(unsigned long ms, void (*f)( ));

参数含义：unsigned long ms 表示定时时长，以 ms 为单位；void (*f)( ) 表示定时时间到了 CPU 要执行的中断服务函数。

（2）启动定时器

成员函数：MsTimer2::start( );

参数含义：开启定时器 2。

（3）关闭定时器

成员函数：MsTimer2::stop( );

参数含义：关闭定时器 2。

2. 定时器应用示例

【设计要求】应用 MsTimer2 控制板载指示灯（D13），每 0.5 s 亮或灭一次。

【设计思路】

1）打开 IDE，创建一个 sketch 文件；在线安装并引用 MsTimer2. h 函数库。

2）定义中断服务函数 flash( )。CPU 接收到定时中断请求信号将会执行一次该函数去改变一次 LED 灯的亮灭状态（见例程代码）。

3）在 setup( ) 中设置定时的时间。

```
/***************************************************************/
#include <MsTimer2. h>          // 引用函数库
/****** 中断服务子函数 ***************************************/
void flash( ) {
    static boolean state = HIGH；  //设置静态布尔型变量
    digitalWrite( 13, state) ;
    state = !state;
}
/***************************************************************/
void setup( ) {
    pinMode( 13, OUTPUT) ;       //设置引脚 13 为输出，即使用板载指示灯
    MsTimer2::set( 500, flash) ;  //定时时长为 500 ms
    MsTimer2::start( ) ;          //启动定时器
}
/***************************************************************/
void loop( ) {
    }
/***************************************************************/
```

下载运行程序可以发现：这里 loop 函数中没有任务，但是程序开始执行后，LED 仍然每隔 500 ms 改变一次亮灭状态，这是由定时中断实现的。也就是 CPU 在运行 loop 程序时，每隔一段设定时间就会收到中断请求，从而执行中断服务程序 flash( )，修改一次变量 state 值，之后再返回继续 loop 中的程序，如图 3-36 所示。

当然，也可以在 loop 函数中编写程序代码，实现在某些条件下启动定时函数，而在某些条件下停止定时函数，如，每启动 10 s 后停止 5 s。

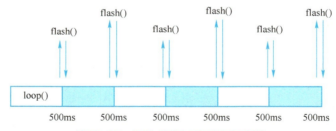

图 3-36　定时中断与程序执行过程

3. 动手做

【设计要求】

试用定时中断函数实现从引脚 13 输出频率为 5 Hz 的方波。对无示波器测试条件者，可以通过串口绘图器及板载 LED 闪烁状态进行描述。

【设计提示】

参考 3.2.1 节，将一个按键连接到控制板，试着修改上面的例程，结合 if…else 结构，实现按下按键，启动定时函数，松开按键，暂停定时函数。

3.3.3　外部中断函数及其应用

1. 启用外部中断

外部中断需要设置才能启用，而且如果已经通过 noInterrupts( ) 禁用了中断，即使进行了下面的设置，外部中断也是无效的。

启用外部中断需要在 setup( ) 函数中对外部中断函数attachInterrupt( ) 进行参数配置，并自定义中断服务程序。

　　函数原型： attachInterrupt(digitalPinToInterrupt(pin) , ISR , mode) ;　　（新版）
　　　　或　　 attachInterrupt(interrupt , ISR , mode) ;　　　　　　　　（旧版）

　　函数功能： 启用外部中断，当指定引脚（pin）上的中断源信号满足某种条件（mode）时，外部中断被触发，CPU 执行相应的中断服务程序（ISR）。

　　参数含义：

1）digitalPinToInterrupt(pin)：中断源号。该参数是实际数字引脚号转换为特定的中断编号，pin 表示具有外部中断功能的数字引脚号。

2）Interrupt：中断源号（旧版参数）。0（INT0）表示使用数字引脚 2；1（INT1）表示使用数字引脚 3。

外部中断需依附于 I/O 端口，信号通过相应通道送达 CPU。开发板型号不同，其中断源数量、中断号所对应引脚也不相同。如 Basra/Arduino UNO/Nano（ATmega328/168）仅有两个外部中断——数字引脚 2 对应中断源 0，数字引脚 3 对应中断源 1，而 Mega2560 系列却有 6 个中断引脚（2、3、18~21）。

如果采用旧版函数，可直接用中断源号，如 0、1。但是由于初学者经常弄混中断源号与数字引脚号，所以在 IDE 更新后的版本中，推荐使用新版格式。

3）ISR：中断服务程序。CPU 处理中断响应时需要调用的函数，这是一个无参无返回值函数。函数名和内容需要用户根据要处理的中断事件自行定义。

ISR 是特殊类型的函数。虽是自行定义，但却有许多其他函数没有的限制：

① ISR 应尽可能短且快。如果一个 sketch 文件有多个 ISR 函数，那么一次只能运行一个，其他中断将在当前中断完成后执行，顺序取决于它们的优先级。

② 在 ISR 函数中尽量不使用 millis( )、delay( ) 及串行通信等依赖中断的函数。因为，在 ISR 中接收到的串行数据可能会丢失；millis( ) 需要中断计数，在 ISR 中不会递增，而delay( ) 需要中断才能工作，如果在 ISR 中调用将无法工作，micros( ) 则运行不稳定，但可以使用无计数器的 delayMicroseconds( ) 函数。

③ ISR 和主程序之间传递数据的类型通常是全局变量。为确保 ISR 和主程序之间共享的变量被正确更新，应该将在 ISR 中修改的任何变量声明为 volatile。

4）mode：中断触发条件。根据中断引脚的电平信号变化，mode 设置有四种模式：LOW、CHANGE、RISING、FALLING。

图 3-37 描述了这四种模式所对应的不同的触发时刻：LOW，当引脚为低电平时，触发中断；CHANGE，当引脚的电平发生改变时，触发中断；RISING，引脚的电平由低变为高时（上升沿），触发中断；FALLING，引脚电平由高变为低时（下降沿），触发中断。在控制过

程中，可以根据外界信号的特点，选择其中一种模式触发中断。

图 3-37　外部中断的四种触发模式

2. 禁用外部中断

如果不希望触发外部中断影响程序运行，可以关闭中断。其方法与启用中断相似，只需要配置中断函数 detachInterrupt(digitalPinToInterrupt(pin)) 或 detachInterrupt(Interrupt)，就可以关闭指定引脚的中断功能。与 attachInterrupt( ) 函数中的一样，参数 pin 是数字引脚号，Interrupt 是中断源号。

3. 外部中断应用示例

下面使用外部中断源 1（数字引脚 3），实现按键控制 LED 灯的亮灭，介绍外部中断函数的配置及使用方法。

1）如图 3-38 所示，将按键电路连接至数字引脚 3。

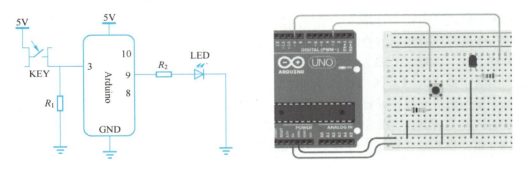

图 3-38　电路原理图及按键、LED 接线示意图

2）在 setup( ) 函数中，配置外部中断函数 attachInterrupt( ) 和 I/O 端口。例程中使用中断源 1（数字引脚 3）。中断模式 Mode 选择 RISING（上升沿）触发中断，即数字引脚 3 的引脚电平由低电平变为高电平的跳变过程中触发中断。每一次中断响应后执行中断服务函数 ISR_change( )，同时配置连接 LED 的数字引脚 9 为输出模式 OUTPUT。具体配置如下：

```
/****************************************************************/
setup( ){
    pinMode( 9, OUTPUT );
    attachInterrupt( 1, ISR_change, RISING );
}
/****************************************************************/
```

3）定义一个中断服务函数每次中断触发后，CPU 执行该中断服务函数，修改变量 state 的值，使之与上次状态相反，然后中断返回。

```
/****************************************************************/
void ISR_change( )
```

```
    {
        state = ! state;
    }
/******************************************************/
```

4）编写主循环 loop( )程序。在 loop 程序将不断把最新修改的 state 变量值送给数字引脚9，用来控制 LED 的亮和灭，参见程序代码。

5）将下列程序代码编译后下载到主控板，按下、松开按键，重复若干次，观察数字引脚9连接的 LED 的变化。参考程序代码如下：

```
/******************************************************/
bool state = LOW;                //定义一个布尔变量 state，初值为 LOW
void setup( ) {
    pinMode (9, OUTPUT);         //定义引脚 9 为输出
    attachInterrupt (digitalPinToInterrupt(3), ISR_change, RISING); //外部中断函数配置
}

void ISR_change( ){               //中断服务程序
    state = !state;              //每次执行中断将 state 的值取反
}

void loop( ) {
    digitalWrite(9, state);
}
/******************************************************/
```

4. 中断方式与查询方式的区别

通过按键改变引脚电平便会改变 LED 灯的状态，这与 3.2.1 节实现的控制效果很相似，而且硬件电路相同，但本质上却是两种完全不同的操作：查询与外部中断。

查询是在不停循环的 loop( )函数里，CPU 通过执行 digitalRead( )函数，查询端口状态信息。显然，只有及时捕捉到端口上的信息变化，才能改变 LED 灯的状态。这不仅响应速度比较慢，还占用系统资源，特别是在主程序处理事件多、处理流程复杂、函数嵌套执行的情况下，甚至会因为处理不过来而丢失输入的信息。也就是常常遇到的改变按键状态，却没有达到相应的控制效果，因为执行读程序的时刻恰巧错过了按键短暂改变所送来的信息。

中断是事件触发的。换言之，只要有事件产生都会引发中断，并且取得优先运行，因此响应更快、更及时。例如，在 CPU 执行 loop( )函数时，由于数字引脚 3 是外部中断源 1 的信号通道，优先级别非常高（仅次于 RESET 中断），只要在该端口有中断请求信息，CPU 都会记录下来，暂停正在执行的程序，响应并处理中断。

因此，在控制的过程中，合理应用中断，可以减少信息丢失，提高控制系统运行效率。

5. 动手做

【设计要求】修改示例程序，实现按键奇数次触发时，LED 灯闪烁（亮灭间隔 0.5 s），偶数次触发时，LED 灯熄灭。

【设计提示】定义一个变量 state 标识状态，每次中断可以修改 state 的值，在 loop( )函数中，判断 state 的值，使用 if…else 或者 swatch…case 结构，根据判断结果对应执行不同的程序，在 state 的值没有改变时，闪烁效果可以依靠 loop 的循环实现。

3.4　键盘模块及其应用

　　键盘是生活中最常见的输入设备之一。它实质上是许多按键开关的组合，通常使用触点式的机械弹性开关，利用机械触点的通断，实现按下时电路导通、释放时电路断开的功能。下面以 4×4 键盘为例介绍行列式键盘的应用方法。

1. 4×4 键盘的特点

　　4×4 键盘是行列式键盘的一种。组成键盘的 16 个按键构成 4 行 4 列的阵列式结构，所以简称 4×4 键盘，常见的有普通按键式和薄膜式两种，如图 3-39 所示。4×4 键盘共有 8 个接线端，Row1 ~ Row4 分别为 4 个行输出线，Col1 ~ Col4 为 4 个列输出线。每一行有 4 个按键，每个按键的一个触点连接其所在行的行输出线引脚，另一个触点连接其所在列的列输出线引脚，按下任意按键都会将其中一条行输出短接到其中一条列输出，如按下按键 K12，就短接了第 1 行和第 2 列。可见，键盘上每个按键的状态都是由行信号和列信号共同确定的。

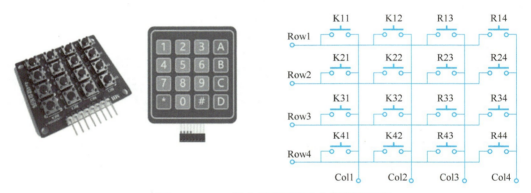

图 3-39　4×4 键盘实物图及其内部排列形式

2. 键盘扫描

　　在使用时，单片机如何准确地判断出是哪个按键被按下呢？单片机想读取某个按键的状态，除了需要将该按键所在的行（或列）引脚作为输入接在单片机的 I/O 端口上，同时还需要控制列（或行）引脚为高电平 HIGH 或低电平 LOW。假设：按键 K12 的行引脚 Row1 为输入，连接控制板的数字引脚 2；数字引脚 7 控制列 Col2，键盘采用上拉电阻接线方式，如图 3-40 所示。根据按键的工作原理：按键断开时，数字引脚 2 的输入信号为 HIGH。按键闭合时，为了检测到其中按键被按下，程序必须将第 2 列引脚电位设定为低电位，而其他引脚为高电位，这与 3.2.1 节中单个按键接线方式略有不同。下面结合电路分析 CPU 如何读取判断按键信号。

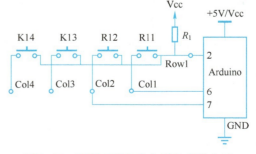

图 3-40　键盘采用上拉电阻的接线方式

　　CPU 通过程序执行读操作时，如果向 Col1 ~ Col4 列引脚输出控制信号为高电平，无论第 1 行是否有按键按下，CPU 从数字引脚 2 读取的输入信号都是 HIGH，所以要想检测到按键被按下，必须通过程序依序向列引脚写低电平。如果读取数字引脚 2 的输入信号 LOW，表示第 1 行有按键被按下，具体是哪个按键被按下，CPU 需要从第 1 列开始，通过对 4 路列引脚的控制信号依序写低电平进行逐一判断。

1）首先向控制第 1 列的数字引脚 6 写 LOW，其他 3 列的引脚写 HIGH，CPU 读取到的第 1 行信号为 HIGH，说明不是 K11 键被按下。

2）然后，向控制第 2 列的数字引脚 7 写 LOW，给其他 3 列引脚写 HIGH，CPU 读取到的第 1 行信号为 LOW，这表示 K12 键被按下，如图 3-41 所示。

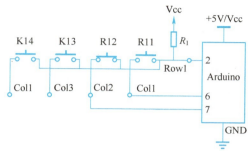

图 3-41　按键 K12 被按下

3）依此类推，CPU 依序查询完第 1 行上 4 个按键，将继续逐行、逐列查询第 2~4 行的每个按键状态，确定键号，进而执行相应的功能程序。

键盘上任何一个按键的通断都会引起输入端口引脚电平的变化，微控制器通过程序依序对 16 个按键逐行、逐列地读入按键信号，判断按键状态的过程，称为键盘扫描。键盘扫描是行列式键盘应用设计中常用的获取键值的方式。

3. 键盘应用示例

【设计要求】如果有按键按下，将该按键对应的键码用串口监视器显示。

【实践材料】4×4 键盘 1 个、Arduino/Basra 主控板 1 块、导线 8 根。

【设计思路】在控制电路中，键盘是作为输入设备。按键断开时，4 路行引脚均通过上拉电阻连接+5 V，此时 I/O 端口的信号为 HIGH；按键闭合时，需要 I/O 端口输出低电平将列引脚电位拉至低电平 LOW，CPU 才能检测到按键状态的变化。

（1）电路设计

图 3-42 是 4×4 键盘与 Arduino 控制板的接口电路原理图，其中键盘的 4 个行引脚 Row1~Row4 分别接 Arduino 的数字引脚 2~5，4 个列引脚 Col1~Col4 分别接数字引脚 6~9。注意，为简化连线，键盘采用内置上拉电阻接线方式，即按键在断开时，I/O 端口为高电平，按键闭合时，I/O 端口需要接低电平。

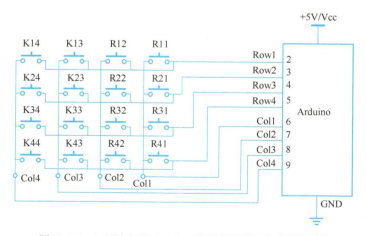

图 3-42　4×4 键盘与 Arduino 控制板的接口电路原理图

（2）配置 I/O 端口

根据图 3-42 可知，按键连接键盘行引脚的 I/O 端口接收按键输入信号，所以数字引脚 2~5 需要配置为 INPUT_PULLUP；按键闭合时，需要连接引脚列的 I/O 端口输出控制低电平使列引脚接 LOW，所以数字引脚 6~9 需要配置为输出模式 OUTPUT。

（3）软件设计

在编写程序之前，需要先定义 16 个按键所代表的键码信息，如第 1 行分别对应 1、2、3、A；然后创建一个新的 sketch 文件，编写程序代码。程序依然包括变量定义、I/O 端口初始化和主循环函数三部分。按键代表的信息在串口监视器以字符形式打印输出，具体步骤如下：

1）定义数组变量 rowPins[4]、colPins[4]分别存放控制键盘的行与列的数字引脚编号；定义二维字符型数组 keymaps[4][4]存放 16 个按键所对应的键码信息。

2）初始化 I/O 端口，启动串口通信，设置系统通电时，按键状态全部为断开。

3）主循环 loop( )函数编写控制程序。程序分为两个部分：键盘扫描获取键值，将按键的键码信息输出到串口。

按键扫描程序是从第 1 行开始扫描，先执行一次读操作，然后进行列扫描，即依序向列控制端口写低电平，将读取的键值送给暂存变量 keyScan，并判断按键是否被按下。如果 keyScan==LOW，说明有按键被按下，将该键所代表的信息值送到串口显示。扫描完第 4 行、第 4 列，程序再回到第 1 行、第 1 列，如此反复，就可以持续侦测到某个按键是否被按下。

（4）示例程序代码

```
/***************************************************************/
int rowPins[4]={2,3,4,5};        //键盘4只行引脚分别连接 Arduino 的数字引脚2~5
int colPins [4]= {6,7,8,9};      //键盘4只列引脚分别连接 Arduino 的数字引脚6~9
char keymaps[4][4]={ {'1','2','3','A'},    //定义数组，键盘的16个按键分别对应的键码
                     {'4','5','6','B'},
                     {'7','8','9','C'},
                     {'*','0','#','D'}
                   };
char keyScan, keymap;                    //定义变量 keymap 暂存按键扫描结果
/***************************************************************/
void setup( )  {
  Serial. begin(9600);
  for(int i= 0; i < 4; i++) {
    pinMode(rowPins[i], INPUT_PULLUP);  //行引脚为输入，按键内置上拉电阻连接
    pinMode(colPins[i], OUTPUT);        //列引脚为输出
    digitalWrite(rowPins[i], HIGH);     //初始化按键断开状态
  }
}
/***************************************************************/
void loop( ) {
  for(int i = 0; i <4; i++)  {          //扫描按键，扫描结果送字符型变量 keyScan
    for(int j = 0; j <4; j++)  {
      digitalWrite(colPins[j], LOW);    //列引脚依次写低电平
      keyScan = digitalRead(rowPins[i]);
```

```
        if( keyScan = = LOW)   {              //如果键值为 LOW，表示有按键按下
          keymap = keymaps[ i ][ j ];         //将键值对应码值送到字符变量
          Serial. println( keymap );          //按键代表的码值送到串口显示
          delay( 100 );                       //延时等待数据在串口显示
        }
        digitalWrite( colPins[ j ], HIGH );  //释放列引脚，确保下次的扫描结果可靠
      }
    }
  }
/*****************************************************************/
```

需要说明一点，为了让读者更好地理解键盘扫描原理，这里没有使用第三方函数库。如果有读者感兴趣，可以通过"工具"→"库管理"→在线安装 Keypad 库文件，再通过"项目"→"加载库"→找到 Keypad 文件，进行添加，参考例程修改程序即可。

4. 动手做

【设计要求】试修改例程或编写程序，应用 4×4 键盘设计一个简易的计算器，并将计算结果通过串口监视器打印输出显示。

3.5　常用显示模块及其应用

显示模块在日常生活应用很广泛，如各种电子产品显示屏、城市霓虹灯、交通灯、电子广告牌、路标等。显示模块的种类很多，如数码管、点阵、液晶显示屏（LCD）、有机发光二极管（OLED）等。不同类型的显示设备，驱动控制方式也不相同，这里以数码管、点阵和 OLED 为例简单介绍几种常用显示模块。

3.5.1　LED 数码管及其应用

1. LED 数码管及分类

数码管通常由 8 个 LED 组成。其中 a～g 7 个 LED 构成"8"字形图案，1 个 LED 即 h 代表小数点，称为七段数码管或八段数码管，段码位置关系如图 3-43 所示。根据 LED 的接线方式不同分为共阴极数码管和共阳极数码管。共阴极数码管就是将组成数码管的所有二极管的阴极相连，引出公共阴极，反之，就是共阳极数码管。

a) 实物图　　　　　　　　b) 段码位置　　　　　　　c) 数码管电气图形符号

图 3-43　数码管及其分类

共阴极数码管和共阳极数码从器件外形上是无法区分的，如果在使用时不清楚是共阴还是共阳，可以通过下列方法进行辨识：

① 根据数码管侧面的产品型号中某个字母分辨，如 F5101AH 中 A 表示共阴极数码管，F5101BH 中 B 表示共阳极数码。

② 如果产品型号不清楚，可以使用万用表测量。万用表档位调在二极管档，用万用表的黑表笔接公共引脚，红表笔接任意段码的引脚，若某一段二极管点亮说明为共阳极，反之，为共阴极。

下面以 2 位共阴极数码管为例介绍数码管的驱动控制方法。

2. LED 数码管的控制信号

数码管的每个段码都是一个 LED，只要表示某段的 LED 两端所加正向电压大于通态管压降，该段就会被点亮。例如，希望数码管显示数字 1，需要控制 b 段和 c 段的 LED 点亮，其他数字或图案依此类推。

1 位的数码管只能显示一个字符，在很多设计中需要使用数码管同时显示多个不同的数字，如日期、温度等的显示都需要 2 位以上的数码管。图 3-44 所示是一个 2 位共阴极数码管，组成数字图案的段码 Seg. 引脚是相同的，都是由 a～h 组成。而显示位置的控制信号位码 Dig. 引脚是不同的，分别是 dig1 与 dig2。dig1 是高位的公共端，dig2 是低位的公共端。

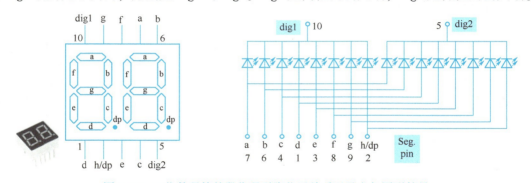

图 3-44　2 位数码管的段位码引脚位置关系以及电气图形符号

可见，数码管的控制信号分为两部分：段码和位码。段码用于控制数码管显示什么数字或图案，位码控制哪一位数码管显示。

如果给数码管的每个段码和位码都分配一个数字引脚，要控制数码管点亮，除了需要控制段码的引脚输出高电平 1，同时还需要控制位码的引脚输出低电平 0，否则 LED 将为熄灭状态。注意，共阳极数码管的电平正好相反，即 "1" 变 "0"，"0" 变 "1"。

3. 数码管的动态显示

数码管有静态显示和动态显示两种显示方式。静态显示是 8 个段码引脚接 I/O 端口，位码（公共端）接 +5 V 或 GND，由电源来提供高低电平。当送入一次字形的段码后，显示一直保持不变，直到送入新字形的段码为止。动态显示是将数码管的段码引脚和位码引脚都通过数字引脚控制，如图 3-45 所示。

工作过程：首先控制右边低位数码管公共端 dig2 的数字引脚输出低电平，左边高位数码管公共端为高电平，然后控制段选信号 a～h 的 I/O 端口发送低位数码管的段码，这时只有低位数码管显示，其余不显示；短时间显示（1～5 ms）之后，使低位数码管的公共端

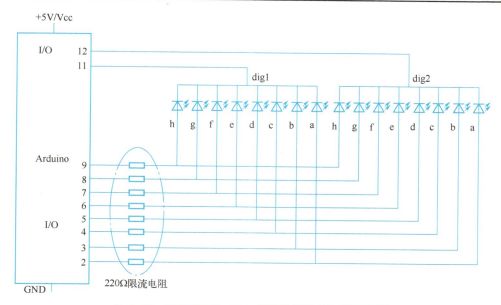

图 3-45　数码管与 Arduino 控制板的接口电路原理图

dig2 为高电平，高位的公共端为低电平，同时控制段选信号 a~h 的 I/O 端口发送高位数码管的段码，这时，只有左边高位的数码管显示，右边不显示。这样，2 个数码管轮流显示相应的信息，隔一段时间重复上述操作。虽然从计算机角度，每个数码管隔一段时间才显示一次，但是由于指令执行速度快，加上人的视觉暂留效应，只要不断刷新控制信号，而且间隔时间足够短，循环周期足够长，那么显示在数码管上的信息看起来就一直稳定，这就是动态显示的原理。在工程中，大多数采用动态显示，如日历、温度、湿度、计时器数码管，用来显示一些动态信息。

4. 数码管应用——控制数码管实现 01~12 的滚动显示

【设计要求】根据图 3-45 所示的电路原理图，用 Arduino 控制数码管，实现从 01 到 12 的滚动显示，每隔 1 s 显示一个数字。

【实践材料】Arduino 主控板 1 个、2 位共阴数码管 1 个、220 Ω 限流电阻 8 个、面包板 1 个及连接导线若干。

【设计思路】2 位数码管需要 8 个段码控制信号和 2 路位码控制信号，共需要 10 个数字引脚。根据电路原理图，分配数字引脚 2~9，依次控制数码管的段码 a~h，两个公共端 dig1 和 dig2 分配数字引脚 11 和 12，限流电阻选择 220 Ω。

（1）电路设计

按照图 3-45，将 Arduino 主控板数字引脚与数码管 4021AH 的相应引脚进行连接，其引脚对应关系见表 3-4。

表 3-4　4021AH 的段码 Seg. 和位码 Dig. 与 Arduino 数字 I/O 端口的对应关系

Seg.	a	b	c	d	e	f	g	h/dp	Dig.	dig1	dig2
pin	7	6	4	1	3	8	9	2	pin	10	5
I/O	2	3	4	5	6	7	8	9	I/O	11	12

（2）配置 I/O 端口

根据电路原理图以及表 3-4 中的 Arduino 的数字引脚与数码管的引脚对应关系连接电路，如图 3-46 所示。

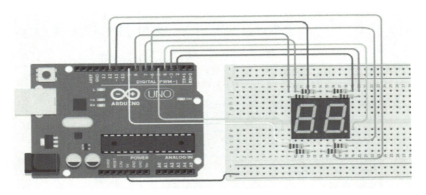

图 3-46   2 位共阴极数码管的电路接线示意图

由于段码和位码控制信号都是输出信号，所以 Arduino 数字引脚 2~9、11 和 12 均在 setup( ) 函数中配置为输出模式。对于连续引脚如 2~9，所需配置的工作模式相同，例如这里都是 pinMode(pin,OUTPUT)，可以采用 for 循环语句进行初始化以简化程序。

```
/*********************************************************/
void setup( ) {
    for( int pin = 9,pin>2,pin--)
      {
          pinMode(pin,OUTPUT);
      }
    pinMode(11,OUTPUT);
    pinMode(12,OUTPUT);
  }
/*********************************************************/
```

（3）软件设计

在这里数码管字码段的控制与控制 LED 类似，都是通过执行数字写操作 digitalWrite( ) 函数向指定引脚写 1 或 0，控制 LED 点亮。但还是略有区别：

1）需要同时对 10 个数字引脚执行写操作，因为除了位码控制信号，还需要输出 8 个段码控制信号，从而控制 a~h 所对应的 LED 亮灭，如果使用普通 LED 控制思路将会使程序变得冗长烦琐。为此定义一个 10 行 8 列的二维数组 int num[10][8] 存放数字 0~9 的段码，其中行元素对应显示 0~9 这 10 个数字，列元素对应组成该数字的 8 个段码。

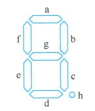

图 3-47   数码管的段码位

如图 3-47 所示，对于共阴极数码管，如果显示数字 2，组成数字 2 的字码段的 abdeg 为 1，cfh 为 0，二维数组中数字 2 的元素可以表示为 {1,1,0,1,1,0,1,0}。依此类推，写出数字 0~9 的段码（详见程序代码）。

2）拆分数字。任何一个两位数都可以通过求余或取整将其拆分为个位和十位，然后在两个数码管上进行分别显示。例如 12，12%10 余为 2，12/10 取整为 1，如果在高位数码管显示字码 1，低位数码管显示字码 2，根据动态显示原理，只要轮流将 1 和 2 的段码写入段码控制引脚，再配合位码控制引脚交替输出的位码控制信号，就可以在数码管上显示数字 12。

　　3）编写程序代码。

　　① 打开 Arduino IDE，创建一个 Sketch 工程文件；定义全局变量或常量，如定义存储段码的数组变量、各数字引脚定义宏名等。

　　② 在 setup 函数中配置 I/O 端口，初始化系统上电初始状态，即接通电源时，LED 数码管初始状态是点亮还是熄灭。本项目 LED 初始状态默认所有的数字引脚输出为低电平，数码管是全灭的。有兴趣的读者可以尝试添加语句，通过 digitalWrite( ) 设置为数码管全亮。

　　③ 编写 loop 函数，编写控制程序，滚动显示数字 01～12。

　　（4）参考程序

```
/****************************************************/
/*** 控制实现 01～12 的滚动显示 ****/
/****************************************************/
        //分配控制端口 Seg. code a～h 分别连接数字引脚 2～9
#define Dig_1 11    //分配位码信号 dig1 连接数字引脚 11，dig2 连接数字引脚 12
#define Dig_2 12
int num[10][8]={    //行元素表示 0～9 数字，列元素表示组成数字的字段码
                {1,1,1,1,1,1,0,0},    //显示 0
                {0,1,1,0,0,0,0,0},    //显示 1
                {1,1,0,1,1,0,1,0},    //显示 2
                {1,1,1,1,0,0,1,0},    //显示 3
                {0,1,1,0,0,1,1,0},    //显示 4
                {1,0,1,1,0,1,1,0},    //显示 5
                {1,0,1,1,1,1,1,0},    //显示 6
                {1,1,1,0,0,0,0,0},    //显示 7
                {1,1,1,1,1,1,1,0},    //显示 8
                {1,1,1,1,0,1,1,0},    //显示 9
                };
/****************************************************/
void setup( ) {
    for( int pin=9;pin>1;pin--)
      pinMode( pin,OUTPUT);
    for( int pin=11;pin<13;pin++)
      pinMode( pin,OUTPUT);
}
/****************************************************/
void loop( ) {                                //依次循环显示 01～12
    for( int i=1;i<=12;i++)                    //数字从 01 开始递增
      {
        int gw=i%10;                           //取出个位上的显示数字
```

```
        int sw=i/10;                            //取出十位上的显示数字
        for(int t=0;t<250;t++)                  //设定动态扫描的次数(次数越多,数字显示持
                                                  续的时间越长)

           {
            digitalWrite(Dig_1,HIGH);           //关闭十位上的数码管
            digitalWrite(Dig_2,LOW);            //打开个位上的数码管
            for(int pin=2;pin<=9;pin++)
              digitalWrite(pin,num[gw][pin-2]); //将第 gw 行元素段码依次写给数字脚 2~9
            delay(2);
            digitalWrite(Dig_2,HIGH);           //关闭个位上的数码管
            digitalWrite(Dig_1,LOW);            //打开十位上的数码管
            for(int pin=2;pin<=9;pin++)
              digitalWrite(pin,num[sw][pin-2]); //将第 sw 行元素段码依次写给数字脚 2~9
            delay(2);
           }
        }
}
/************************************************************/
```

5. 动手做

【设计要求】请以共阳极数码管为例,修改例程或编写一个小程序,控制实现显示两位的随机整数。

提示:可以使用随机函数 random(100) 产生 0~99 的随机整数。

3.5.2   8×8 LED 点阵及其应用

1. 8×8 LED 点阵及单体 LED 导通机理

8×8 LED 点阵是发光二极管的矩阵组合,最小规格由 8 行 8 列共 64 个二极管组成,所以称作 8×8 LED 点阵,如图 3-48 所示。点阵有双列直插 DIP 封装或表面贴装两种封装形式,常用于制作 LED 点阵显示屏,如室内外广告屏、公告牌、公共交通报站系统等。

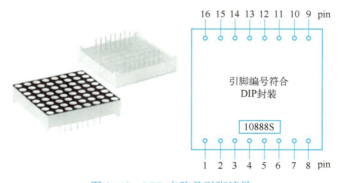

图 3-48   LED 点阵及引脚编号

点阵显示一般采用动态扫描方式,常用方式有三种:逐行扫描、逐列扫描、逐点扫描。逐行或逐列扫描一次需要同时驱动一行或一列 8 个 LED,为保证 LED 亮度,需要增加驱动

电路提高带载能力。逐点扫描周期小于 1 ms（频率 = 16×64 Hz = 1024 Hz）。根据第一个 LED

的连接方式不同，LED 点阵也有共阳极与共阴极之

分，如图 3-49 所示，即为共阳极点阵。

分析点阵的等效电路可知，点阵的每个点代表一

个单体 LED，在 LED 的阳极加上一定的正向偏置电

压，LED 就会导通点亮，否则就熄灭。例如，如果希

望第一个 LED（第 1 行第 1 列）点亮（图 3-50），要

给引脚 9 接高电平、引脚 13 接低电平。如果要点亮

第一行，点阵的第 1 行（引脚 9）接高电平，所有列

引脚（13、3、4、10、6、11、15、16）全部接低电

平，那么第 1 行就会点亮。同样，如果将第 1 列（引

脚 13）接低电平，而所有行的引脚（9、14、8、12、

1、7、2、5）接高电平，那么第 1 列就会点亮。对于

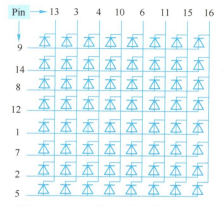

图 3-49　8×8 共阳极点阵等效电路

共阴极点阵，如图 3-51 所示，将加在行列引脚上的电平反过来就可以控制 LED 点亮了。

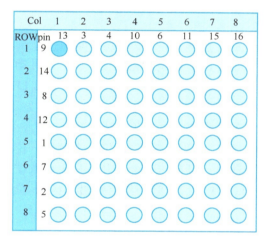

图 3-50　点阵第一个 LED 被点亮

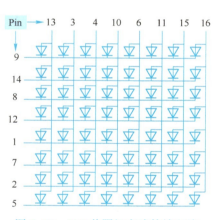

图 3-51　8×8 共阴极点阵等效电路

2. 点阵的引脚定义与极性判别

点阵使用前，需要先明确元件引脚编号，以及和行列编号之间的关系。关于引脚编号顺

序，不同型号的引脚数量与排位也有所不同，建议查看数据手册。

与数码管类似，共阳极点阵与共阴极点阵外形一样，使用时可以通过以下两种方式

判断：

1）通过型号中的标识字母加以区分：A 代表共阴极，如 LG7088AH-W；B 代表共阳

极，如 1088BS。

2）通电测试。在引脚 9 和 13 之间加 3V 左右的正向电压，如果第一个 LED 点亮则为共

阳极点阵，反之，则为共阴极点阵。

3. 点阵的驱动控制

8×8 LED 点阵有 8 行 8 列共 16 个引脚，如果使用 Arduino 的 I/O 端口直接驱动将会占用

太多端口资源。工程上，常外加专用多位 LED 驱动电路，如 MAX7219/MAX7221、74HC595

等驱动芯片（图3-52），将单片机I/O端口串行输出的控制信号转换成并行输出后驱动控制LED。注意，使用74HC595驱动8×8 LED点阵，需要两片74HC595级联，探索者Bigfish扩展板用一片MAX7219驱动。

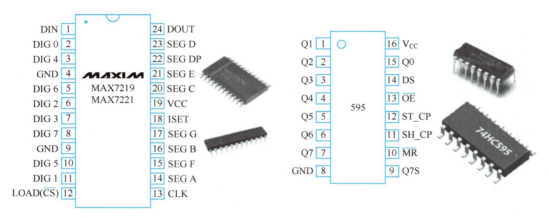

图 3-52   常用多位 LED 驱动芯片及其实物图

MAX7219/MAX7221是美国MAXIM公司生产的一款集成的串入/并出共阴极显示驱动器。它采用3线串行接口传送数据，可直接与Arduino的I/O端口相连接。内含硬件动态扫描电路、BCD译码器、段驱动器和位驱动器以及8×8位静态RAM。可直接驱动8×8 LED点阵显示器或8位7段数码管，也可以多片MAX7219级联，控制更多的LED点阵显示器。MAX7219各个引脚的功能见表3-5。MAX7219和单片机之间由3条引线（DIN、CLK、CS/LOAD）连接，采用16位数据串行移位接收方式，其中，单片机将16位二进制数一位一位发送到DIN端，在CLK时钟信号上升沿之前准备就绪，CLK的每个上升沿将1位数据送到MAX7219内的移位寄存器，当传送完毕，在CS/LOAD端口引脚信号上升沿，将16位数据装入MAX7219内。

表 3-5   MAX7219 引脚功能

引 脚 名	引 脚 号	各引脚的功能含义
DIN	1	串行数据输入端，CLK 时钟上升沿移入寄存器
DOUT	24	串行数据输出端，用于级联扩展
LOAD($\overline{CS}$)	12	装载数据输入，LOAD 端口引脚信号上升沿载入
CLK	13	串行时钟输入，最大 10 MHz
DIG 0 ~ DIG 7	2、11、6、7、3、10、5、8	8 位 LED 位驱动线，从显示器公共阴极吸收电流
SEG A ~ SEG DP	14、16、20、23、21、15、17、22	8 位段码的驱动线，当程序关闭时，被拉到 GND
ISET	18	通过一个 10 kΩ 电阻和 VCC 相连，设置段电流
VCC	19	供电电源，连接 +5 V
GND	4、9	接地，两个引脚连接一起接地

Arduino IDE 为其提供了第三方函数库 LedControl. h，使用时需要先在线安装：打开 Arduino IDE→"工具"→"管理库"→搜索 LedControl → 安装。下面结合实例学习如何实现图形显示。

4. 8×8 LED 点阵的应用

【设计要求】应用 MAX7219 驱动，控制实现 0~9 的数字图案循环显示。

【实践材料】Arduino 或任何 Mega328 系列主控板 1 块、Bigfish 控制板 1 块（或者 MAX7219 驱动 1 片、8×8 共阴极 LED 点阵 1 个、限流电阻 8 个、面板 1 块及面板导线若干）。

【设计思路】无论显示数字还是图形，都需要先将显示信息在点阵上的亮灭关系用二进制码或十六进制码进行表示。表 3-6 所列为数字 0 的二进制码与十六进制码，两者的值是相同的，只不过二进制码比较直观，1 表示这个位置的 LED 亮，0 表示灭，十六进制码可以使程序看上去更加简洁。依此类推，可以得出任意图形的二进制码或十六进制码。然后调用库函数，依次将数字进行显示。

表 3-6　数字 0 的二进制码与十六进制码

图　案	二进制码	十六进制码
	B0000 0000, B0001 1000 B0010 0100, B0010 0100 B0010 0100, B0010 0100 B0001 1000, B0000 0000	{0x00, 0x18, 0x24, 0x24, 0x24, 0x24, 0x18, 0x00}

（1）电路设计

MAX7219 与 Arduino 主控板之间可采用 3 根线（DIN、CLK、LOAD）连接，且其串行接口与 SPI 完全兼容，其接线关系见表 3-7。这里，将 MAX7219 的 DIN、CLK、LOAD 引脚分别连接 Arduino 主控板的数字引脚 12、11、13，VCC 连接+5 V，GND 连接 GND。

表 3-7　MAX7219 与 Arduino 接线关系

MAX7219	Arduino UNO
VCC	5 V
GND	GND
DIN	D12
CLK	D11
LOAD（$\overline{\text{CS}}$）	D13

参考表 3-7 将点阵的行引脚分别连接 MAX7219 的位选线 Dig0~Dig7，列引脚连接段选线 SegA~SegH（或 SegDP），如图 3-53 所示。

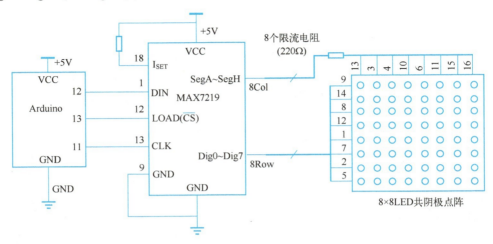

图 3-53　MAX7219 与 Arduino 及共阴极点阵的电路原理图

（2）配置 I/O 端口

这里引用了 LedControl. h 函数库，数字引脚的工作模式在库函数中已经配置，编程时可以省去 pinMode()过程，只需在调用函数时修改相关参数，详见程序代码。

（3）软件设计

1）引用库函数#include<LedControl. h>，构造一个属于 LedControl 的函数对象 lc = LedControl(12,11,13,1)，并分配 I/O 端口。其中，MAX7219 的 DIN、CLK、LOAD 的引脚分别连接 Arduino 的数字引脚 12、11、13（端口可自由选择）。

2）定义二维的字节型数组，用于存储数字 0~9 的图案的十六进制码。

3）在 setup()函数中初始化显示器的状态，如设置显示器的工作模式、显示亮度、清显示屏等。

4）在 loop()函数中编写显示程序。这里通过调用 setRow()函数设置每行 8 个 LED 的状态。setRow()是一个有参函数，函数原型及调用格式如下：

> **函数原型**：void setRow(int addr, int row, byte value)；
> **参数定义**：addr，显示器的地址；row，要设置的行（0~7）；value，某位设置为 1，相应的 LED 将点亮，设置为 0，相应的 LED 熄灭。
> **调用格式**：对象名 . 函数名()；如 lc. setRow()；

LedControl. h 函数库包含多个库函数，因篇幅有限不一一赘述。可以在 Arduino 安装路径\Arduino\libraries\LedControl\src 下的 LedControl. h 文件中查阅函数名和原型函数。

（4）参考程序代码

```
/*************************************************************/
#include <LedControl. h> //引用 LedControl 函数库
/*************************************************************/
/** 构造一个对象，并分配 I/O 端口。其中，DIN = D12、CLK = D11、LOAD = D13 ***/
LedControl lc =LedControl(12,11,13,1);
```

```
byte num[10][8]={{0x00,0x18,0x24,0x24,0x24,0x24,0x18,0x00},    //数字0~9的十六进制码
                 {0x00,0x08,0x18,0x08,0x08,0x08,0x1c,0x00},
                 {0x00,0x18,0x24,0x04,0x18,0x20,0x3c,0x00},
                 {0x00,0x18,0x24,0x04,0x18,0x04,0x24,0x18},
                 {0x00,0x28,0x28,0x28,0x3c,0x08,0x08,0x00},
                 {0x00,0x3c,0x20,0x38,0x04,0x24,0x18,0x00},
                 {0x00,0x18,0x24,0x20,0x38,0x24,0x24,0x18},
                 {0x00,0x3c,0x04,0x08,0x08,0x08,0x08,0x00},
                 {0x00,0x18,0x24,0x24,0x18,0x24,0x24,0x18},
                 {0x00,0x18,0x24,0x24,0x1c,0x04,0x24,0x18},};
int delaytime=1000;                     //设置数字显示的时间间隔为1s
/*********************************************************/
void setup() {
  lc.shutdown(0,false);                 //设置显示设备为正常工作模式
  lc.setIntensity(0,8);                 //设置显示亮度
  lc.clearDisplay(0);                   //清显示屏
}
/*********************************************************/
void loop() {
 for(int j=0;j<10;j++) {                //将0~9的数字依次显示
    for(int i=0;i<8;i++)
      lc.setRow(0,i,num[j][i]);
    delay(delaytime);
    }
  delay(1000);
}
/*********************************************************/
```

5. 动手做

【设计要求】修改例程或编写新的程序,在一块或多块点阵显示屏上实现"Happy Birthday!"的滚动显示。

【设计提示】建议先实现"Happy Birthday!"的静态显示,再实现左右方向或者上下方向的滚动显示。

3.5.3 OLED 有机发光二极管及其应用

OLED 是 Organic Light-Emitting Diode(有机发光二极管)的简称。它是一种利用多层有机薄膜结构产生电致发光的器件,是无须背光源、无液晶的自发光显示设备。OLED 具有更轻薄、亮度高、功耗低、响应快、清晰度高、柔性好、发光效率高等优点,受到越来越多显示屏制造商和消费者的青睐。

1. OLED 显示模块简介

按照驱动方式,OLED 分为主动式和被动式。主动式一般为有源驱动,主要用于高分辨率的产品;被动式的为无源驱动,更适合尺寸比较小的显示器。图 3-54 所示为 OLED 显示模块。

综合功能与成本等多方因素,小型机器人控制系统使用的 OLED 显示模块大多是 0.96 in/1.3 in 的显示屏,根据数据传输方式、驱动电路不同,其接口也不一样。常见 OLED 模块有

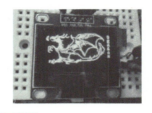

图 3-54　OLED 显示模块

4 针 IIC 通信接口和 7 针 SPI 通信接口两种形式。以 4 针 I^{2}C 接口 OLED 为例，各引脚功能定义见表 3-8。

表 3-8　OLED 引脚功能

引脚符号	功能描述
VCC/+5 V	外接 3.3~5 V 电源
GND/VSS	电源地，有些显示模块上是 VSS
SDA	数据线
SDL	时钟线

2. 提取字模

提取字模是一个从图文信息转换到能被计算机识别处理的数字信息的过程。汉字、图案等图文信息在 OLED 显示屏上是用点阵的方式显示的。要显示汉字或图案就会用到字模，字模是图文信息在点阵上显示的对应编码，如图 3-56 显示的"上"字，使用 16×16 点阵。假设，点阵中高亮部分对应于二进制编码中的 1，其余为 0，如第一行，二进制的编码应该为 0000 0010 0000 0000，用十六进制表示刚好两个字节 0x02、0x00，这样"上"字共有 32 个字节（2×16 行），这 32 个字节就是"上"的字模。如果将字模放入单片机控制程序，就可以控制 OLED 显示出该汉字。下面以专业提取字模软件 PCtolCD2002 为例，介绍如何提取字模。

1）双击 PCtolCD2002.exe 可执行文件，打开软件。

2）选择显示信息的模式类型：模式→图形模式/字符模式。

3）设置字模选项：选项→字模选项→设置字模选项，如图 3-55 所示，并单击"确定"按钮。默认点阵格式选择"阴码"，即 1 为亮，0 为灭。

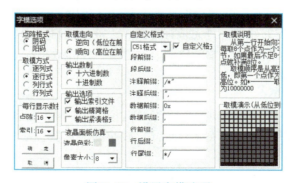

图 3-55　设置字模选项

4）选择字符的型号，默认点阵大小 16×16。

5）在字符输入框中输入准备显示的字符，然后单击"生成字模"按钮。此时，在点阵数据输出区就可以看到该字的字模，如图 3-56 所示，以十六进制表示。

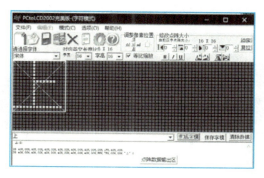

图 3-56　生成字模

6）保存字模到指定存储路径或者复制字模。

7）如果要显示的信息是图形，需要先在 Windows 附件的画图软件或其他画图软件中，将图片保存为 *.bmp 格式，再生成字模。具体操作如下：

① 在主界面中，选择"重新调整大小"→取消"保持纵横比"选项→设置与点阵相对应的像素，如 128×64 像素需要 128×64 的点阵才能完整显示，单击"确定"按钮，并另存为单色位图（*.bmp；*dib）格式，如图 3-57 所示。

② 在字模软件中打开刚保存的单色位图文件，按照字符生成字模的步骤，提取该图形的相应字模，保存或复制待用。

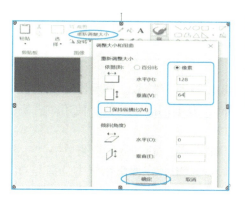

图 3-57　保存单色位图文件

3. OLED 显示模块的应用——Arduino 控制 OLED 实现字符显示

【设计要求】

1）设计电路，用 Arduino 控制 OLED 显示"中国•上海"。

2）修改例程或编写程序，实现在 OLED 屏上分行显示，如城市名称或学校 LOGO 等。

【实践材料】Arduino 控制板 1 块、OLED 显示模块 1 个、面包板 1 块、面包板导线若干。

【设计思路】

（1）电路设计

本设计选用 0.96 in、分辨率为 128×64 像素的模块，驱动芯片是 SSD1306，通过 4 针 IIC 通信接口与 Arduino 相连，硬件接线如图 3-58 所示。

图 3-58　OLED 电路接线示意图

注意：不同公司提供的 OLED 显示模块，其引脚分布排列位置可能有差异。Arduino 与 OLED 的引脚对应关系见表 3-9。接线时，一定要看清各引脚标注信息，以免正负极接错损坏器件。有条件时可选择红色导线接 VCC、黑色导线接 GND、彩色导线接信号，作为简易区分。

表 3-9　Arduino 与 OLED 的引脚对应关系

Arduino 的引脚	SSD1306 的引脚
3.3 V	VCC
GND	GND
A4	SDA
A5	SCL

（2）软件设计

应用 Arduino 控制实现 OLED 显示，与控制 8×8 LED 点阵类似。显示器因使用了外部驱动电路，需要引用第三方函数库。驱动芯片型号不同，有不同的库函数，使用时需要根据设计正确选用。

1）如果第一次使用 OLED，需要先加载库。步骤：打开 Adurino IDE 菜单→"工具"→"管理库"→"库管理器"。在库管理器搜索框中输入 OLED，在搜索结果中选择与 OLED 驱动芯片相匹配的函数库，选择最新版本号，单击"安装"。与 SSD1306 驱动芯片匹配的库文件有多个，如 U8glib、Adafruit SSD1306、ACROBOTIC SSD1306 等，这里选择了 U8glib 函数库。如果安装成功，可以在"项目"→"加载库"→"贡献库"，查看到 U8glib 库文件名。

2）引用 U8glib 库函数。直接手动输入"#include<U8glib.h>"，或者单击选中"项目"→"加载库"→"U8glib"，即成功添加相应的代码在编辑界面的第一行。

3）构造一个函数 u8g( )，指明它的驱动芯片、分辨率以及使用 I^2C 协议，如

```
U8GLIB_SSD1306_128X64 u8g(U8G_I2C_OPT_NONE|U8G_I2C_OPT_DEV_0);
或者 U8GLIB_SSD1306_128X64 u8g(SDA|SCL);
```

4）用 PROGMEM 定义一组数组，将待显示的字模存储在 flash 中，数据类型 const uint8_t，

注意每个汉字需要独立存储。例如，想显示"中国●上海"，需要定义 5 个数组：

```
const uint8_t chinese_n[ ] PROGMEM = {};
```

其中，n 为 0~4。

5）添加字符的字模。打开提字模软件，提取"中国"和"上海"的字模分别复制到数组中，然后写出字节符"●"字模（中间 4 行的字模为 0x01,0x80,0x03,0xC0,0x01,0x80, 0x03,0xC0，其余行均为 0x00）并将其插入"中国"和"上海"之间，见程序代码。

6）编写 loop 函数。由于 OLED 像素是 128×64，默认字符大小为 16×16，转换成字模数 2×16。如果以位图形式输出，调用 u8g. drawBitmap( )函数时，要注意设定合适的参数，否则将不能正确显示。

调用格式：对象名 . 函数名，如

```
u8g. drawBitmap(i, 20, 2, 16, chinese[j]);
```

显示参数选择：表示第一个字符从第 i 列、20 行开始显示，每个字符大小为 2×16（占位 16 列 16 行），有 j 个字符。实际显示时因为有 5 个字符要显示，程序中使用了 for 循环，每个字符依次顺序向右移 16 列。

（3）参考程序代码

```
/ * * * * * * * * * * * * * * * * * * * * * * * * * * * * * * * * * * * * * * * * * * * /
#include <U8glib. h>                        //引用 U8glib. h 函数库
U8GLIB_SSD1306_128X64  u8g(U8G_I2C_OPT_NONE|U8G_I2C_OPT_DEV_0); //构造一个函数对象 u8g( )
const unsigned char chinese[5][32] =  {//定义一个二维数组用于存储字符的字模
    { 0x01,0x00,0x01,0x00,0x01,0x00,0x01,0x00,0x3F,0xF8,0x21,0x08,0x21,0x08,0x21,0x08,
     0x21,0x08,0x21,0x08,0x3F,0xF8,0x21,0x08,0x01,0x00,0x01,0x00,0x01,0x00,0x01,0x00,/ * "中" */ },
    { 0x00,0x00,0x7F,0xFC,0x40,0x04,0x40,0x04,0x5F,0xF4,0x41,0x04,0x41,0x04,0x4F,0xE4,
     0x41,0x04,0x41,0x44,0x41,0x24,0x5F,0xF4,0x40,0x04,0x40,0x04,0x7F,0xFC,0x40,0x04,/ * "国" */ },
    { 0x00,0x00,0x00,0x00,0x00,0x00,0x00,0x00,0x00,0x00,0x01,0x80,0x03,0xC0,
     0x03,0xC0,0x01,0x80,0x00,0x00,0x00,0x00,0x00,0x00,0x00,0x00,0x00,0x00,0x00,0x00,/ * " ● " */ },
    { 0x02,0x00,0x02,0x00,0x02,0x00,0x02,0x00,0x02,0x00,0x03,0xF8,0x02,0x00,
     0x02,0x00,0x02,0x00,0x02,0x00,0x02,0x00,0x02,0x00,0xFF,0xFE,0x00,0x00,/ * "上", */ },
    { 0x01,0x00,0x21,0x00,0x11,0xFC,0x12,0x00,0x85,0xF8,0x41,0x08,0x49,0x48,0x09,0x28,
     0x17,0xFE,0x11,0x08,0xE2,0x48,0x22,0x28,0x23,0xFC,0x20,0x08,0x20,0x50,0x00,0x20,/ * "海" */ },
  };
/ * * * * * * * * * * * * * * * * * * * * * * * * * * * * * * * * * * * * * * * * * * * /
void setup( void)  {

  }
/ * * * * * * * * * * * * * * * * * * * * * * * * * * * * * * * * * * * * * * * * * * * /
void loop( void) {
  u8g. firstPage( );                        //显示开始
  do {                                      //循环刷新显示
      for( int i=20, j=0; i<90, j<5; i=i+16, j++)
      u8g. drawBitmap(i, 20, 2, 16, chinese[j]); //显示的行列起始位置，显示图片大小根据实际大
                                                   小调整
    }
  while( u8g. nextPage( ) );                //显示结束
```

```
        delay(1000);
    }
/***************************************************************/
```

4. 动手做

【设计要求】修改例程或编写新的程序，自主设计一张电子名片。

3.6　常用执行机构及其应用

执行机构是构成机器人运动系统的重要部分。探索者组件中最常用的电机包括直流电机、伺服舵机和步进电机。这里主要以舵机和直流电机为例介绍其驱动控制与应用。

3.6.1　舵机及其控制

1. 舵机简介

舵机是一种位置（角度/速度）伺服驱动器。它由外壳、控制电路板、驱动电机、减速器与位置传感器所构成（图3-59）。舵机分为角度舵机和速度舵机两种，主要适用于需要角度/速度不断变化并可以保持的控制系统，例如关节型机器人、飞机轮船的航向控制、导弹制导、云台等。

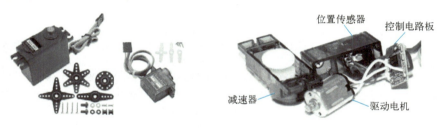

图 3-59　舵机及其基本构成

舵机的红色、黑/棕色、白/黄色三根引出线分别为电源正极、电源负极和控制信号。舵机型号不同，输出转矩不同，所需电源电压不同。舵机可以直接连接控制板+5 V，探索者组件中配置的舵机工作电压是 6 V，需要通过 Bigfish 扩展板背面的电压选择端子选择+6 V 供电。

2. 舵机的控制

舵机控制需要一个周期为 20 ms、脉冲宽度为 0.5~2.5 ms 的 PWM 信号，如图 3-60 所示，调节 PWM 信号的脉冲宽度可以控制舵机转动的角度。

用 Arduino IDE 编程控制舵机，可以直接使用 Servo.h 函数库，也可以应用定时器自己编写程序，产生一个周期性的 PWM 信号。对于初学者，建议直接调用 Servo.h，这样控制程序比较简单，容易入手。下面结合实例介绍舵机控制思路。

3. Servo 函数库

下面简要介绍一下 Servo 几个成员函数。

（1）attach(int pin)/attach(int pin,int min,int max)

为所创建的伺服对象匹配一个数字引脚。如 myservo.attach(9)，表示指定数字引脚 9 连接舵机 myservo。与之相对的函数 detach()，解绑该引脚与伺服对象。

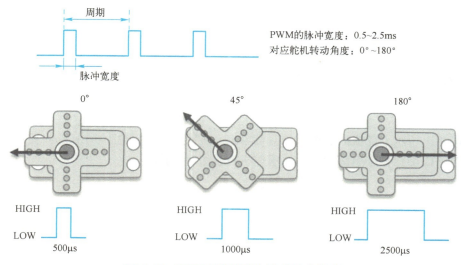

图 3-60　PWM 控制信号与舵机转动角度

参数含义：pin，创建的伺服对象指定的数字引脚；min，可选参数，舵机转到最小角度时的脉冲宽度，默认值为 500；max，可选参数，舵机转到最大角度时的脉冲宽度，默认值为 2500。

（2）write（int value）

向舵机控制引脚写一个数值，控制舵机转动角度或速度。对于角度伺服舵机，参数值为舵机转动的角度；对于速度伺服舵机，该参数表示电机转动的速度。

参数含义：value，如果参数取值小于 500，视为以角度为单位，有效值范围为 0° ~ 180°，理论中点 90°，实际略有偏差；如果大于 500，单位为 μs，参数范围为 500~2500 μs，理论中点 1500 μs，此时与函数 writeMicroseconds（value）等同，即向舵机控制引脚写一个 μs 值。控制信号以 μs 为单位，更容易实现舵机的精准控制。

注意：对于速度舵机，该参数代表舵机的转动速度。参数越接近 0 或 180，舵机转动速度越快，反之，越慢。理论上参数为 90 时，圆周舵机停止转动。由于电机的特性误差，实际复位角度一般不等于 90°，甚至会随着负载变化发生稍许变化。使用时，需要软件编程校准每一个舵机的复位角度（即圆周舵机零点）。

（3）read（）/readMicroseconds（）

读取舵机当前的角度/脉冲宽度，即最后一次用 write（）/writeMircoseconds（）写给舵机的控制角度/脉冲宽度。这是一个有返回值的函数，返回值是舵机角度 0° ~ 180°/脉冲宽度500~2500 μs。

熟悉了 Servo 各库函数的功能以及调用格式，会发现舵机的驱动控制很简单。Servo 库函数使用方法与之前 8×8 LED 点阵或 OLED 显示的库函数类似，在编程之前，需要先用 #include 指令或"项目"→"加载库"→"Servo"调用库文件<Servo. h>，再构造一个隶属于 Servo 类的舵机对象，名如 myservo（对象名可任意取），然后就能以"对象名 . 函数名（参数）"格式调用库函数对舵机实现控制。

4. 舵机的应用——控制舵机转动

【设计任务】应用 Arduino 控制板编程实现舵机从 30°转动到 90°，再转到 175°的位置，然后控制舵机慢慢地回到30°。

【实践材料】Arudino控制板1块、小舵机1个、导线若干。

【设计思路】舵机从30°转到90°，再转到175°，没有转动速度要求，可以采用write( )分别向舵机控制引脚写3次控制信号。从175°转回到30°时，是要求慢慢转到目标位置，可以采用脉冲信号宽度逐步递减的形式向控制引脚写控制信号，以达到精准控制。

（1）电路设计

如图3-61所示，舵机的3根连接导线红色、棕色、黄色分别与Arduino控制板上的电源（+5V）、GND、数字引脚相连。这里舵机连接数字引脚5。

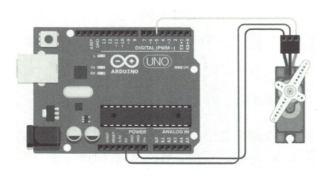

图3-61　舵机控制电路接线示意图

（2）软件设计

程序设计分为3步：引用库函数、创建舵机对象；将舵机对象与I/O端口关联在一起；向舵机写控制信号。

在控制舵机从175°慢慢转到30°时，是通过控制向舵机写的脉冲信号宽度的递减速度来实现的。根据插值法可以计算出175°对应的脉冲宽度为2460 μs左右，30°对应的脉冲信号宽度为750 μs左右，然后用for循环逐步向舵机控制引脚写脉冲信号，详见参考程序代码。

（3）参考程序代码

```
/ ************************************************** /
#include <Servo. h>                    //引用Servo库函数
Servo myservo;                         //创建一个舵机对象myservo
void setup( )  {
    myservo. attach(5);               //将数字引脚5连接的舵机与声明创建的舵机对象关
联起来
    }
void loop( )  {
    myservo. write(30);               //向舵机写一个角度
    delay(100);                        //延时0.1 s让舵机转动到指定位置
    myservo. write(90);
    delay(100);
    myservo. write(175);
    delay(1000);
    for( int pos = 2460; pos>=750; pos--) {   //控制舵机从175°慢慢转回到30°
    myservo. writeMicroseconds( pos);         //向舵机写一个脉冲信号
    delay(10);                                 //延时10 ms
```

```
        }
    }
/****************************************************************/
```

注意：探索者 Bigfish 扩展板提供 6 路伺服电机接口，一般情况下，可同时接多个伺服电机，但要注意，若电机数量过多，电池消耗很快，可能无法长时间提供足够动力。

5. 动手做

【设计要求】结合 3.2.2 节的介绍，请尝试编程实现用舵机转动角度描述环境光的强弱。

3.6.2　直流电机及其控制

1. 直流电机简介

直流电机是将电能转换为机械能的装置，它是移动机器人的重要组成部分。根据是否加装减速装置，直流电机可分为有刷直流电机和无刷直流电机，其中有刷直流电机简称为直流电机。图 3-62 所示为探索者带减速的有刷直流电机实物图。

图 3-62　探索者带减速有刷直流电机实物图

单片机的 I/O 端口输出电流比较小，一般在 10~20 mA，而直流电机起动与运行电流比较大，通常在 100 mA 以上，单片机是无法直接驱动电机运行的，需要增加驱动电路提高驱动能力。使用时，一般采用独立供电，避免电机运行时产生的电磁干扰影响控制系统正常工作，必要时可以通过光耦、继电器等器件将强弱电信号进行隔离。

2. 常用直流电机的驱动

（1）分立驱动电路

分立驱动电路通常是使用晶体管、二极管、电阻、电容等电子元器件设计搭建电机驱动电路。图 3-63 所示是一款由分立元件设计的 H 桥式驱动电路。当控制 Q1、Q4 导通，Q2、

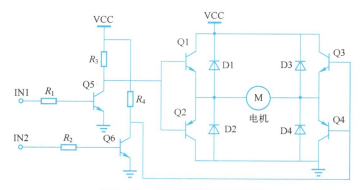

图 3-63　分立 H 桥式驱动电路

Q3 截止，电流从电源正极经 Q1 从左至右流过电机，经 Q4 回到电源负极，电机顺时针方向旋转；控制 Q1、Q4 截止，Q2、Q3 导通，电流从电源正极经 Q3 从右至左流过电机，经 Q2 回到电源负极，电机逆时针方向旋转。只要控制好输入至 IN1 和 IN2 的信号，就可以实现电机正反转和调速。采用分立元件设计驱动电路成本低，但电路接线复杂，且易于因控制信号设计不合理损坏器件，目前已逐步被集成 H 桥式驱动电路所替代。

（2）集成驱动电路

电机专用集成驱动芯片很多，如 L9170、L293D、L298N、GC8549 等，如图 3-64 所示。在设计电机驱动控制电路时，根据需要可以采用集成驱动 IC 自主设计，或使用常用的驱动模块。下面结合实例实现对小功率直流电机的驱动控制。

3. 直流电机的驱动控制应用实例

（1）专用集成驱动电路 L9170

L9170 是一款 DC 双向电机驱动芯片，其最大输出峰值电流 $I_{out} = 5\,A$（VCC 为 6 V，$I_{out} = 3\,A$），待机电流小于 2 μA，工作电压范围为

图 3-64　集成驱动电路的示例

3~15 V，具有紧急停止、过热、过电流、欠电流及短路保护等功能和良好的抗干扰性，同时，还内置二极管释放感性负载的方向冲击电流，比较适用于自动阀门、电磁门锁、玩具类等电机的驱动。

L9170 有 Multiwatt15 和 SOP8 两种封装，如图 3-65 所示。其引脚功能定义见表 3-10。

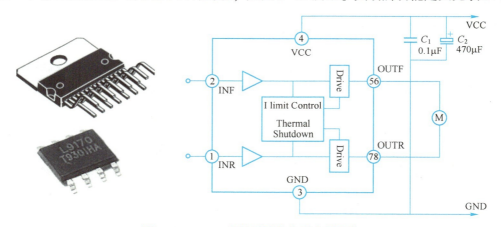

图 3-65　L9170 实物图及其典型应用电路

表 3-10　各引脚的功能定义（SOP8 封装）

引脚编号	名　称	功能描述	引脚编号	名　称	功能描述
1	INR	反向输入	4	VCC	电源
2	INF	正向输入	5，6	OUTF	正向输出
3	GND	接地	7，8	OUTR	反向输出

由 L9170 的典型应用电路与控制信号的真值表（表 3-11）可知，如果控制反向输入引脚 1 置低电平"L"，正向输入引脚 2 置高电平"H"，正向输出引脚 5、6（OUTF）将为高电平"H"，反向输出引脚 7、8（OUTR）将输出低电平"L"，此时连接在输出引脚 OUTF 和 OUTR 之间的电机将顺时针方向旋转；反之，电机将逆时针方向旋转。

表 3-11　输入信号与输出信号的真值表

引脚 1（反向输入）	引脚 2（正向输入）	引脚 5、6（正向输出）	引脚 7、8（反向输出）
L	H	H	L
H	L	L	H
H	H	L	L
L	L	Open	Open

（2）L9170 驱动 IC 的应用设计

【设计要求】按键控制实现直流电机的正、反转和调速。

【实践材料】Arduino 控制板 1 块、L9170 驱动模块（或 Bigfish 驱动板）1 个、按键 2 个、10 kΩ 电阻 2 个，直流电机 1 个、面包板 1 块、0.1 μF 电容 1 个、470 μF 电解电容 1 个以及导线若干。

【设计思路】根据设计要求，如果将 L9170 输入引脚 1 和 2 与单片机的两个数字引脚相连，控制两路数字引脚输出相反的电平信号，就能实现电机的运行控制。同时改变两路控制信号输出电平，便可以改变电机旋转的方向。如果控制输入的 PWM 信号的占空比，还可以控制电机转速。考虑在运行的同时需要调速，最好选择具有 PWM 功能的 I/O 端口。

1）电路设计。如图 3-66 所示，Arduino 的数字引脚 2、3 分别连接按键 Key1、Key2，按键采用上拉电阻接法。数字引脚 5、6 分别连接 L9170 的正向输入 INF 和反向输入 INR，OUTF 连接直流电机的红色引线，OUTR 接黑色引线。

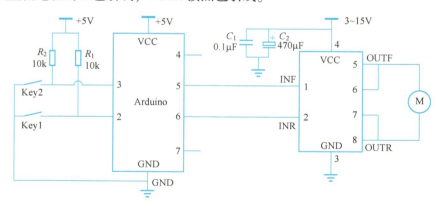

图 3-66　电机、L9170 驱动与 Arduino 控制板的接口电路原理图

2）配置 I/O 端口。配置 Arduino 的数字引脚 2、3 为输入模式。数字引脚 5、6 连接 INF 和 INR，如果控制信号为逻辑值，则 5、6 配置为输出模式，如果控制信号为 PWM 信号，5、6 无须初始化。

3）软件设计。假设，CPU 读取到数字引脚 2 的引脚电平为 LOW、数字引脚 3 为 HIGH，表示 Key1 被按下，这时向数字引脚 5、6 分别写数字信号 1 和 0，电机将顺时针方向旋转；如果向数字引脚 5 写占空比为 127 的 PWM 信号，向数字引脚 6 写占空比为 0 的 PWM 信号，电机将以半速顺时针方向旋转。同理，如果读取到数字引脚 3 的引脚电平为 LOW，数字引脚 2 为 HIGH，说明按键 Key2 被按下，向数字引脚 5、6 分别写占空比为 0、200 的 PWM 信号，电机将以约 80% 的速度逆时针方向旋转。

4）参考程序代码：

```
/*******************************************************/
#define   Key1   2
#define   Key2   3
#define   INF    5
#define   INR    6
void setup( ) {
    pinMode(Key1, INPUT);                //初始化 I/O 端口
    pinMode(Key2, INPUT);
}
void loop( ) {
    if(digitalRead(Key1)==LOW&&digitalRead(Key2)==HIGH)    //如果 Key1 按下，控制电机顺时
                                                             针方向旋转
    {
        analogWrite(INF,127);
        analogWrite(INR,0);
        delay(500);
    }
    if(digitalRead(Key2)==LOW&&digitalRead(Key1)==HIGH)    //如果 Key2 按下，控制电机逆时
                                                             针方向旋转
    {
        analogWrite(INF,0);
        analogWrite(INR,200);
        delay(500);
    }
}
/*******************************************************/
```

注意：控制电机正转反转，PWM 极限频率不超过 1000 Hz，建议在 500 Hz 以下，频率越低越好。如果电机不调速，仅控制其停止和运行，选择继电器作为驱动控制会让电路更简单。

（3）电磁继电器及其应用

电磁继电器是一种利用电磁铁控制电路系统通断的开关。它主要由电磁铁、衔铁、弹簧和常开触点、常闭触点等构成，如图 3-67 所示。在电路中，继电器主要起自动调节、安全保护、转换电路等作用。

工作原理：如果线圈两端加上一定的电压，线圈中就会有电流流过，从而产生电磁效应，衔铁在电磁力的作用下吸合，带动公共触点 COM 动作，使常开触点 NO 闭合，常闭触点 NC 断开；当线圈断电后，电磁力也随之消失，衔铁就会在弹簧弹力的作用下释放，使动触点 COM 复位，常开触点 NO 断开，常闭触点 NC 闭合。如此吸合、释放，实现了小电流控制大功率电路的导通与切断。

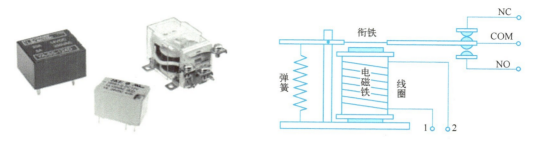

图 3-67　继电器实物及内部结构示意图

如图 3-68 所示，如果将继电器的线圈连接 Arduino 主控板，电机一边接 COM 一边接电源正极，电源负极接常开触点 NO。当 I/O 端口输出高电平 HIGH，继电器的线圈带电产生电磁力使衔铁吸合，常开触点 NO 闭合，此时电机接通直流电源 DC，开始旋转；当 I/O 端口为 LOW 时，继电器线圈断电使电磁力消失，衔铁释放使常开触点断开，电机电源切断而停止转动。只要向 I/O 端口写高、低电平，就可以控制继电器的线圈通电与断电，从而控制电机运行与停止。其控制程序与 LED 示例类似。

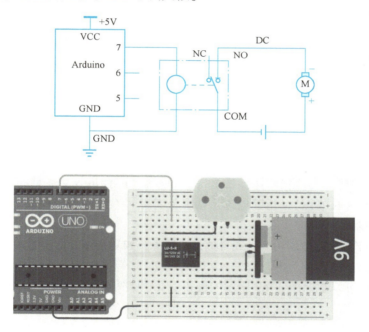

图 3-68　控制电路原理及硬件连线图

```
/******************************************************/
#define Relay 7
void setup( ) {
    pinMode(Relay,OUTPUT);
    }
void loop( ) {
    digitalWrite(Relay,HIGH);
    delay(10000);
```

```
        digitalWrite(Relay,LOW);
        delay(5000);
    }
/*************************************************************/
```

4. 动手做

【设计要求】请设计一款具有 3 级以上调速功能的电风扇，并且具有按键启停功能。

【设计提示】本题目限定主题，不限思维。调速方式可以自主选择，既可以使用按键调速，也可以使用电位器进行调速，或者使用温度传感器进行自动调速。

3.7 进阶实践

知识是载体，能力是根基。从跟学，到仿做，再到综合是知识学习到融会贯通的能力养成的关键。进阶实践提供了灵活应用知识、提升能力平台。

3.7.1 主题实践（一）——按键功能模式切换的设计与实践

按键开关不仅应用广泛，而且用法多样。除了常见的一键一用应用方式，即一个键实现一种控制功能，还会用到多键合用或一键复用的功能，如：计算机键盘〈Ctrl+?〉〈Shift+?〉等属于多个按键结合实现一种功能；而手机电源键可以通过长按、短按实现开关机、锁屏等则属于一键实现多个功能。下面请使用给定的实践材料，尝试设计，模拟实现按键的长、短按控制功能以及模式切换。

1. 设计要求

（1）基本要求

1）奇数次短按（按键闭合时间<1 s），打开电源，LED 进入节日工作模式。

2）奇数次长按（按键闭合时间>2 s），打开电源，LED 进入交通灯的工作模式。

3）偶数次按（长或短），切断电源，系统关闭。

（2）拓展要求

实现两种工作模式的自由切换；或自拟设计任务，如复杂路口交通指挥系统+紧急状况等。

2. 设计提示

1）硬件电路可以参照图 3-69 所示的键控 LED 电路原理图设计。

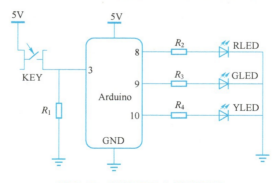

图 3-69 键控 LED 电路原理图

2）建议在控制程序中对按键进行消抖处理，以确保输入信号更加精准。此外可以使用 millis（）函数进行计时，此函数用于返回 Arduino 板从开始运行到当前程序时的 ms 数，开始运行后这个数字一直增加，在大约 50 天后溢出，即回到零。如果在不同的时刻获取该值并做减法就可以得到经过的时间，也就是简易的计时。

3.7.2 主题实践（二）——室内光线温度自动测控系统设计

随着人们生活品质的提高，人们对环境质量的要求也越来越高，如对室内光线的明暗、温度舒适度等都希望能够实现自动调节。下面请根据本章知识，设计一室内光线温度自动测控系统。

1. 设计要求

（1）基本要求

1）自动检测室内环境光线，并根据光线强弱自动开灯或关灯（光线弱开灯）。

2）用光强数值控制舵机转动，实现用指针显示当前光线的强弱。

（2）拓展要求

1）增加 1 或 2 个 LED，根据光线强度进行逐级补光（光线越弱，开灯数量越多）。

2）增加按键，控制系统的启停。按键按下，光线测控系统工作，否则，系统不工作。

（3）自主挑战

1）在拓展功能的基础上，尝试增加一温度传感器检测房间温度，并根据温度情况设计调速风扇等功能。当温度大于某设定值时，开启风扇，并且随着温度升高，转速越来越快；否则，风扇停止。

2）增加一个 OLED 显示屏，用于显示当前光线强度、温度以及风扇转速大小等信息。

2. 设计提示

1）拓展要求中的启停按键可以采用外部中断实现。风扇电机调速可以采用温度控制电机实现自动调速，也可以通过多个按键手动调速。

2）拓展功能参考流程图如图 3-70 所示。

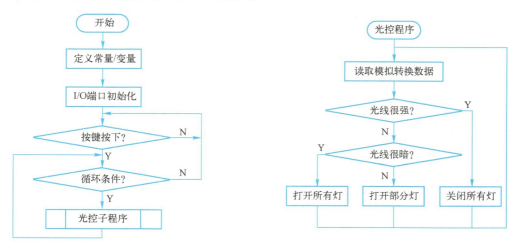

图 3-70 拓展功能参考流程图

3.8　本章小结

　　本章主要介绍了机器人控制系统的基本构成以及系统设计构建的基础。以开源硬件 Arduino UNO 为控制核心，通过项目实例详细阐述了数字 I/O 端口、模拟 I/O 端口、定时与中断等基础知识，以及常用的键盘模块、显示模块和驱动执行机构功能特点及控制方法。

　　通过逐次递进式的分层设计理念，结合项目设计引导读者学习如何从单一知识学习过渡到综合任务的设计实现，以锻炼和培养灵活应用知识的能力。

第4章　机器人的机构设计基础

想要完成一个机器人作品，只进行编程控制的学习是不够的，机械结构是构成机器人躯体的重要部分，本章将着重介绍机械结构的设计基础。

4.1　机构的基本组成及分析

机构是由许多构件组成的，其功能在于传递运动或改变运动的形式。机构一般可分为平面机构和空间机构。如果组成机构的所有构件均在同一平面或相互平行的平面内运动，该机构称为平面机构，否则称为空间机构。本章重点介绍平面机构的基本组成和基本概念。

1. 构件

构件是机构的基本运动单元，通常由若干个机械零件刚性连接而成。不受任何约束的构件称为自由构件，在平面坐标系中需要 3 个基本运动描述自由构件，而在空间坐标系中需要 6 个基本运动描述自由构件。构件与零件的区别：构件是运动的单元，而零件是制造的单元。

2. 运动副

在机构中，每个构件都以一定的方式与其他构件相互连接。两构件直接接触并能产生相对运动的可动连接称为运动副。两个构件上参与接触而构成运动副的点、线、面等元素称为运动副元素。点或线接触构成的运动副在接触部分的压强较高，称为高副，如图 4-1a 所示的凸轮副、齿轮副等；而面和面接触的运动副在接触部分的压强较低，称为低副，如图 4-1b 所示的转动副、移动副等。

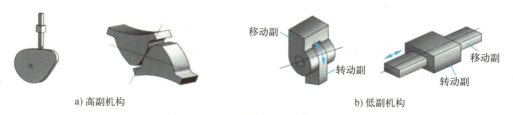

a) 高副机构　　　　　　　　　　　　b) 低副机构

图 4-1　运动副的构件关系示意图

每个运动副由两个分别位于不同构件上的运动副元素组成，运动副所允许的相对独立运动数目称为运动副的自由度。

3. 约束

限制构件独立运动的条件称为约束。约束是由机构中各构件的相互接触引起的，接触方式不同，约束不同。通常，低副引入两个约束，保留一个自由度，高副引入一个约束，保留两个自由度。如图 4-2 所示，转动副的两构件间只能做相对旋转运动，移动副的两构件间只做相对移动。在高副中，两个构件间除了做相对移动，还存在相对旋转运动。

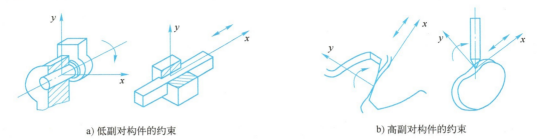

a) 低副对构件的约束　　　　　　　　　　b) 高副对构件的约束

图 4-2　约束

4. 运动链

若干个构件通过运动副连接组成的系统称为运动链，分为闭环和开环两种运动链，如图 4-3 所示。开环运动链可以简单理解为没有封闭的运动链，反之，全封闭的运动链则为闭环运动链，其中闭环运动链又分为单闭链和多闭链。在运动链中，如果每个构件都在一个平面或相互平行的平面内运动，则称为平面运动链，否则称为空间运动链。这里我们主要介绍平面运动链。

开环运动链　　　　　　　　　闭环运动链

图 4-3　开、闭环运动链

在运动链中，如果取其中一个构件作为机架，则该运动链就成为一个机构。当指定机构的一个或若干个构件为输入构件，并以设定的规律运动时，其余所有的构件都能得到确定的相对运动。若以机架（相对静止的构件）作为机构运动的参考坐标系，按设定规律运动的构件称为主动件，其余活动构件称为从动件。从动件的运动规律取决于主动件的运动规律和机构的结构组成。

5. 平面机构的自由度

自由度是指当机构中各构件具有确定运动时，所必须给定的独立运动参数的数目。机构的自由度等于广义坐标的数目，用 F 表示。自由度又分为平面机构的自由度和空间机构的自由度，这里主要介绍平面机构的自由度。

如图 4-4 所示，一个杆件在平面上做自由运动时，它的位置由 3 个参数（x、y、φ）决定，即一个杆件（刚体）具有 3 个自由度，分别为沿 x 方向移动的自由度、沿 y 方向移动的自由度、绕 xOy 平面的中垂线旋转的自由度。

（1）平面机构的自由度计算

在平面机构中，各构件只做平面运动，每个完全自由

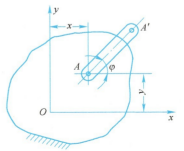

图 4-4　平面机构的自由度

的构件具有 3 个自由度，而每个平面低副引入 2 个约束，高副引入 1 个约束。设平面机构中共有 n 个活动构件（机架不是活动构件），在构件未构成运动副时共有 $3n$ 个自由度；各构件构成运动副后，设共有 P_L 个低副和 P_H 个高副，则机构将受到 $2P_L+P_H$ 个约束，平面机构的自由度 F 为

$$F=3n-(2P_L+P_H) \tag{4-1}$$

（2）平面机构自由度计算的实例

下面以图 4-5 所示的平面铰链机构为例计算其自由度。

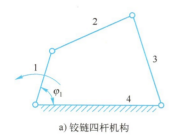
a) 铰链四杆机构

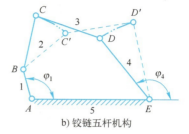
b) 铰链五杆机构

图 4-5　平面铰链机构

1）计算铰链四杆机构的自由度。如图 4-5a 所示，对于一个平面铰链四杆机构，活动构件数为 3，低副约束数为 4，高副约束数为 0，根据式（4-1）可以计算出其自由度为

$$F=3n-(2P_L+P_H)=3\times3-2\times4-0=1$$

2）计算铰链五杆机构的自由度。如图 4-4b 所示，铰链五杆机构的活动构件数为 4，低副约束数为 5，高副约束数为 0，由式（4-1）可以计算出其自由度为

$$F=3n-(2P_L+P_H)=3\times4-2\times5-0=2$$

可见，一个机构有相对运动的基本条件为 $F>0$，即机构的自由度至少为 1，且机构的主动件数目应等于机构的自由度数目。如果 $F=0$，则机构已退化为一个构件，即它将是一个结构（structure）。

6. 平面机构运动简图

通常工程师在进行机构设计时，为了快速将自己的思路表达出来并且能够准确向其他工程师传达设计意图，常常会用一种在机构表达中约定俗成的图示——机构运动简图进行表达。机构运动简图是用规定的符号和线条按一定的比例表示构件和运动副的相对位置，并能完全反映机构特征的简图。

（1）常见运动副和构件的规定画法（表 4-1）

表 4-1　常见运动副和构件的规定画法

名称	示　意　图	规　定　画　法
转动副		

（续）

名称	示　意　图	规　定　画　法
移动副	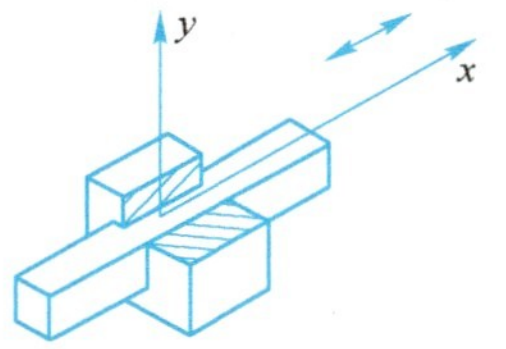	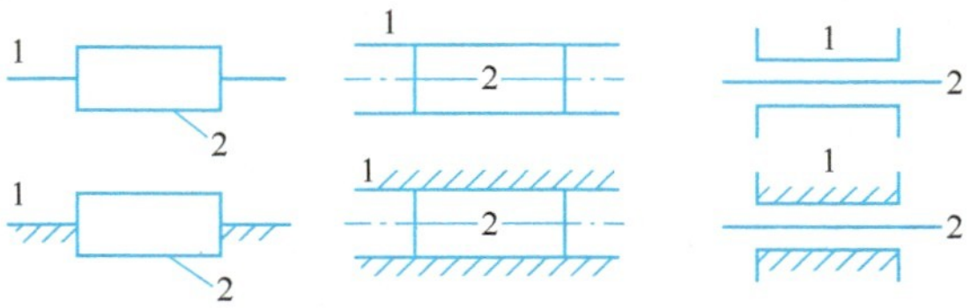
齿轮副	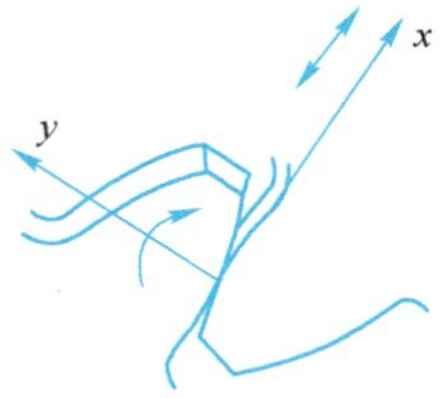	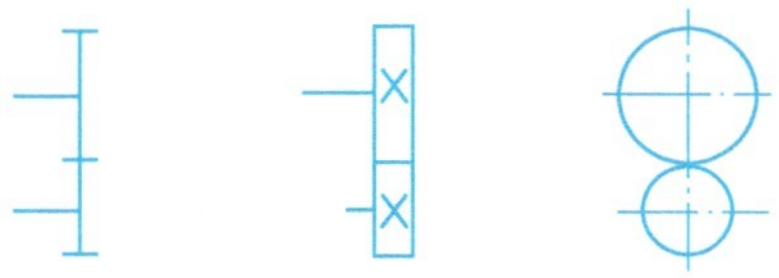
凸轮副	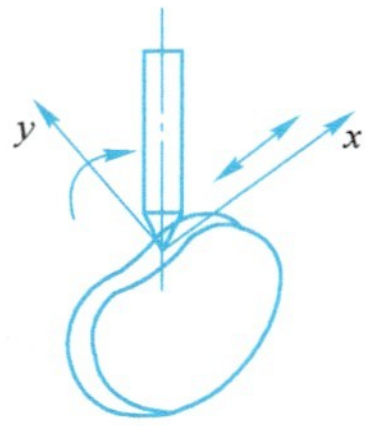	
螺旋副	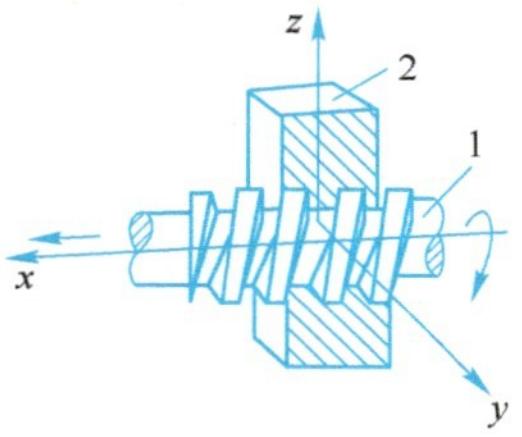	
构件（杆）		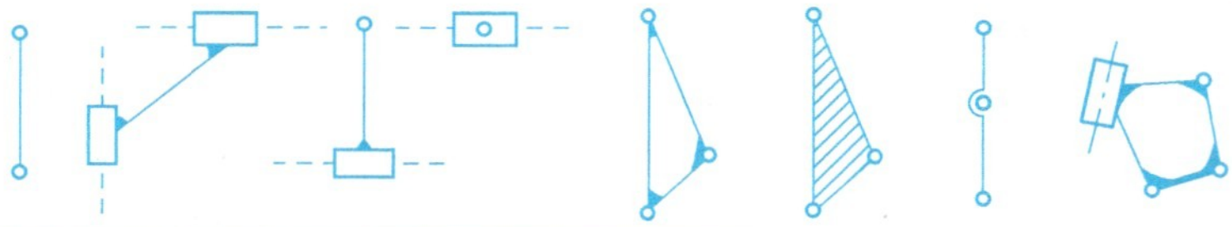

（2）运动简图的绘制方法和步骤

1）分析机构的功能和运动情况，分清固定件、主动件和从动件，确定构件数目。

2）从主动件开始，按照运动的传递顺序，分析各构件之间的相对运动性质，确定所有运动副的类型和数目。

3）选择合理的位置（即能充分反映机构的特性）。

4）确定比例尺，测出运动副的相对位置和尺寸。如果只是为了表达清楚传动关系，也可以不用特别精确，如果是在实际生产中使用那就必须非常精确。

5）用规定的符号和线条绘制简图（从主动件开始画）。

4.2　常用的平面机构

机构可以简单分为平面机构和空间机构，这里主要介绍一些常用的平面机构。常用的平面机构包括连杆机构、齿轮机构、凸轮机构等，每种机构都有基于原理的衍生机构，很多复合机构都是基于这些常用的平面机构组合而成的。

4.2.1　平面四杆机构及其应用实例

连杆机构是由多个有确定运动的构件用低副（转动副或移动副）连接组成的平面机构。连杆机构是一种常见的传动机构，通过连杆机构的转动、摆动、移动及平面运动可以将电机或齿轮输出的旋转运动转化为各种运动形式。

最基本的连杆机构是由四个构件组成的平面四杆机构（图 4-6）。在机构中四个运动副都是转动副的四杆机构也称为铰链四杆机构。最常见的基本形式有三种。

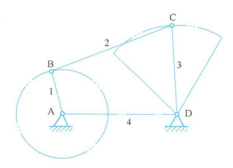

图 4-6　平面四杆机构及杆件运动轨迹
1—曲柄（连架杆）　2—连杆　3—摇杆或摆杆（连架杆）　4—机架

1. 曲柄摇杆机构

曲柄摇杆机构是指具有一个曲柄和一个摇杆的铰链四杆机构（图 4-7）。曲柄为主动件做整周转动，摇杆为从动件做摆动，连杆做平面运动。

2. 双曲柄摇杆机构

如图 4-8 所示，两连架杆均为曲柄的铰链四杆机构称为双曲柄机构。在双曲柄机构中，主动曲柄做等速运动，从动曲柄做变速运动，二者都做整周运动。

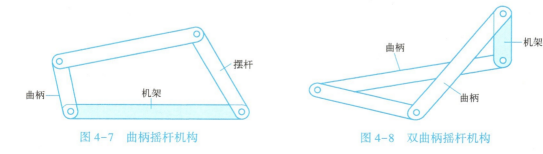

图 4-7　曲柄摇杆机构　　　　　　　　　图 4-8　双曲柄摇杆机构

3. 双摇杆机构

如图 4-9 所示，两连架杆都是摇杆（摆杆）的铰链四杆机构称为双摇杆机构。双摇杆机构连杆上的转动副都是周转副（即两构件相对运动为整周转动），故连杆能相对于两连架杆做整周回转。

4. 判定铰链四杆机构类型的方法

不是所有的由四根连杆构件组成的机构都是可以运动的四杆机构，四杆机构具备运动的条件为：铰链四杆机构的最短杆与最长杆的长度之和小于或等于其余两杆长度之和。

在满足以上条件情况下的四杆机构可以参考下面的规则进行类型区分：

1）取最短杆的任一邻杆为机架时，构成曲柄摇杆机构。

2）取最短杆为机架时，构成双曲柄机构。

3）取最短杆为连杆时，构成双摇杆机构。

5. 铰链四杆机构的演化

在四杆机构中通常也会包含一个或两个移动副，其典型代表机构就是曲柄滑块机构，是指用曲柄和滑块来实现转动和移动相互转换的平面连杆机构，如图 4-10 所示。

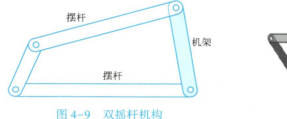

图 4-9　双摇杆机构　　　　　图 4-10　曲柄滑块机构

在探索者机器人的实际设计中，同一机构可以根据不同构件的特点灵活变通使用。下面就介绍几个典型应用实例。

6. 平面四杆机构的典型应用实例

（1）磕头机

图 4-11 所示磕头机又称游梁式曲柄平衡采油机，是一种变形的四杆机构，主要由支架、游梁、连杆、曲柄、驴头、底座及电动机等部分组成。工作时，它将电动机的旋转运动经曲柄连杆机构转换成驴头的上下运动。

V4-1 磕头机

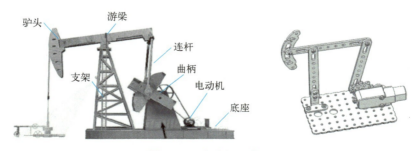

图 4-11　磕头机示意图

（2）汽车电动刮水器

图 4-12 所示为一款汽车电动刮水器的结构模型。它也是四杆机构的应用设计案例之一。工作时，它通过曲柄连杆将电动机的旋转运动转变成左右直线运动，从而带动刮片左右摆动。

（3）四连杆并联机械臂

图 4-13a 所示是一个四连杆并联机械臂，可以分解为三个部分。第一部分是图 4-13b 中的四连杆，舵机 y 作为驱动，舵机 x 固定不动，这时会形成一个 FBCD 四连杆结构，FB 为机架，FD 为驱动杆；第二个部分是图 4-13c 中的四连杆，舵机 x 作为驱动，舵机 y 固定不动，这时会形成一个 ABCD 四连杆，其中 AD 作为机架，AB 作为驱动杆，BC 作为传动杆，CD 作为随动杆；第三部分为图 4-13d 所示 DGHI 平行四连杆，该部分无驱动，主要作用是保证执行端 HI 保持一个方向。由此可知 CD 杆为第一部分四连杆和第二部分四连杆共同控制的杆件。

图 4-12　汽车刮水器

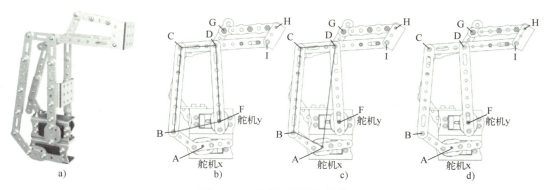

图 4-13　四连杆并联机械臂

（4）连杆手爪机构

图 4-14 所示是连杆手爪机构。它包含两个连杆机构，一个是偏心轮连杆机构，另一个是多连杆组成了平行四边形。偏心轮连杆将电动机的旋转运动传递给最后的输出端，使之模仿手爪的开合运动。

V4-2 连杆手爪机构

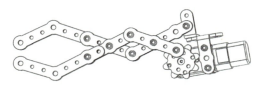

图 4-14　连杆手爪机构

（5）滑块平移机构

图 4-15 所示是滑块平移机构。AB 杆可做圆周运动，通过连杆 BC 将运动传递给滑块 C，最终滑块 C 在水平支架上实

V4-3 滑块平移机构

现平移。

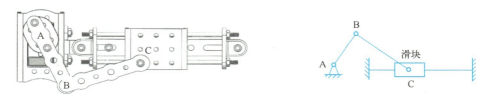

图 4-15　滑块平移机构及其运动简图

4.2.2　齿轮机构及其应用实例

齿轮机构是通过齿轮啮合传动传递运动和动力的一种高副机构，因其结构紧凑、传动功率范围大、效率高、传动比准确、工作稳定可靠等优点被广泛应用于各类机构设计。按照一对齿轮轴线的相互位置关系和齿向，齿轮传动分为平面齿轮传动和空间齿轮传动。

1.　平面齿轮传动

（1）直齿轮传动

直齿轮传动有外啮合和内啮合两种方式，如图 4-16a、b 所示。外啮合即两齿轮的旋转方向相反；内啮合即两齿轮的旋转方向相同。该传动需要齿廓接触线与轴线平行，一对齿廓同时沿齿宽进入啮合或退出啮合，容易引起冲击和噪声，传动平稳性差。

V4-4 直齿轮传动

a) 外啮合齿轮传动

b) 内啮合齿轮传动

c) 齿轮齿条传动

图 4-16　平面齿轮传动

（2）齿轮与齿条传动

齿轮与齿条机构可以将圆周运动变为直线运动或将直线运动变为圆周运动，如图 4-16c 所示。

（3）斜齿轮传动

斜齿轮的轮齿相对其轴线倾斜一个角度，如图 4-17 所示。斜齿轮的轮齿之间的啮合过程是一种渐进式啮合方式，轮齿上的受力是由小到大再由大到小逐渐变化的。斜齿轮传动平稳，冲击、振动和噪声较小，适合高速、重载传动。

（4）人字齿轮传动

人字齿轮的轮齿由两个螺旋角方向相反的斜齿组成，轮齿呈"人"字形，如图 4-18 所示。人字齿轮可以减少轴向分力的影响，但是制造工艺复杂，性价比低，应用较少。

V4-5 齿轮与齿条传动

V4-6 斜齿轮传动

图 4-17　平行轴斜齿轮传动　　　　图 4-18　人字齿轮传动

2. 空间齿轮传动

空间齿轮传动主要用于两相交轴或两交错轴之间的动力和运动传递。常见的传动机构如锥齿轮传动（图 4-19）、蜗杆传动（图 4-20）等。机械结构中，通常锥齿轮两轴之间的交角等于 90°。

图 4-19　锥齿轮传动　　　　图 4-20　蜗杆传动

齿轮传动主要用于两轴之间转动速度的传递和变换，有时为了得到较大的传动比，也可以使用多级齿轮传动，进行多级变速。在探索者创意设计过程中，可以根据需要选取相应的传动方式和构件满足一定设计要求。下面结合探索者组件给出两种典型的应用实例。

3. 齿轮机构的应用实例

（1）齿轮组手爪

图 4-21 所示齿轮组手爪是两个型号相同的直齿轮啮合传动机构的典型应用，其运动呈现镜像特征。如果驱动主动轮转动，主动轮和从动轮啮合等速传动，带动手指 a 和手指 b 的相对运动，实现手爪开合。

V4-7 齿轮组手爪

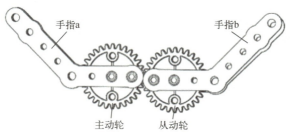

图 4-21　齿轮组手爪

（2）齿轮组连杆小仿生四足

图 4-22 所示是一等速传递的齿轮传动机构。由于三个齿轮的参数完全相同，所以当主动轮 A 将运动传递给从动轮 B1 和 B2 时，从动齿轮 B1、B2 则以相同的转速反向运动，从而

实现等速传递。

（3）简易减速装置

减速装置大多是减速器，它通常由多个大小不一的齿轮组成，可用于调节转速。以一个简单的减速齿轮组为例（图4-23），如果动力输入端的齿轮比相邻啮合输出端齿轮尺寸大则该齿轮组为加速，反之，则为减速。

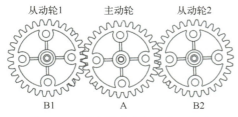

图4-22　等速传递的齿轮传动机构

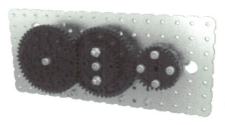

图4-23　简易减速齿轮组

（4）齿轮齿条平移机构

齿轮与齿条满足模数和压力角相同的啮合条件，可以实现圆周转动与直线平移的相互转换，如图4-24所示。当齿轮A的轴固定时，齿轮A做圆周转动，齿条B根据齿轮A的转动方向进行水平方向的往复运动，即实现了转动转平移，这种方式可以用于机器人的平移机构；当齿条B固定时，齿轮A则沿着齿条的方向移动，实现平移。

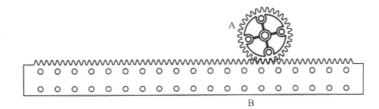

图4-24　齿轮齿条平移机构

4.2.3　凸轮机构及其应用实例

1. 凸轮机构简介

凸轮机构是由凸轮、推杆和机架组成的一种常见的高副运动机构。其中，凸轮是具有曲线轮廓或凹槽的构件，是主动件，做匀速运动（转动、摆动或移动）；推杆是从动件，被凸轮直接推动做间歇（连续）移动或摆动。凸轮机构可以通过凸轮的回转将旋转运动转化为往复的直线移动或摆动，如图4-25所示。图4-25a所示是内燃机配气凸轮机构，当固定在旋转轴上的凸轮做回转运动时，推动从动件做上下往复运动，从而控制气门的打开与关闭。

2. 凸轮机构的应用实例

（1）滚子从动杆盘形凸轮机构模型

图4-26所示为滚子从动杆盘形凸轮机构。它由驱动源凸轮A、滚子B以及推杆（与滚子连接的输出杆件）、支架组

V4-8　滚子移动从动杆盘状运动模型

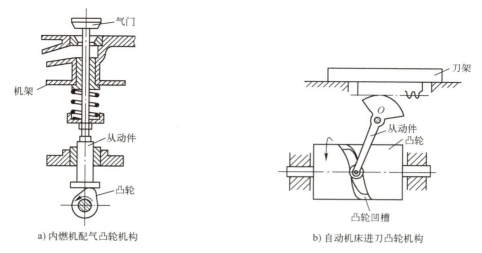

a) 内燃机配气凸轮机构　　　　　　　　　　b) 自动机床进刀凸轮机构

图 4-25　凸轮机构的原理结构示意图

成。其中，滚子受重力影响与凸轮 A 接触，推杆受支架限制做竖直方向运动；A 轮固定点偏离圆心作为一个凸轮，做圆周运动；随着凸轮转动，滚子 B 的圆心与 A 轮固定位置在竖直方向的距离不断变化，使得输出杆件最终运动表现为平动。

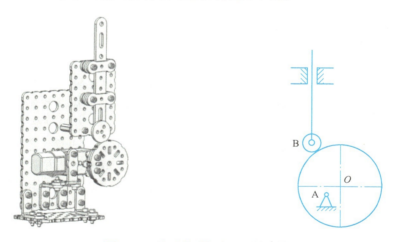

图 4-26　滚子从动杆盘形凸轮机构

（2）等宽凸轮运动模型

图 4-27 所示机构可以分为两个平动平底从动杆盘形凸轮机构：一个由凸轮 a、支架框 b 和推杆 c1 组成；另一个由凸轮 a、支架框 b 和推杆 c2 组成。支架框 b 受重力影响与凸轮 a 始终接触，c1、c2 推杆在竖直方向分别运动。当凸轮 a 做圆周运动，b 框与 a 轮的接触点与 a 轮固定点的距离不断发生变化，推动 c1 杆、c2 杆在竖直方向移动。由于 c2 杆与 c1 杆位置相对，所以运动方向恰好相反，使得两个推杆运动互为镜像。

V4-9 等宽凸轮
运动模型

图4-27　等宽凸轮运动模型

4.3　个性化的机构设计基础

在机器人的设计制作中，特别是个性化的创意机器人设计中，现有的模块或标准零件并不一定能满足我们所有的设计需求，这时需要利用一些加工技术，将毛坯或原材料加工成所需形状、尺寸的零件，辅助完成装配，直到成品实现。下面以搬运机器人的末端执行器为例介绍创意设计过程中常使用的设计方法和加工方式。

4.3.1　基于形态学矩阵法的方案设计

在自主设计零件或机构时，首先明确该零件或机构在机械系统中的功能与作用、与现有模块或标准零件的配合关系、设计要求及其应用的环境场合，然后才能制定零件设计方案、绘制加工图样或建立结构模型，选择原材料及加工方式。例如，在设计搬运机器人的末端执行器时，就会联想该机器人是用于工厂生产线还是车船码头，是码垛、搬运、上/下料还是装配，是针对轻薄材料还是厚重材质，是平板形、圆筒形、球形还是方形等，是需要单机构还是多机构。以此类推，可以将零件所属产品的总功能分解成若干分功能，然后用这种"穷尽法"将各分功能的解全部列出，写出功能-功能解的形态学矩阵，再利用形态学矩阵进行方案设计和分析，得到多种可行方案，最后经筛选、评价可以获得最佳方案。

1. 形态学矩阵法的基本概念

形态学矩阵法是建立在功能分解和功能求解基础上的一种系统搜索和程式化求解分功能的组合求解方法，包含因素和形态两个概念。其中，因素是指构成机械产品总功能的各个分功能。形态则是指实现各分功能的执行机构和技术手段。例如：某机械产品的分功能为"间歇运动"，那么"棘轮机构""槽轮机构""间歇凸轮机构"等执行机构，则为相应因素的表现形态。形态学矩阵法也是进行机械系统设计和创新的基本途径之一。

2. 形态学矩阵法方案设计步骤

（1）功能细化分解

根据设计要求、机构的动作过程，结合设计者的经验和能力等，将所设计的机构功能细化分解为若干基本功能，力求使分功能的动作能够用某一类的执行机构来实现。

（2）功能载体求解

根据基本功能的性质及拟采用的执行机构，寻找实现的工作原理，再根据工作原理寻求与功能匹配的相应支撑载体。

（3）方案组成

利用形态学矩阵法理论，建立机械系统分功能与功能载体之间的组合而得出全体方案，并根据相容性条件进行初步筛选，剔除无意义或无价值方案。

（4）方案评价

评价与确定方案是个性化机构或零件设计的关键步骤。根据形态学矩阵法所得可行方案数较多，需要通过评价遴选最佳方案。可以根据方案合理性、创新性、实用性、可实施性以及加工成本等方面进行综合评价，选择最优解。

（5）组织实施

根据最优方案，绘制机械图或结构模型，选择合适的材料和加工方式，组织加工制作。

3. 应用举例

以我们熟悉的生产装配流水线上的码垛/搬运机器人为例，运用形态学矩阵法来构思机器人末端执行器的可行方案。

（1）总功能分解

机器人的抓手也称末端执行器、夹具、机械手爪等，是机器人的重要组成部分，根据被抓持物件的形状、尺寸、重量、材料和作业要求而有所不同。

1）首先根据被抓物体的外形，可以初步将末端执行器分为机械夹持式和吸附式（图4-28），如玻璃、木材等板料类工件可采用吸附式，而规则或不规则形的各种工件、瓜果蔬菜、PVC袋或瓶装类物品通常使用夹持式手爪。

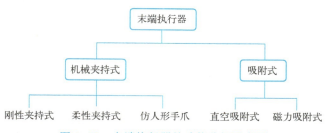

图 4-28　末端执行器的功能分解示意图

2）然后根据材料类型进一步细化分解，如：瓜果蔬菜需要柔性夹爪，金属硬质工件可以使用刚性夹钳或手爪，有些要求较高的工作则需要仿人形手爪；对于非金属板材可以采用真空吸附式，对于导磁性介质可采用磁力吸附式。

3）最后还需要结合被抓物的重量和尺寸再次分解。如一次性口罩和玻璃，虽然末端执行器都可以选择真空吸附式，但一次性口罩轻薄材料，玻璃属于易碎材料，吸盘数量和大小的选择自然有区别。同样，对于夹持式手爪也需要将其细化分解为两指结构或多指结构，如图4-29所示。

（2）分功能求解

刚性夹持式手爪的功能载体有两指、三指或多指等结构，加工工艺的功能载体可以采用

图4-29　部分夹持式手爪示意图

减材、增材、成形等，常用驱动控制的功能载体有电动和气动两种方式，其分功能求解见表4-2。

表4-2　夹持式末端执行器的分功能求解

分 功 能	功 能 解		
	1	2	3
A	两指	三指	多指
B	减材	增材	成形
C	气动	电动	

（3）列出形态学矩阵方案

根据前面分析和数学中的排列组合，可以列出夹持式末端执行器的形态学矩阵的方案共有 3×3×2＝18 种。

（4）方案的评价与选择

根据被夹物品材质、尺寸、重量，现有的加工条件以及控制方式，可以初步确定（A1，A2，A3）、（B1，B2，B3）、（C1，C2）组成 8 种基本方案。如果考虑机械模型、应用场景和设计加工灵活性，分功能选择两指夹持式和增材制造工艺中的 3D 打印技术，经过进一步优化筛选，功能解只有 A1-B2-C1 和 A1-B2-C2 两种可选方案。

4.3.2　计算机辅助设计

在工程和产品设计中，应用计算机及其图形设备可以减轻设计人员的计算、信息存储和制图等工作，提升效率。目前在建筑设计、电子和电气、科学研究、机械设计、软件开发、机器人、服装业、出版业、工厂自动化、地质、计算机艺术等各个领域得到广泛应用。

机械制造中常用的辅助设计软件可以分为二维设计软件和三维设计软件。常用的二维设计软件有 AutoCAD，三维设计软件有 Greo、SolidWorks、CATIA、3Ds MAX、UG（Unigraphics NX）等。虽然不同公司开发的工程设计软件都有其独特的侧重点和应用场合，但这些软件基本都能满足个性化的结构设计或模型装配等要求，在进行创意设计时尽量选择自己比较熟悉的软件实现。

这里选择专业机械设计软件 SolidWorks 实现个性化创意设计。图 4-30 所示是使用 Solid-Works 软件简单绘制的机械手爪的零件模型。图 4-31 所示是使用 SolidWorks 绘制的机械手爪的装配图。

　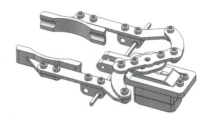

图 4-30　使用 SolidWorks 绘制的零件模型　　　图 4-31　机械手爪的装配图

4.3.3　常用的设计制造工艺

创意是设计的灵魂，实现是创意设计的基础。绘制完成图样或机构模型，还需要选择合适的加工方式才能实现自己的构思。

1. 工艺分类

（1）减材制造工艺

减材制造工艺是按一定方式切除工件上多余的材料，使工件的形状、尺寸和表面质量符合设计要求的工艺方法。常用加工形式包括传统的车、铣、刨、磨等切削加工，或者利用电能、光能等对工件进行材料去除的特殊加工方法，如电火花、激光切割、线切割等。

（2）增材制造工艺

增材制造工艺是采用微元叠加方式逐渐累积生长成零件。在制造过程中，将零件三维实体模型数据经计算机处理，控制材料的累积过程，形成所要的零件。此类工艺方法的优点是无须刀具、夹具、模具等，就可以成形任意复杂形状的零件，主要用于产品样件的制造、模具制造和少量零件的制造。

（3）成形制造工艺

成形制造工艺是在工具及模具的外力作用下来加工零件的少切屑或无切屑的工艺方法，如铸造、锻压、粉末冶金等。成形制造工艺是利用模具使原材料的形状、尺寸、组织状态，甚至结合状态发生改变，从而符合设计需要。此类工艺成形精度不高，一般不适合个性化机构设计。

在机器人创意设计中，有时会遇到一些加工难度大的特殊造型零件，为了快速实现样机设计，可以使用 3D 打印或者激光加工技术实现。下面举例介绍一下零件的设计加工步骤。

2. 零件设计与加工实例

（1）3D 打印技术的应用实例

3D 打印是增材制造工艺的一种，它是一种以数字模型文件为基础，运用粉末状金属或塑料等可黏合材料，通过逐层打印的方式来构造物体的技术。3D 打印机内装有金属、陶瓷、塑料、砂等不同的打印材料，它们一层层叠加起来，最终把计算机上的 3D 图样变成实物。具体打印过程如下：

1）三维设计。3D 打印前需要先通过计算机建模软件建模，可以使用常用的 CAD 软件如 SolidWorks 绘制。

2）导出 ∗.stl 文件。设计软件和打印机之间协作的标准文件格式是 STL 文件格式。在 SolidWorks 中，通过菜单命令即可将模型顺利导出为 ∗.stl 文件。

3）切片处理。∗.stl 文件导入切片软件中，将建成的三维模型"分区"成逐层的截面，即切片，从而指导打印机逐层打印，如图 4-32 所示。

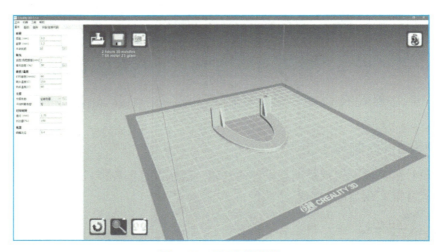

图 4-32　导入切片软件

4）设置参数。根据材料选择温度，这里选择"210"；打印速度根据自己选择的打印机进行选择，这里选择默认"60"。由于 FDM 打印技术是层层堆叠，对于非平板的零件，尤其是零件有部分位置是悬空的，尽量在下面加上支撑物，这个会影响打印是否成功。其他一般都默认软件参数即可，如图 4-33 所示。

5）如图 4-34 所示，预览文件，确认之后导出文件进行打印。

图 4-33　设置打印参数

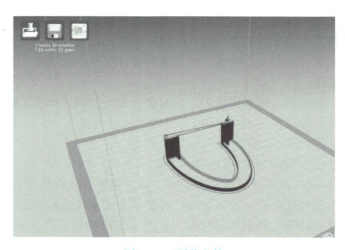

图 4-34　预览文件

6）后期处理。拆去多余的支撑，得到成品，如图 4-35 所示。此外，打印机的分辨率对大多数表面粗糙度要求不高的应用来说已经足够，如果对外形要求较高，可以先打出稍大一点的物体，再经过表面打磨即可得到表面光滑的"高分辨率"物品。

（2）激光加工技术的应用实例

激光加工技术是利用高功率密度的激光束照射工件，使材料熔化、汽化，从而对材料进行切割、焊接、表面处理、打孔及微加工的技术，作为先进制造技术，目前广泛应用于汽车、电子、电器、航空、冶金、机械制造等领域。

与 3D 打印一样，激光加工也十分适合创意设计：一旦设计图样形成，可以马上进行激光加工，在最短的时间内得到设计的实物。而且激光加工的材料范围很广，既有金属也有非金属，如木料、亚克力，所以激光加工是创意设计时比较常用的一种制造加工工艺，尤其以激光切割加工为主。具体加工过程如下：

图 4-35　成品

1）设计策划。在使用激光加工之前，首先要明确想要解决什么问题，采用什么样的呈现形式，以及它能否用激光加工技术实现。例如，想为机器人制作一个 LOGO，图案刻印在标牌上，标牌的材质如果是椴木板或者是亚克力板，则适合采用激光加工。

2）设计方案。围绕初期的想法，绘制作品的草图，确定外形、尺寸和材料。如果加工的只是部分零件，后期还需要装配，则还要考虑拼接的方式。例如，采用榫卯结构，可以根据测量板材的厚度设计榫和卯的尺寸以及榫卯的数量。

3）绘制图样。采用 CAD 软件，绘制加工的图样文件，保存为激光加工的机器可以识别使用的文件，如 dxf 文件。

4）导出加工图样。激光切割零件一般都是穿透加工，所以只要标清楚零件的厚度和材料要求，零件的位置直接使用图样中参数即可，无须特别设置参数。

5）加工成品。为了保证亚克力材料在激光切割加工和运输时不被损坏，一般厂家会贴膜，加工好后，需要撕去保护膜。

4.4　进阶实践

4.4.1　主题实践（一）——设计一个 LOGO

设计要求：

请使用自己比较熟悉的工程设计软件，设计绘制一个学校或团队 LOGO，可以进行自主创意，并选择合适的加工方式将其加工制作出来。

4.4.2　主题实践（二）——调光台灯的设计与制作

1. 设计要求

请结合第 3 章内容，自主设计制作一台角度和光线均可调节的台灯。

2. 设计提示

光源可选择节能效果良好的 LED，材料、机构设计、制作工艺可以自主选择。控制电路的接线须符合工程技术规范，与控制电路紧密接触的机构应避免使用金属或木质材料。

台灯角度调节可以使用舵机实现，也可以用机械结构实现。

4.5   本章小结

　　本章主要介绍了机器人机构设计中的基本构件、运动副、自由度等基础知识，以及常用的平面机构如连杆机构、齿轮机构、凸轮机构等的特点和构建方法，通过搬运机器人的末端执行器设计实例介绍了如何实现个性化机构设计，为自主创意设计提供了参考。

第5章 简单机构的设计与实践

学习了探索者机器人组件的基本搭建方法、编程控制基础以及机构设计基础之后，是不是想自己动手创作一个机器人？本章将以机械手爪、自动感应门、运动小车等为例，引导初学者从简单机构的设计搭建入手，由浅入深逐步学习、掌握应用探索者零件进行设计搭建与编程控制的方法步骤。

5.1 几种简单机构的设计与实践

所谓简单机构，是指执行机构的功能单一、自由度少、输入输出信号少甚至无感知系统、控制逻辑和程序代码都比较简单的机械结构。

5.1.1 机械手爪的设计与实践

机械手爪是智能搬运物流小车的重要组成部分，也是机器人的重要组成机构，如工业生产中的码垛机器人、搬运机器人、分拣机器人等都是通过机械手爪完成物料的抓取。机械手爪按握持原理可以分为夹持类和吸附类两种。下面以夹持类机械手爪为例介绍其动作机理、搭建方法与动作开合的控制思路。

1. 机械手爪的结构与动作机理

如图 5-1 所示，机械手爪由驱动电机、曲柄连杆、传动齿轮和机械手指四个部分组成。其中，ABCD 组成曲柄摆杆，A 点是舵机的转动中心，AB 为驱动杆，AD 为机架，BC 为传动杆，DC 为随动杆。当舵机转动时，将通过曲柄连杆的驱动杆 AB 和传动杆 BC 将运动传递给 DC 杆，带动 DC 杆上齿轮 1 及其手指转动，并通过齿轮 1 与齿轮 2 的啮合传动，带动齿轮 2 上的机械手指转动，实现两个手指的相对运动，从而达到控制手爪开合的目的。

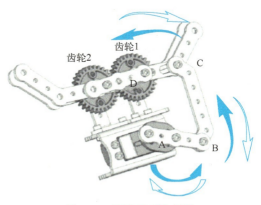

图 5-1 机械手爪的结构

2. 机械手爪的机构设计与搭建步骤

（1）选配零件

根据要制作的机械手爪的构造图，选出所需要的零件及辅助配件，如图 5-2 所示。

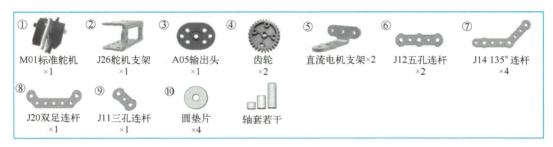

图 5-2   所需零件及辅助配件

（2）搭建方法

参照图 5-3 所示的机械手爪结构和搭建步骤进行手爪的装配。

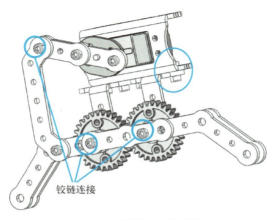

图 5-3   机械手爪的机构

1）用 F308 螺钉将零件②舵机支架与零件⑤直流电机支架组装一起（图 5-4）。

2）选取零件④齿轮 2 个、零件⑦连杆 4 个及 F308 螺钉螺母组装机械手指（图 5-5，注意两个手指应该反向）。

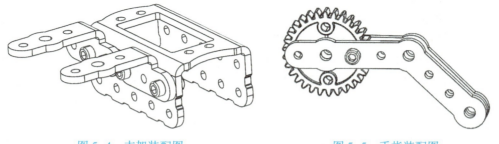

图 5-4   支架装配图   图 5-5   手指装配图

3）选取零件⑥五孔连杆、零件⑩圆垫片、钢轴套 T104 及 F325 螺钉，参照图 5-6 所示的组装顺序，用铰链结构将第 2）步组装的两个手指固定在第 1）步组装的支架上。齿轮啮合时，尽量保证两个手指的偏转角度是对称的。

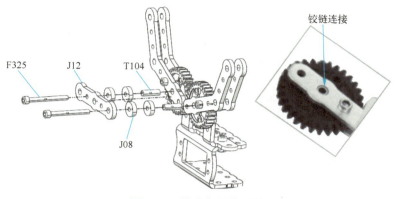

图 5-6　手爪装配关系图

4）取 4 个 F308 螺钉及螺母，将零件①标准舵机与第 3）步中的机构进行装配（图 5-7）。装配时要按照图示的舵机与舵机支架的位置关系组装。

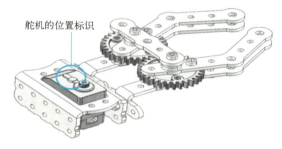

图 5-7　舵机装配关系图

5）舵机复位。为避免机构调试时舵机转动角度不合适而反复拆装机构，在将舵机输出头与舵机固定之前，应先用复位程序使舵机复位至出厂设定的理论中心位置即 90°，记录下舵机输出头与舵机位置标识（图 5-7）的位置关系。

具体方法：创建一个 Sketch 文件，然后复制、编译、下载并运行该程序，确定舵机转动至理论中心位置。

对于圆周舵机，中心位置时舵机应保持不转动，如果不是 90°，可以在 90°+或 90°-方向上慢慢调试，直至电机不转动即零点，记录下该角度。

```
/***********************************************************/
#include <Servo. h>                 //引用 Servo. h 库函数的头文件
Servo   Claw_servo;                 //定义一个舵机控制对象
void setup( )
  {
  Claw_servo. attach(4) ;           //给舵机分配数字引脚 4
  Claw_servo. write(90) ;           //初始化舵机，复位至理论中心 90°位置
  }
void loop( )    {
  }
/***********************************************************/
```

6）选取零件⑥和⑧，采用铰链连接组装成曲柄连杆，并将曲柄连杆先与零件③舵机输

出头组装。注意，舵机螺钉建议采用 F210，如果是 F208，需要先插入输出头的螺孔里，再与 J12 连接（图 5-7）。

7）总体装配。最后将装有舵机输出头的曲柄连杆（图 5-8）分别与图 5-7 中的舵机和 J14 连接起来，如图 5-9 所示。

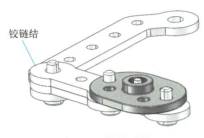

铰链结

图 5-8　铰链连接

装配时避免机械死点

图 5-9　总体装配

如图 5-10 所示，在装配过程中，一定要确保装配合理、各相应孔位的对应精确，曲柄连杆的杆件 J20 应平行于 J14 的平面，以防止曲柄连杆出现机械死点而导致舵机堵转，甚至发热烧坏舵机。注意，螺柱尺寸需要调整得当。

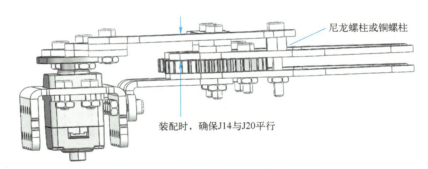

尼龙螺柱或铜螺柱

装配时，确保 J14 与 J20 平行

图 5-10　连杆与机械手指的位置关系

3. 控制实现

（1）电路设计

Bigfish 扩展板有 6 路舵机控制端口，通过接插件与舵机连接。连线时确保舵机的 3 根导线连接正确，即红色导线（正极）接电源（VCC 或 V）、黑色导线（负极）接地（GND 或 G），如图 5-11 所示。

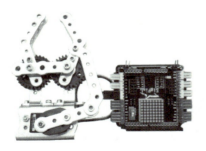

图 5-11　实物连线图

（2）程序设计

连接好电路，接下来编程实现手爪的功能控制。在编写代码之前，需要先分析手爪的动作姿态，确定驱动手爪开合的最大范围，即舵机转动角度范围，并测试标准舵机的实际中心参数。如果想要舵机上电复位至出厂设定的理论中心位置，可以让舵机执行复位程序，或者根据实际设计要求设定其初始化角度。

假设想实现如下功能：控制连接 D4 端口的标准伺服电机运转，驱动曲柄摆杆带动手爪打开（120°的位置），保持 1 s，再控制舵机反向运转，驱动曲柄摆杆带动手爪闭合（65°的位置），保持 1 s，如此循环。

（3）程序代码

```
/ ************************************************ /
#include <Servo. h>          //引用 Servo. h 库函数的头文件
Servo   myservo;            //定义一个舵机控制对象
void setup( )
    {
    myservo. attach(4);      //给舵机分配数字引脚 4
    myservo. write(65);      //上电时，初始化手爪为闭合状态
    delay(10);
    }
void loop( )
    {
    myservo. write(120);     //控制手爪打开至两指根呈一条直线
    delay(1000);
    myservo. write(65);      //控制手爪闭合至初始状态
    delay(1000);
    }
/ ************************************************ /
```

在运行程序时，可以发现手爪在打开、闭合时速度有点快，动作生硬，不利于实现物体抓取，这是因为在 setup( ) 函数中，舵机初始位置角度为 65°，而在主循环 loop( ) 函数中写给舵机的控制角度是 120°，手爪打开，保持 1 s 后再写给舵机的控制角度 65°，手爪闭合保持 1 s，如此循环。

如果希望手爪的动作柔和，可以在 120°～65°之间插入 105°、90°、75°等几个典型角度，或者用 for 循环语句控制舵机从 120°→65°逐步慢慢打开，完成抓取任务，再从 65°→120°慢慢闭合。

```
/ ************************************************ /
void loop( )
  {
    for( int pos = 120; pos>65; pos--)
      {
        myservo. write(pos);
        delay(15);
      }
    delay(1000);
    for( int pos = 120; pos>65; pos--)
      {
```

```
        myservo. write( pos) ;
        delay( 15) ;
      }
    delay( 1000) ;
  }
/ ************************************************************ /
```

5.1.2 自动感应门的设计与实践

自动感应门应用广泛、种类繁多，分为平移感应门和开合感应门等。下面结合探索者组件的特点以开合式自动感应门（图 5-12）为例介绍自动感应门的动作机理、设计搭建以及编程控制的方法。

1. 自动感应门的工作原理

自动感应门通常由门框、门扇和感应检测装置组成。当感应检测装置检测到有人或移动物体靠近门时，主控制器便驱动控制伺服电机转动一定角度，实现门的自动开启及关闭。

2. 自动感应门的机构设计与搭建

首先，根据自动感应门结构模型选择搭建所需要的零件。然后根据下列装配关系图和搭建步骤即可顺利完成自动感应门模型的搭建。

图 5-12 自动感应门

（1）选配零件

根据要制作的自动感应门的构造选配零件，如图 5-13 所示。

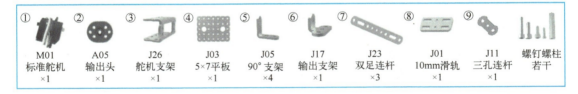

| ① M01 标准舵机 ×1 | ② A05 输出头 ×1 | ③ J26 舵机支架 ×1 | ④ J03 5×7平板 ×1 | ⑤ J05 90°支架 ×4 | ⑥ J17 输出支架 ×1 | ⑦ J23 双足连杆 ×3 | ⑧ J01 10mm滑轨 ×1 | ⑨ J11 三孔连杆 ×1 | 螺钉螺柱 若干 |

图 5-13 选配零件

（2）搭建方法

1）组装门扇。按照图 5-14 所示装配顺序将零件①标准舵机、零件②输出头和零件③舵机支架组装好，再按照图 5-15 所示装配关系与零件④进行组装。

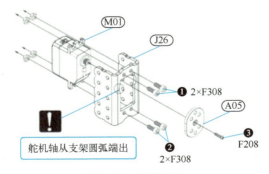

图 5-14 组装舵机

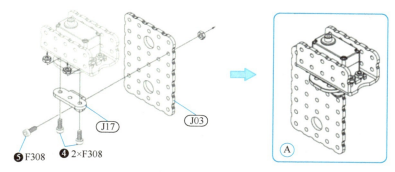

图 5-15　组装门扇

2）组装门框。先选取零件⑤、⑥、⑦及螺柱按照图 5-16 所示的装配顺序组装门框，再用零件⑧滑轨将门框与第 1）步组装的机构Ⓐ组装为图 5-16 所示机构Ⓑ。

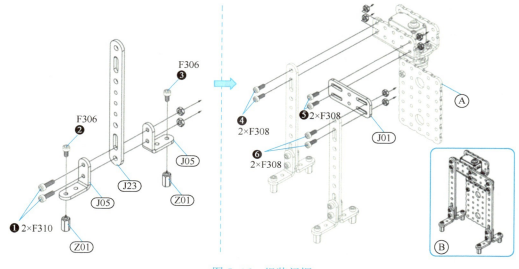

图 5-16　组装门框

3）选取零件 J11、J23 与机构Ⓑ并按照图 5-17 所示装配图完成最后组装。

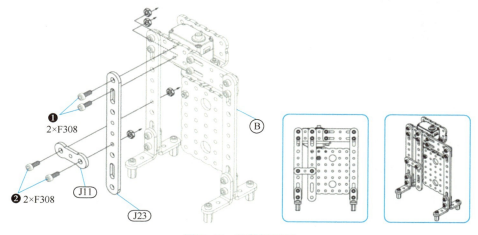

图 5-17　整体装配图

4）用螺钉将感应检测装置模块固定于感应门框上。

3. 控制实现

（1）电路设计

要实现自动感应门自动打开与关闭的功能，除了控制门开合的舵机（或其他驱动电机），还需要一个感应检测装置。感应检测装置可以选择近红外传感器、红外热释电传感器或超声波测距传感器，这里选择近红外传感器（图5-18）。

近红外传感器在其有效检测范围（20 cm）内，可以发射并接收反射的近红外信号。其工作电压为4.7~5.5 V，工作电流为1.2 mA，频率为37.9 kHz。当检测到有人（或物体）靠近时，传感器被触发为0，否则为1。

（2）配置I/O端口

将传感器、舵机的连接线分别正确地连接到Bigfish扩展板的A0（即D14）和D3接口。安装时，注意不要遮挡发射和接收头，以免传感器检测发生偏差。

（3）程序设计

根据自动感应门的开合状态确定驱动自动感应门打开与关闭的动作范围，确定舵机转动的角度。假设，系统上电或复位时门为闭合状态，当感应到人靠近时，门自动打开，10 s后门自动关闭。

绘制程序流程图，如图5-19所示。

GND VCC data

图5-18　近红外传感器及接口

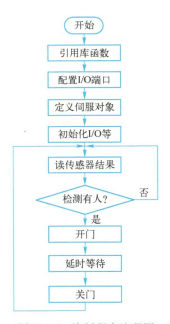

图5-19　绘制程序流程图

（4）程序代码

```
/********************************************************/
#include <Servo.h>          //引用Servo.h库函数的头文件
Servo  myservo;             //定义一个舵机控制对象
int sval = 0;
void setup()        {
```

```
        myservo. attach( 4) ;              //给舵机分配数字引脚 4
        myservo. write( 90) ;              //上电时，初始化门为闭合状态
        delay( 10) ;
    }
void  loop( )    {
        sval = digitalRead( 14) ;          //读取传感器的测量结果
        if( sval = = LOW)
        {
        myservo. write( 170) ;             //检测到有人，门自动打开
        delay( 10000) ;
        myservo. write( 90) ;              //10 s 后关门
        delay( 10) ;
        }
    }
}
/ ***************************************************** /
```

5.2　多驱动简单机构的设计与实践

5.2.1　小车底盘的设计与实践

下面以三轮小车底盘为例分析其基本运动轨迹、机构搭建
步骤，以及编程控制的实现方法。

1. 小车底盘的机构设计与搭建

如图 5-20 所示，小车模型的基本结构比较简单，主要由
车体、车轮和驱动电机组成。采用左右两轮分别驱动，前置万向轮转向的方案。首先，根据
车体模型选择搭建小车的零件，如图 5-21 所示。然后，根据图 5-22 所示的装配关系和步
骤即可顺利完成小车模型的组装。具体搭建步骤如下：

图 5-20　小车模型

①	②	③	④	⑤	⑥	⑦
7×11平板 ×1	直流电机 ×2	直流电机支架 ×2	联轴器 ×2	电机输出头 ×2	牛眼轮 ×1	螺钉螺柱 若干

图 5-21　搭建小车的零件

1）用螺钉将零件②直流电机和零件③电机支架组装一起。
2）先将零件④联轴器和车轮装配好，从轮外侧用螺钉固定。再选出零件⑤电机输出头

分别与联轴器和粉色的电机轴组装。

　　3）选零件①、零件⑥，按照图5-22所示将其和已装配好的车轮与驱动部分进行组装。

　　安装时，注意保证两个驱动电机同轴，当小车前进时，左右两驱动轮与前置万向轮形成了三点支承结构，这种结构可以确保小车在前进时比较平稳。

图5-22　小车模型及装配图

2. 小车的基础运动分析

　　在无外部信号输入的情况下，小车的基础运动主要是前进、后退、转向、停车、原地旋转等。从图5-23所示典型运动轨迹可知，左右两轮采用转速和转矩完全相同的电机驱动，车体前部是一个万向轮，只要控制两个驱动轮转速与转向相同，就可以实现小车前进或后退。当两驱动轮之间存在速度差时，可以实现转弯；当两个驱动电机转速相同、转向相反时，小车实现原地旋转。

两轮同时正转：前进　　两轮同时反转：后退　　一转一停：以转轮为圆心旋转　　同速一正一反：原地旋转

图5-23　小车基础运动的典型运动轨迹

3. 控制实现

（1）电路设计

　　Bigfish扩展板带有两路的双向直流电机驱动芯片L9170，提高了I/O的电流驱动能力，用户接口分别是D5/D6和D9/D10，可以直接与直流电机相连，如图5-24所示。

图5-24　电路连接

　　驱动电机采用图5-25所示的减速直流电机，有单轴和双轴两种，工作电压为3~9 V，减速比为1:87。

a) 单轴　　　　　　　　　　　　　　　　b) 双轴

图5-25　减速直流电机

（2）程序设计

1）数字量控制方式。控制直流电机转动的指令与点亮 LED 类似。只是直流电机有逆时针方向旋转、顺时针方向旋转，每个电机需要分配两个引脚。假定 D5/D6 控制左轮驱动电机，D9/D10 控制右轮驱动电机，只需通过 digitaWrite（pin，value）给 D5、D9 写个高电平（HIGH 或 1），同时给 D6、D10 写一个低电平（LOW 或 0），两个驱动电机就可以转动。但是需要注意：左右轮驱动电机的接线刚好相反，否则，两个轮的转动方向将会不一致。其程序代码如下：

```
/*************************************************************/
void setup() {
    pinMode(5,OUTPUT);        //初始化 D5、D6、D9、D10 为输出
    pinMode(6,OUTPUT);
    pinMode(9,OUTPUT);
    pinMode(10,OUTPUT);
}
void loop()    {
    digitalWrite(5,HIGH);     //控制小车前进
    digitalWrite(6,LOW);
    digitalWrite(9,HIGH);
    digitalWrite(10,LOW);
    delay(5000);
    digitalWrite(6,LOW);      //控制小车停车
    digitalWrite(5,LOW);
    digitalWrite(10,LOW);
    digitalWrite(9,LOW);
    delay(1000);
}
/*************************************************************/
```

例程通过给端口写 HIGH 或 LOW 控制小车前进 5 s 后，再停车 1 s，如此循环。这种采用数字量控制虽然能驱动小车前进，却无法调节小车前进速度。要想控制小车运行速度，一般采用 PWM 技术进行调速，即模拟量控制。

2）模拟量控制方式。模拟量控制就是通过库函数 analogWrite（pin，value）给具有 PWM 输出功能的引脚写一个 PWM 信号，value 为 0~255。value 数值不同，电机的转速不同，而且数值越大对应的电机转速越快。如果希望小车左转弯，通过控制右轮转动速度大于左轮转动速度就可以实现了。其控制程序如下：

```
void setup()
    {    }
void loop()
    {
    analogWrite(5,160);      //控制左轮转动
    analogWrite(6,0);
    analogWrite(9,255);      //控制右轮转动
    analogWrite(10,0);
}
```

5.2.2　二自由度云台的设计与实践

云台是实现机器人视觉伺服控制的主要载体，作为支撑摄像机的运动组件，广泛应用在工业巡检机器人、安防机器人等需要自动扫描检测的领域。根据其回转的特点可分为只能左右或上下旋转的水平或俯仰旋转云台和全方位云台（可以进行水平和垂直运动）。下面以二自由度全方位云台为例介绍其机构设计与控制。

1. 二自由度云台的动作机理

二自由度云台由两个关节模块组成（图 5-26），分别负责云台的上下方向和左右方向的转动。一般情况下，水平旋转角度可以为 0°~360°，垂直旋转角度为 -90°~+90°。工程上根据安装方式不同，旋转角度略有偏差。

图 5-26　云台实物及探索者结构模型

关节模块是云台的主要构件，也是多自由度的机械臂、机器人等关节型机构的基本组成单元，一般由伺服电机驱动和伺服电机支架组成。

2. 二自由度云台模型的机构设计与搭建

（1）选配零件

参照图 5-26 所示的二自由度云台模型的结构示意图，准备所需的结构零件，如图 5-27 所示。

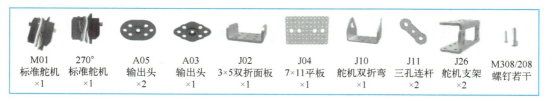

| M01 标准舵机 ×1 | 270° 标准舵机 ×1 | A05 输出头 ×2 | A03 输出头 ×1 | J02 3×5双折面板 ×1 | J04 7×11平板 ×1 | J10 舵机双折弯 ×1 | J11 三孔连杆 ×2 | J26 舵机支架 ×2 | M308/208 螺钉若干 |

图 5-27　选配零件

（2）搭建方法

1）选取 270° 或 180° 的标准舵机、J26 舵机支架各一个，4 个 F308 螺钉及配套螺母，按图 5-28 所示装配关系将其组装起来。

2）先取一块 3×5 双折面板 J02，将其固定在 J04 平板上；然后取 2 个三孔连杆 J11（也可以用 4 个垫片 J08 代替）、第 1）步组装的舵机组件Ⓐ与底盘上的 J02 组装一起，如图 5-29 所示。

3）参照 5.1.1 节舵机零点的调节方法，先将舵机复位至 90°，并做好标记。

4）取舵机支架 J26、输出头 A05 各一个，以及 F308 螺钉、螺母若干，按照图 5-30 所示装配关系组装。

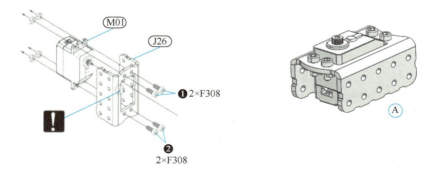

图 5-28　水平旋转的舵机组件及装配关系

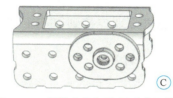

图 5-29　水平旋转舵机与云台底盘装配关系　　　图 5-30　舵机支架与输出头装配关系

5）参照图 5-31，将舵机支架组件ⓒ的舵机输出头安装在组件ⓑ的舵机轴上，并用 F208 螺钉固定。安装时，注意舵机零点以及云台设定的运动轨迹范围，通常应使舵机的转动范围尽可能大。

6）总体装配。参照图 5-32 所示装配顺序，先取 1 个标准舵机 M01、4 个 F308 螺钉及螺母，与图 5-31 中的舵机支架组装一起，并根据云台拟设计垂直扫描范围调节舵机初值位置或零点；然后，将输出头 A05 安装在舵机输出轴上，并用 F208 螺钉固定；最后，取 1 个舵机双折弯 J10、一个输出头 A03、4 个 F308 螺钉及螺母，完成二自由度云台整体组装，如图 5-33 所示。

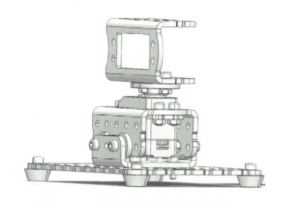

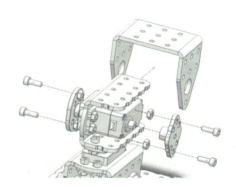

图 5-31　垂直旋转的舵机支架安装方法　　　图 5-32　摄像头支承架

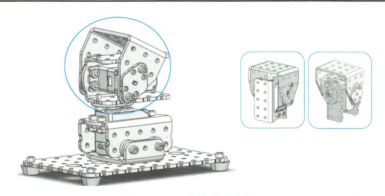

图 5-33　二自由度云台模型

3. 控制实现

（1）电路设计

云台常用于安防监控系统，即使不考虑数据存储功能，也要有机械结构和驱动电机，通常还要配合图像传感器、无线路由器以及显示终端设备使用。控制云台的水平和垂直两个方向扫描的舵机分别连接到 Bigfish 扩展板的舵机接口 D3、D4。摄像头夹子固定在 J10 上即可。

（2）程序设计

假设二自由度云台的水平旋转角范围为 0°～180°，垂直旋转角范围为 70°～100°；水平方向扫描的转速约 20°/s，垂直方向扫描的间隔角度为 10°/轮。其程序代码如下：

```
/**************声明与定义****************************************/
#include <Servo.h>                    //声明引用 Servo.h 库函数的头文件
Servo   L_servo;                      //定义一个水平伺服对象
Servo   H_servo;                      //定义一个垂直伺服对象
/**************系统初始化***************************************/
void setup( )   {
    L_servo.attach(3);                //给水平旋转舵机分配数字引脚 3
    H_servo.attach(4);                //给垂直旋转舵机分配数字引脚 4
    H_servo.write(90);                //上电时，云台的初始姿态为居中位置
    L_servo.write(90);
    delay(10);
    }
/**************主循环函数***************************************/
void loop( )   {
  scan_L_CW(70);
  scan_L_CCW(80);
  scan_L_CW(90);
  scan_L_CCW(100);
  scan_L_CW(90);
  scan_L_CCW(80);
  }
/**************定义功能子函数***********************************/
void scan_L_CW(int pos)   {            //定义一个顺时针方向扫描函数
    for(int l_pos=0;l_pos<180;l_pos+=1) {
```

```
                L_servo. write(l_pos);              //水平扫描 180°～0°
                delay(50);
            }
        H_servo. write(pos);                        //垂直方向扫描定位
        delay(500);
    }
void scan_L_CCW(int pos)    {                        //定义一个逆时针方向扫描函数
    for(int l_pos=180;l_pos>0;l_pos-=1)             //水平扫描 180°～0°
        {
            L_servo. write(l_pos);
            delay(50);
        }
    H_servo. write(pos);                            // 垂直方向扫描定位
    delay(500);
    }
}
/************************************************************/
```

如果想通过终端设备（PC 或手机）查看视频监控信息，就需要通过无线路由器将摄像头与 PC 建立无线局域网络；如果想实现远程实时监控，还需要增加内网穿透功能模块。

5.3　进阶实践

非活无用，非用不活。学习知识要想达到真正意义上的灵活运用，必须不断学习、实践、综合、拓展，然后才能进行自主设计和创新。本书实践项目中的设计任务大多分为既相对独立又相互关联的三个层次：基础—拓展—挑战。从基础到挑战每个设计任务都不是独立的，而是层层递进叠加的，因此整个设计过程结束之前，做完每一个子任务，千万不要急于拆卸结构和电路。拓展与挑战环节综合性比较强，主要是为提升综合能力、针对实践过程进度快的学习者而设计的，可以根据实际情况自行调整。下面就让我们继续边学边做吧！

5.3.1　主题实践（一）——自动伸缩门的设计与控制

小区、厂矿企业的围墙防护大门通常会使用伸缩门，如图 5-34 所示。它主要包括门体、驱动器和控制系统三部分，有自动控制和遥控两种形式。请根据要求并结合工程实际设计一款自动伸缩门。

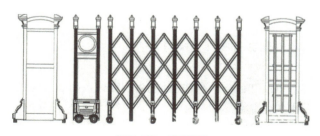

图 5-34　伸缩门

1. 设计要求

（1）基本要求

1）门具有可移动、可伸缩的功能，伸缩时机构无机械死点。

2）检测到有人或车辆通过时能自动打开门，10 s 后自动关门。

（2）进阶要求

停电时，应具有手动开启的功能。

（3）挑战要求

增加远程遥控的功能，即实现自动控制、遥控、手动控制的一体化设计。

2. 设计提示

门体设计采用平行四边形的结构，并使用铰链连接，伸缩灵活、行程大，如图 5-35 所示；驱动器选择舵机驱动或直流电机驱动及曲柄连杆或蜗轮蜗杆减速；自动开门信号可以选择红外传感器、超声波传感器，当检测有人靠近或车辆驶近时，门自动打开。

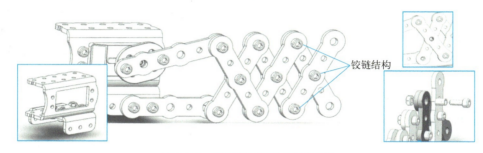

图 5-35　伸缩门的参考结构模型

远程遥控方案不拘泥于形式，可以采用套件材料，如 NRF24L01 无线模块、BLE4.0 蓝牙通信模块，也可以用红外遥控。其涉及的拓展知识可以参考相关章节的内容，此处不再累述。

3. 动手实践

【提示】实现手动控制、遥控、自动控制一体化要注意各控制模式之间切换的问题。对初次进行机器人设计与制作知识学习的，可以先打基础然后再做。

5.3.2　主题实践（二）——智能台灯的设计与控制

随着科学技术越来越发达，人们希望生活更智能化。智能台灯就是将智能技术与照明相结合，使照明更进一步满足不同个体、不同层次群体的个性化需求。

1. 设计要求

（1）基本要求

根据室内光线的强弱，能够自动开、关灯。

（2）进阶要求

1）具有自动开关灯判断功能。只有检测到台灯前有人时，才会根据光线强弱判断是否需要开灯；否则，会发出关灯请示。

2）自动补光系统。在使用过程中，根据感知到室内光线的强弱情况，决定是否需要补光。如，光线太弱，自动打开补光系统，或适当调节台灯的高度以及照明角度等。

（3）挑战要求（任选项目）

1）自动检测环境温度，并将测量结果通过 OLED 进行实时显示。

2）应具有使用超时提醒功能，如果连续学习时间超过 1 h，可以播放一段音乐或播放提醒音频，如"起来活动一下吧""注意爱护眼睛"等。

3）具有手动控制功能，并且手动控制模式与自动控制模式之间能自由切换。

2. 设计提示

作为台灯，要能立于桌面上或地上，也意味着设计不仅包括电路部分、照明装置，还需要一个能满足设计需要的支架结构，既能承载自上而下的照明控制，也应能根据光线或使用者需求支持一定范围内的高度或角度调节。

（1）结构设计

台灯支架结构和外形设计可以充分想象、自由发挥。根据设计要求及第 4 章的相关知识与经验，灯骨架部分可采用曲柄四杆铰链结构，如图 5-36 所示。当驱动舵机摆动时，带动曲柄连杆运动，照明灯上下高度和俯仰角度也会随之发生一定范围内的移动。

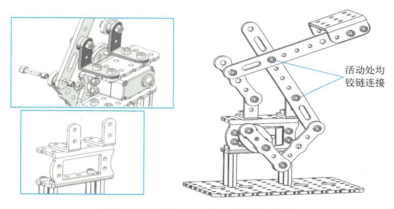

活动处均
铰链连接

图 5-36　智能台灯的参考结构模型

（2）电路设计

台灯控制系统的电路设计主要包括感知系统和驱动控制两部分。考虑机构的运动幅度不需要太大，而且是单驱动，驱动部分相对简单，使用 180° 的标准舵机就可以实现一定幅度的高度与角度的驱动控制。

感知系统主要用来探测环境光线的强弱，以及判断区域范围内是否有人活动，并根据检测结果控制台灯的开、关状态。光强探测可以依靠光线传感器或光敏电阻来完成，红外测距传感器、超声波测距传感器、红外热释电传感器基本都可用于判断是否有人。这里不予限制，读者可以根据实际情况进行选择。

（3）程序设计

光线传感器属于模拟量传感器，A/D 转换后的数值范围为 0~1023，而且光线越强，转换数值越小。使用之前，先编写一个测试程序，测出不同光线条件下传感器的测量结果，用串口监视器观察传感器在正常光照环境、黑暗环境以及手电筒光照等不同光照情况下的值，并记录下来，然后以此为判断依据绘制流程图，设计自动补光系统。测试程序如下：

```
/************************************************************/
int sensorPin = A0;                  //光线传感器连接 A0 端口
int sensorValue = 0;                 //定义变量存储传感器测量结果
void setup( )
  {
    Serial. begin( 9600) ;            //初始化串口监视器的波特率为 9600
  }
void loop( )
{
    sensorValue = analogRead( sensorPin) ;    //读取传感器值, 并赋值给变量
    Serial. println( sensorValue) ;           //用串口观察传感器测量结果
    delay( 1000) ;
}
/************************************************************/
```

智能台灯程序流程图如图 5-37 所示。

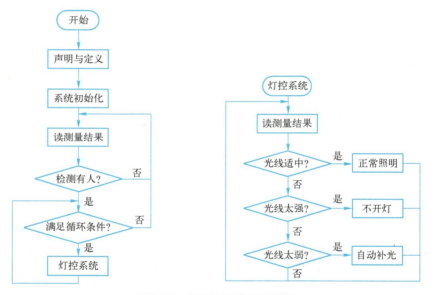

图 5-37　智能台灯程序流程图

3. 动手实践

【提示】本实践项目的基础设计与拓展设计虽然涵盖多层设计, 但电子器件比较单一, 比较容易实现。挑战阶段三个设计需要应用不同知识点, 对知识融合度要求较高, 初学者可以先不考虑或选择其中一项进行挑战。

1) 根据结构参考模型, 准备实践材料, 搭建制作灯支架。

2) 分析设计基础和进阶要求, 选择合适的传感器型号, 确定 I/O 数量, 分配 I/O 端口, 正确连接好电路。

3) 梳理编程思路, 细化目标任务, 按照流程图编写程序代码。

4) 整机调试, 优化程序结构, 精简程序代码。

5) 完成上述任务后, 保留原电路和程序, 尝试增加挑战任务。

5.4　本章小结

　　本章主要以机械手爪、自动感应门、云台等为例介绍简单机构的设计搭建方法，引导读者从基本的单驱动机械手爪的设计开始，逐步延伸至多驱动，从无传感器控制系统再到简单智能控制，初步实现了从简单到综合的设计思想。精心设计的进阶实践项目更有助于读者开启自主创意设计之门。

第6章 初识复杂系统

将简单机构进行巧妙组合设计或功能性拓展，可以构造出较为复杂的特定机构或系统，这对培养灵活应用知识和自主创意设计很有帮助。本章将从功能、机构、综合三个方面，由浅入深地介绍如何从简单机构进行拓展设计的思路与方法。

V6-1 典型机器人原型设计视频

6.1 功能拓展——防夹感应门的设计与实践

功能拓展一般不改变设计结构，增加一些贴近工程实际的特定功能就可以将简单机构进行拓展。如，自动感应门在实现自动开、关门基本功能的基础上，增设关门温馨提醒和防夹保护功能。下面将以防夹感应门的设计为例介绍功能拓展的设计思路、编程控制实现以及 Arduino 关联库函数和相关器件的使用方法。

6.1.1 设计要求

1. 基本要求

检测到有人时自动开门，指示灯亮绿色；30 s 后自动关闭，指示灯熄灭。

2. 进阶要求

1）温馨提醒：关门前 10 s 红色警示灯闪烁提醒即将关门，随着距离关门时刻越近，警示灯的闪烁频率越快；门关闭后，警示灯亮 1~3 s 后熄灭。

2）语音功能：检测到有人进门时，自动门打开同时播放"欢迎光临"；或检测到有人离开时，自动门打开并播放"谢谢您的惠顾"等。

3. 挑战要求

1）防夹保护：在关门过程中如果遇到关门障碍，门需要再次打开。

2）手动启停：当按键按下时，门控系统进入自动工作模式；再次按下时，系统处于停止或关闭状态。

6.1.2 设计思路

1. 电路设计

分析设计要求，自动感应门的功能拓展主要是控制功能的拓展，即通过增加防夹传感器、按键、LED、语音模块等电子器件，再辅以软件编程就能实现拓展功能。防夹传感器可以用近红外传感器、触碰传感器，本设计选用近红外传感器，而手动启停则用触碰传感器实现。

（1）LED 模块

LED 模块是由一只红绿双色共阴极 LED 灯及驱动电路组成。其工作电压为 4.7~5.5 V，工作电流为 1.2mA，输出接口为 4 芯接口，用于连接 4 芯输出线，接口引脚定义如图 6-1 所示。

（2）触碰传感器

探索者的触碰传感器（图 6-2）可以检测物体对开关的有效碰触，其行程距离为 2 mm。触碰传感器属于数字量传感器，使用方法与近红外传感器类似。当开关被物体碰触后，输出为低电平信号 0，开关断开后，输出为高电平信号 1。

图 6-1　LED 模块及接口　　　　图 6-2　触碰传感器

（3）语音模块

语音模块主要用于控制语音的播放。它可录制、存储和播放 50 dB 以上，最长 20 s 的音频文件。按住录音键 REC 可以录音，白色 LED 亮，录音完毕松开录音键，LED 灯熄灭；按下播放键 PLAY 可以播放录音，播放结束 LED 闪亮一下。

图 6-3 所示为语音模块。其中，①为音频输入口，插入音频输入线可录音；②为音频输出口，可以连接音箱、耳机等外放设备；③为传声器，录制音频时需要将音源对准传声器。下面是语音模块的使用方法：

1）录制语音。如图 6-4 所示，语音模块供电后，一直按住 REC 键，就可以录制所需要的语音（一般语音不超过 20 s）；或者用一根耳机双头线（图 6-5）将其与计算机相连，然后打开百度翻译，输入想要播放的语音信息如"即将关门，请快速通过"，并单击发音，将标准的声音录入语音模块。

图 6-3　语音模块　　　　图 6-4　语音模块与 Basra 连接　　　　图 6-5　耳机双头线

2）播放语音。音频录制结束，按下 PLAY 键就可以听到语音了，如果不满意可以重新录制。那么如何编程实现自动播放语音呢？只要用 digitalWrite( ) 给连接语音模块的数字 I/O

端口（D14/A0）写高电平 HIGH 和低电平 LOW 信号即可实现自动播放录制的音频。如果播放语音时，不希望受到干扰，可以使用 delay（）等时间函数设定语音播放时间，具体代码如下：

```
/ ********************************************************** /
void setup( )  {                //语音模块连接 D14/A0
    pinMode(14,OUTPUT);
}
void loop( )  {
    voice_play( );               //调用语音播放函数
    delay(2000);                 //延时等待语音播放完
  }
/ ****** 定义语音播放函数 ************************************* /
void voice_play( )
    {
      digitalWrite(14,HIGH);
      digitalWrite(14,LOW);
    }
/ ********************************************************** /
```

注意事项：语音模块播放的声音比较小，可以添加音箱提升音效。使用时，将音箱的耳机输出线连接到语音模块的 PLAY，同时，音箱要与主控板共地。

2. 配置 I/O 端口

实现自动感应门自动检测、开关门、声光提醒、防夹保护及按键启停等功能设计要求，需要 3 个 I/O 端口作为输入、4 个 I/O 端口作为输出。其控制系统电路原理结构框图如图 6-6 所示。

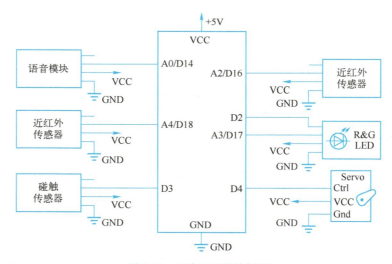

图 6-6　电路原理结构框图

3. 程序设计思路

编写程序之前应先根据设计要求，梳理各任务之间的逻辑关系，并绘制出软件流程图。假设，系统上电或复位后，按下触碰开关，D3 引脚的电平信号从高电平变为低电平，外部中断 1 触发，CPU 响应中断开始执行中断服务子程序 ISR_state( )，修改易变变量 state 的值，如 state＝!state，然后中断返回 loop( ) 函数继续执行。如果 state＝＝1，系统进入自动门工作状态，否则，自动门无响应。

当有人靠近时，连接数字端口 A0/D14 的近红外传感器被触发为 0，门自动打开；距离关门大约 5 s，声光模块开始温馨提醒"即将关门，请快速离开"，1~3 s 后门自动关闭。

在关门过程中，如果读取到 A4/D18 的近红外传感器的值为 0，说明遇到了人或物体等关门障碍，防夹功能传感器被触发，此时门将继续保持打开状态或重新打开，直到关门障碍撤除再延时自动关门。其程序流程如图 6-7 所示。

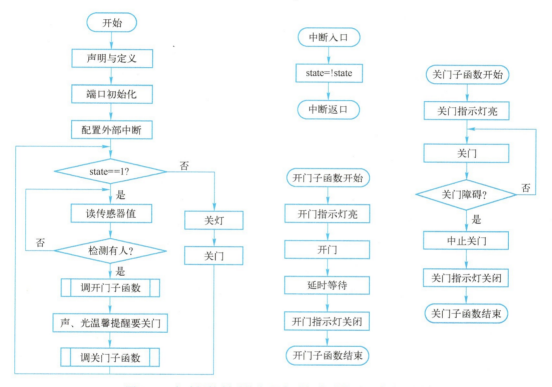

图 6-7　自动门控制系统主程序及部分功能子程序流程图

6.1.3　动手实践

很多读者虽然学过 C/C++编程基础，熟悉每个电子器件或模块的使用方法，但在进行综合性应用设计时仍感觉无从下手，甚至失去了学习兴趣和信心。本节内容主要通过目标分层递进设计法帮助读者尽快掌握编程设计思路，提高逻辑思维能力和实践能力。

【设计要求】对于有电学基础和编程基础的同学，建议正确连接好硬件电路后，根据程序流程图和提示，尝试自己编写程序代码。

【设计提示】模拟端口 A0~A5 作为通用数字 I/O 端口时，其对应 I/O 端口编号为 14~19。可以使用外部中断，也可以使用按键，使用按键时建议在程序中增加按键消抖，以提高按键可靠性。

1. 跟我学

首先根据设计要求、硬件电路框图、程序流程图将控制系统设计任务按照基础—拓展—挑战三个层次细分为自动开关门、关门提醒（包括声音提醒和灯光提醒）、防夹保护、按键启动以及综合调试五个小任务，然后从自动开关门任务开始逐个递增叠加，直到完成设计。具体方法步骤如下：

（1）自动开关门

在5.2.2节关于自动感应门设计与搭建，已经详细介绍过如何实现门的自动检测与自动开关功能，此处不再赘述。程序代码如下：

```
/ * * * * * * * * * * * * * * * * * * * 声明与定义 * * * * * * * * * * * * * * * * * * * * * * * * * * * * * /
#include <Servo. h>                        //声明引用舵机函数库 Servo. h
const int openSensor = A0;                 //A0 端口接自动检测的近红外传感器
Servo door;                               //定义一个舵机伺服对象
int closeAngle = 0;                       //定义变量 closeAngle 用来存储门关闭时舵机的位置
int openAngle = 100;                      //定义变量 openAngle 用来存储门打开时舵机的位置
/ * * * * * * * * * * * * * * * * * * * 系统初始化 * * * * * * * * * * * * * * * * * * * * * * * * * * * * * /
void setup ( )                  //系统初始化
  {
    pinMode( openSensor, INPUT);          //初始化 A0(14)为输入模式
    door. attach( 4);                      //将引脚 D4 连接舵机，与定义的伺服对象连接起来
    door. write( closeAngle);              //初始化系统上电或复位时，门为关闭状态
    delay( 10);
  }
/ * * * * * * * * * * * * * * * * * * * 主循环函数 * * * * * * * * * * * * * * * * * * * * * * * * * * * * * /
void loop ( )
  {
    if( digitalRead( openSensor) = = 0)    //自动检测传感器被触发为 0，说明有人靠近
      {
        door. write( openAngle);           //检测到有人时门打开，15 s 后门自动关闭
        delay( 15000);
      }
    else                                  //没有检测到人，门保持关闭状态
      door. write( closeAngle);
  }
/ * * * * * * * * * * * * * * * * * * * 主循环函数 * * * * * * * * * * * * * * * * * * * * * * * * * * * * * /
```

（2）温馨提醒

实现自动开关门功能后，接下来就可以在此基础上增加温馨提醒功能了。如，开门时绿色 LED 亮，在距离关门大约还有 5 s 时，绿色 LED 熄灭，红色 LED 灯开始闪烁提醒门将要关闭，同时播放语音"即将关门，请快速通过"。下面从以下几个方面进行递增设计。

1）在声明与定义部分定义一个控制双色 LED 的 I/O，如：

```
const int redLED = 2;                //红色 LED 连接数字端口 2
const int greenLED = A3;             //绿色 LED 连接数字端口 17，即模拟口 A3
const int voice = A2;                //语音模块连接数字端口 16，即模拟口 A2
```

2）在系统初始化函数 void setup( )里配置 3 个 I/O 端口的输入、输出模式：

```
pinMode(redLED,OUTPUT);            //因为3个I/O端口都是作为输出,即配置为OUTPUT
pinMode(greenLED,OUTPUT);
pinMode(voice,OUTPUT);
```

3)根据设计要求,在主循环函数 void loop( )中增加虚线框中的 for{…}循环语句或编写子函数 alarm_Led( )与 voice( )(见语音模块应用,将引脚改为16或A2)并在 loop 函数中调用,以实现控制 LED 的亮灭、颜色与状态,以及语音模块播放语音的功能。

```
void alarm_Led( )                     //关门提醒
{
    for( int i = 0;i<5;i++)           //红色LED灯闪烁5次提醒即将关门
    {
        digitalWrite(redLED,HIGH);
        delay(300);                   //闪烁频率可以自主设定
        digitalWrite(redLED,LOW);
        delay(300);
    }
}
```

完成了第一次递进设计是不是发现编写控制程序并没有想象中那么难?这就是目标分层递进设计方法的优越性,该方法适用于任何控制系统设计。

(3)防夹保护

在通过入口时被门扇撞击或将被撞击,门应具有能够保持开启或自动重新打开的一种防护功能或装置。下面就根据设计要求和编程思路进行该功能的叠加设计与实现。

1)在声明与定义中为防夹保护传感器分配一个I/O端口A4/18,并定义:

const int closeSensor=A4; // 或者 const int closeSensor=18;

2)在初始化函数 void setup( )中,配置该端口为 INPUT 输入模式,即

pinMode(closeSensor,INPUT);

3)根据功能要求在主循环函数 void loop( )中增加相应的控制语句,或定义关门防夹保护子函数 doorClose( ),然后在 loop( )函数中调用。

```
void doorClose( )                        //定义关门防夹保护子函数
{
    digitalWrite(redLED,HIGH);            //红色LED灯点亮,开始关门
    for (int pos = openAngle; pos >= closeAngle; pos -= 1) //关门
    {
        door.write(pos);
        delay(15);
        //检测到有人或遇到了关门障碍,其传感器被触发为0,均无法关门
        if(digitalRead(openSensor)= =0or digitalRead(closeSensor)= =0)
            break;
    }
    digitalWrite(redLED,LOW);             //门关闭,红色LED熄灭
}
```

(4)按键启动

控制系统通常都设置了按键启动功能,如手机电源键。按一下,系统启动运行,感应门

进入自动工作状态；再按一下，系统关闭或选择进入其他工作模式。按键可以使用查询方式或中断方式。对于紧急制动功能或复杂系统，建议选择中断方式。Basra/Arduino UNO R3 主控板有两个外部中断源 0 和 1（分别依附数字引脚 2 和 3），本设计选择外部中断源 1，因此，触碰传感器连接数字引脚 3。

1）定义一个全局 state 用来暂存中断次数。考虑在中断服务子程序中需要不断修改变量值，state 变量类型定义为 volatile，初值为 0。如：

```
volatile int state = 0;
```

2）在 setup（）函数中，配置外部中断函数 attachInterrupt（），如：

```
attachInterrupt(1,ISR_state,FALLING);
```

3）根据中断处理函数流程图，定义中断服务子函数 void ISR_state（）

```
void ISR_state( )
  {
    state = !state; //CPU 每次执行中断处理程序修改 state 值
  }
```

4）在主循环函数 loop（）的程序代码句首，先用 if 语句检测判断 state 值，如果 state == 1，门控系统将启动自动工作状态，否则，无响应。设计如下：

```
if( state == 1)
  { …;}
```

（5）综合调试与优化

目标分层递进法设计需要不断地叠加设计任务、反复修改调试程序，这样就容易导致程序结构凌乱、代码冗长重叠，降低程序可读性，增加调试难度，因此，完成递进设计后需要对程序进行梳理、优化、精简。

在 Arduino IDE 下，编写程序就像填空一样。标准的 sketch 工程文件应由以下几个部分构成：

1）声明与定义：声明引用舵机库函数的头文件，如#include <Servo.h>；定义全局变量、常量；为传感器、驱动舵机、语音模块、LED 分配 I/O 端口，端口定义通常用 const int 或者#define。如：

```
const int openSensor = A0;      //检测是否开门，传感器接 A0(数字引脚 14)
```

或 #define OpenSensor A0 //如果用#define 定义，常量名或首字母一般需要大写

2）系统初始化：在 void setup（）函数中初始化所有数字 I/O 端口的工作模式、配置与初始化外部中断函数 attachInterrupt（0,ISR_state,FALLING），以及初始化感应门在系统上电启动或复位时的状态，如关门状态等。

3）主循环程序：void loop（）函数中是想要实现功能的控制语句或各功能子函数。如果 state == 1，感应门进入自动工作模式，如果检测到有人，openSensor 传感器被触发，执行开门程序或调用开门子函数 door Open（），否则，系统不工作等。

4）中断服务程序：按键按下，数字引脚 D3 的电平信号从高变低，即产生下降沿 FALLING，外部中断 1 被触发执行中断处理子程序 ISR_state（），修改 state。

5）功能子程序：每个设计子任务都可以根据需要定义为一个功能子函数，如自动开门

函数 doorOpen( )、温馨提醒函数 alarm_Led( )、语音播放函数 voice( )等。

2. 程序代码

在编译下载运行之前，需要读者按照前面步骤，自定义函数，如中断服务函数 ISR_state( )和 doorOpen( )、alarm( )、voice( )等功能子函数，并添加在代码中。

```
/***************声明与定义*********************************/
#include <Servo. h>                    //声明引用舵机库函数
const int openSensor = A0;             //检测是否开门, 传感器接 A0 (数字引脚 14)
const int closeSensor = A4;            //防夹保护传感器接 A4 (数字引脚 19)
const int redLED = 2;                  //双色 LED 模块红色接 D2, 绿色接 A3
const int greenLED = A3;
const int voicePin = A2;               //语音模块接 A2 (数字引脚 16)
Servo door;                            //定义一个伺服对象
const int doorServo = 4;               //舵机连接在数字端口 D4
int closeAngle = 0;                    //定义门关闭的角度
int openAngle = 100;                   //定义门打开的角度
volatile int state = 0;                //定义一个易变变量
/***************系统初始化*********************************/
void setup( ) {
  pinMode( openSensor, INPUT);         //初始化接传感器的端口为输入模式 INPUT
  pinMode( closeSensor, INPUT);
  pinMode( redLED, OUTPUT);            //LED、语音模块的端口为输出模式 OUTPUT
  pinMode( greenLED, OUTPUT);
  pinMode( voicePin, OUTPUT);
  door. attach( doorServo);            //舵机伺服对象与 I/O 关联
  door. write( closeAngle);            //初始化自动门的上电初始状态
  attachInterrupt(1, ISR_state, FALLING);  //配置外部中断 1 (按键接数字端口 D3)
}
/***************主循环函数*********************************/
void loop( ) {
  if( state == 1)
    {
      if( digitalRead( openSensor) == 0 or digitalRead( closeSensor) == 0)
        {
        doorOpen( );
        do{
            alarm_Led( );
            voice( );
            delay( 2000);
            }
        while( digitalRead( closeSensor) == 0);
        doorClose( );
        }
    }
  else {
      digitalWrite( greenLED, LOW);
      digitalWrite( redLED, LOW);
      door. write( closeAngle);
```

```
    }
}
/*********************************************************/
```

程序代码里主循环函数与系统初始化函数之间增加用户自定义功能函数，添加内容如下：

```
/***********用户自定义功能函数***************************/
void ISR_state( ){}
void alarm_Led( ){}
void voice( ){}
void doorOpen( ){}
void doorClose( ){}
```

6.2 机构拓展——三自由度机械臂的设计与实践

机构拓展一般不改变控制电路设计，是通过对原结构设计进行简单改进或组合装配就赋予了新功能的机构设计方法。例如，图 6-8a 所示三自由度串联机械臂就是在不改变控制电路的基础上，将 1 个二自由度云台和 1 个齿轮连杆机械手爪进行组合拓展。图 6-8b 所示则是由多个关节模块拓展而成的。

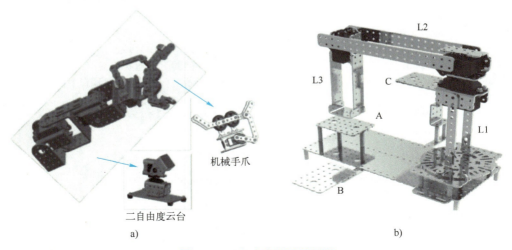

图 6-8 三自由度串联机械臂

串联机械臂是由一系列连杆通过转动关节或移动关节串联组成的。本节主要以图 6-8b 所示三自由度机械臂为例介绍串联机械臂的设计、搭建与控制。

6.2.1 设计要求

1. 基本要求

1）搬运功能：系统上电启动或复位后，机械臂能将物体从平台 A 移动到平台 C 或平台 B。

2）紧急制动：在搬运过程中，如果遇到紧急状况，系统应具有手动停止功能。

2. 进阶要求

在上述系统启动与紧急停止功能的基础上，机械臂还能够根据物块颜色不同，将物块移动至指定区域。例如：如果是红色物块，将其从平台 A 移动至平台 B；如果是蓝色物块，将其移到平台 C；如此反复。

6.2.2　机构设计与搭建

1. 选配零件

参照图 6-8b 所示机械臂的结构示意图，选择所需的结构零件。

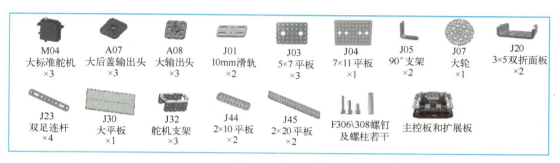

图 6-9　选配零件

2. 搭建方法

根据下列搭建步骤即可顺利完成机械臂的搭建。

1）组装机械臂的关节臂模块 L1、L3。在组装关节臂模块时，为了易于整体装配，应先按照图 6-10 中组装顺序①将 J32 与 J23、J32 与 J44 分别组装好，再参照装配顺序②将其与大舵机进行组装。

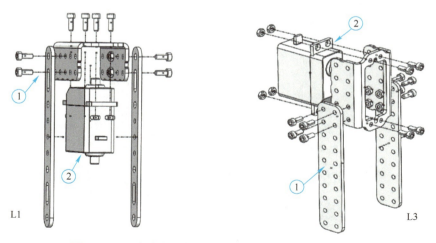

图 6-10　三自由度机械臂关节臂模块的装配顺序图（1）

2）组装机械臂 L1 与 L2 的关节模块。参照图 6-11，先用 F308 螺钉将舵机输出头 A08 与 J32 组装成Ⓐ，再通过螺钉将其与 L1 关节臂模块舵机连接。

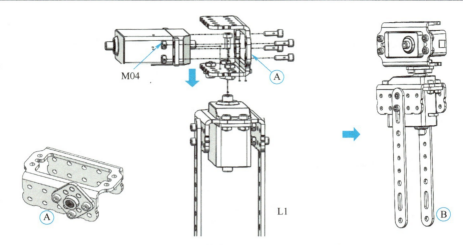

图 6-11　三自由度机械臂关节臂模块的装配顺序图（2）

3）整体装配。组装好关节臂模块，可以参照图 6-12，组装机械臂。

① 选 J01、J03、J04、J07、J23、J30 及若干螺柱螺钉搭建机械臂支撑平台。

② 用两个 J05 及 F308/F310 螺钉将步骤 2）组装的关节臂组合、固定在支撑平台上。

③ 选取 J45、A07、A08 各 2 个，将步骤 1）组装的 L3 与Ⓐ连接起来。

4）选取 1 个 J01 连接 L3 关节臂的两个 J44，用以固定电磁铁。

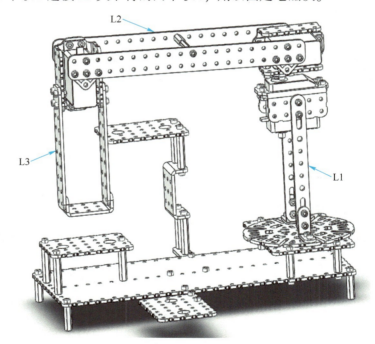

图 6-12　三自由度机械臂的整机装配图

6.2.3　运动算法与控制实现

在编写控制程序之前，需要根据机械臂的作业任务，分析其空间姿态，规划运动轨迹和运动逻辑，结合机械臂的运动学理论，初步确定各关节模块的舵机动作顺序和运行角度，然后依据动作指令编写控制程序。

1. 串联机械臂的运动学算法

串联机械臂的运动分为正运动学和逆运动学两种。如果已知机械臂的关节转动角度，求对应的机械臂末端位置和姿态，即机械臂的正运动学。反之，如果已知机械臂末端位置和姿态，然后通过算法求机械臂各关节需要转动的角度，即机械臂的逆运动学。正运动学适用于自由度少的机械臂，而自由度较多的复杂机械臂通常采用逆运动学方法。

（1）正运动学算法

不考虑执行器和机械臂长因素，根据机械臂的正运动学原理，只要确定了其 3 个关节上的舵机转动角度 α、θ、β，即可确定执行末端的位置，如图 6-13 所示。

（2）逆运动学算法

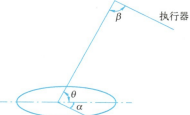

图 6-13　三自由度机械臂各关节的舵机转动角

下面以图 6-14 为例简要阐述串联机械臂逆运动学的算法。假设有一以底部自由度运动中心为原点的空间直角坐标系，将三自由度机械臂放置到坐标系中，将原点与端点的空间连线投影到 xy 平面上，如果已知机械臂各关节臂长 L_1、L_2、L_3 和端点 P 的坐标，根据几何关系和三角函数公式可以推导出各个关节所需转动的角度 θ_0、θ_1、θ_2，其中，设端点 P 到关节臂 L_1 基座的距离为 Z_P。

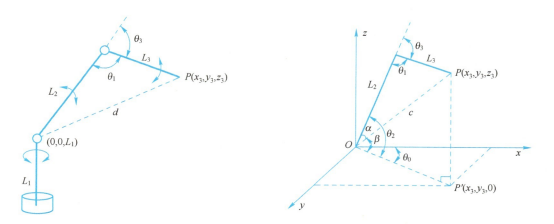

图 6-14　三自由度机械臂的空间姿态简图及空间坐标系

$$\theta_0 = \arctan(y_3/x_3) \tag{6-1}$$

因为
$$OP^2 = L_2^2 + L_3^2 - 2L_2 L_3 \cos\theta_1$$

且
$$OP^2 = (x_3^2 + y_3^2) + (z_p - L_1)^2$$

所以
$$\theta_1 = \arccos\left(\frac{L_2^2 + L_3^2 - OP^2}{2L_2 L_3}\right) \tag{6-2}$$

$$\theta_2 = \alpha + \beta$$

其中，$\alpha = \arccos \dfrac{L_2^2 + OP^2 - L_3^2}{2L_2 \cdot OP}$　　$\beta = \arctan \dfrac{(z_3 - L_1)}{\sqrt{x_3^2 + y_3^2}}$

$$\theta_2 = \arccos \dfrac{(L_2^2 + OP^2 - L_3^2)}{2L_2 \cdot OP} + \arctan(z_3 - L_1) / \sqrt{x_3^2 + y_3^2} \tag{6-3}$$

2. 确定舵机的转动角度

建好模型，测量各个臂关节的参数。此处测得机械臂原点所在平面与作业平面的高度差 $L_1 =$ 175 mm，臂长 $L_2 = 160$ mm，$L_3 = 135$ mm。根据作业要求初步测算出 P 的坐标，由式（6-1）~式（6-3）可以计算出 θ_0、θ_1、θ_2。

3. 配置 I/O 端口

若不考虑系统启停，三自由度机械臂要完成作业任务，除了控制 3 个臂关节的舵机转动，还要控制电磁铁吸合与释放的信号，共需要 5 个 I/O 端口。考虑扩展板接口配置，3 个舵机分别连接数字 I/O 端口的 4、7、11，电磁铁连接 5、6。

4. 程序设计思路

三自由度机械臂属于多电机联动，控制逻辑相对复杂，编写控制程序之前需要先根据设计要求梳理清楚各个臂关节的动作顺序，根据控制逻辑画出程序流程图（图6-15）。为便于程序调试，对于较复杂的系统程序一般采用模块化结构设计。模块化结构设计可以降低程序复杂度和学习难度，使程序设计、调试和维护等操作简单化，还提高了代码的重用性，利于小组或团队教与学理念的组织实施。

1）声明与定义：引用库函数 Servo. h 和 math. h，定义各常量和变量（如机械臂的臂长、舵机引脚、舵机数量、f、SERVO_SPEED、相关数组等）。

2）系统初始化：在 setup()函数中设置按键及电磁铁的 I/O 工作模式、机械臂上电或复位时的初始姿态—延时—进入搬运主程序。

3）主循环函数：在 loop()函数中，按下启动按键，机械臂进入工作状态，其末端到达搬运等待区，距离中间作业平台上方 6 cm 处，如果确认物体已放置在中间平台，末端落下至距物体 2~3 cm，延时等待停稳，电磁铁上电吸合吸取物体，末端上抬 2 cm 后移至低台的上方 6 cm 处，末端落下至距物体 2~3 cm，延时等待停稳，放下物体，末端上抬 2 cm，复位进入下次搬运。如果按键再次被按下，系统将停止工作。

4）功能子函数：模块化程序设计的基本思想是先分析问题，明确需要解决的任务；然后对任务进行逐步分解细化成若干个子任务，每个子任务都由一个相对的独立函数来实现，并确定各模块（函数）之间的调用关系以及参数传递关系，然后在主函数中进行调用。

① ServoGo()，控制舵机从任意位置立即转至指定的角度，有 2 个参数，其类型为 int 型，第 1 个指明几号端口舵机，第 2 个是舵机的角度。

② get_coordinate()，几个舵机联动后将末端送达指定的位置，有 3 个参数，类型为 float 型，是目标位置的 3 坐标值，即在 3 个方向上的投影与原点的距离，单位为 mm。该函数由 2 个子函数 calculate_position 和 servo_move 组成。

③ calculate_position()，基于前面的逆运动学公式，用末端位置反向计算出 3 个舵机应该转动的角度。3 个参数取自 get_coordinate 给出的位置的 3 坐标。

④ servo_move()，舵机由当前角度平稳转动至目标角度，并且速度可调节，该函数有 3

个参数，即由 calculate_position 函数计算出的 3 个舵机的目标角度。而为了可以精细控制和调节速度，与 ServoGo 函数一步到位不同，这里计划分多次实现从当前位置到目标位置，需要定义整数型变量 f 表示次数以及每次间隔的时间 SERVO_SPEED，单位为 μs。

　　⑤ get_it( ) 和 put_it( ) 均为无参函数，对应控制机械臂末端的电磁铁（其他材质物体，末端执行装置可采用机械手爪），实现铁质物体的吸取和放置。

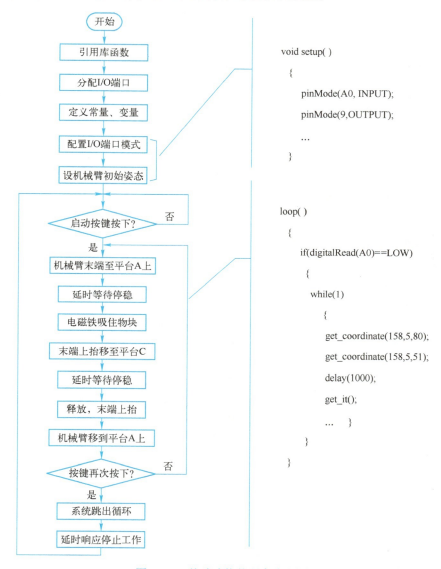

图 6-15　基础功能的程序流程图

5. 程序代码

```
/ ***************声明与定义***************************************/
#include <math. h>            //因涉及三角函数计算，声明使用 math 库函数
#include <Servo. h>           //控制舵机，调用 Servo 库函数
int f = 200;                  //定义舵机每个状态间转动的次数，以确定每个舵机每次转动角度
```

```
#define SERVO_SPEED 3460                    //定义控制舵机转动快慢的间隔时间
#define L1 172                              //机械臂原点距离底面的高度，单位为 mm
#define L2 160                              //大臂长度
#define L3 135                              //小臂长度
Servo myServo[3];                           //定义 3 个舵机对象
int servo_port[3] = {4,7,11};               //定义舵机引脚
int servo_num = 3;                          //定义舵机数量
float value_init[3] = {90,90,90};           //定义舵机初始角度，初始角度也可以是脉冲 1500
double theta[3] = {};                       //定义存储舵机角度的数组
float value_angle[3] = {};                  //定义一个浮点数组变量，用来存储角度
/ * * * * * * * * * * * * * * * 系统初始化 setup( )函数 * * * * * * * * * * * * * * * * * * * * * * * * * * * * */
void setup( ) {
    pinMode(A0,INPUT);                      //按键连接的引脚 A0 为输入
    pinMode(9, OUTPUT);                     //连接电磁铁的引脚 9、10 为输出
    pinMode(10, OUTPUT);
for( int i = 0;i<servo_num;i++)
  {
    ServoGo(i,value_init[i]);               //调用 ServoGo 函数
  }                                         //所有舵机初始都转至 90°
get_coordinate(158,5,45);                   //末端抵达坐标
get_coordinate(158,5,80);
delay(1000);
}
/ * * * * * * * * * * * * * 主循环 loop( )函数 * * * * * * * * * * * * * * * * * * * * * * * * * * * * * */
void loop( ) {
    if( digitalRead(A0)= =LOW)              //按下启动按键，机械臂开始搬运工作
      {
        while(1)
          {
            get_coordinate(158,5,80);       //机械臂末端到达搬运等待区
            get_coordinate(158,5,51);       //机械末端送达指定坐标平台 A，延时 1 s 继电器吸合
            delay(1000);                    //吸住物体
            get_it( );
            get_coordinate(158,5,80);       //调整姿态，将物体移到平台 C，延时 1 s
            get_coordinate(125,100,45);     //继电器断电松开，放下物体
            get_coordinate(125,100,20);
            delay(1000);
            put_it( );
            get_coordinate(125,100,45);     //机械臂从平台 C 移动到平台 A
            get_coordinate(158,5,51);
            get_coordinate(158,5,80);
            delay(1000);
            if( digitalRead(A0)= =LOW)      //如果按键再次按下，机械臂停止搬运工作
                break;
          }
        delay(1000);
      }
}
```

```
/************ 获取坐标函数 ***********************************/
void get_coordinate(float x, float y, float z)
    {
        calculate_position(x,y,z);                    //计算机械臂的位置
        servo_move(theta);
    }
/************ 计算位置(θ角度)的函数 ***************************/
void calculate_position(float x,float y,float z)
    {
    float a,b,c,posX,posY,posZ;
    double theta0,theta1,theta2;
    a = L2;
    b = L3;
    posX = x == 0 ? 1 : x;
    posY = y;
    posZ = z;
    theta0 = atan(posX / posY);
    c = sqrt(posX * posX / sq(sin(theta0)) + sq(posZ - L1));
    theta2 = acos((a * a + b * b - c * c) / (2 * a * b));
    theta1 = asin((posZ - L1) / c) + acos((a * a + c * c - b * b) / (2 * a * c));
    if(theta0 >= 0)
        theta[0] = theta0 * 180 / PI;
    else
        theta[0] = 180 + theta0 * 180 / PI;
        theta[1] = 90 - theta1 * 180 / PI;
        theta[2] = theta2 * 180 / PI;
    }
/***************** 舵机移动函数 *******************************/
void servo_move(double value[3])
    {
    double value_arguments[] = {value[0],value[1],value[2]};    //3 个舵机的目标角度
    float value_delta[servo_num];                              //3 个舵机的角度增量
    for(int i=0;i<servo_num;i++)                               //3 个舵机运动后角度与运动前
                                                              //  角度的差

        {        //计划分 f 次实现从当前位置到目标位置
        value_delta[i] = (value_arguments[i] - value_init[i]) / f;
        }
    for(int i=0;i<f;i++)                                       //次数,这里 f 是 200
        {
        for(int k=0;k<servo_num;k++)                          //3 个舵机
        {  //如果增量是零,当前位置即目标位置,否则,每次更新当前位置,即+1 个增量
        value_init[k] = value_delta[k] == 0 ? value_arguments[k] : value_init[k] + value_delta[k];
        }
        for(int j=0;j<servo_num;j++)
            {
            ServoGo(j,value_init[j]);                          //转动 1 个角度增量
            }
        delayMicroseconds(SERVO_SPEED);   //每次转动的时间间隔,可用于调节速度
```

```
        }
      }
/************舵机函数*****************************************/
void ServoGo(int which, int where)
    {
    myServo[which].attach(servo_port[which]);          //为舵机配置一个I/O端口
    // value_angle[3] = {(float)theta[0],(float)theta[1],(float)theta[2]};
    myServo[which].write(where);                       //舵机转至指定角度
    }

/***********磁铁吸合get()与释放put()的控制函数*******************/
void get_it()
  {
  digitalWrite(9,HIGH);
  digitalWrite(10,LOW);
  delay(1000);
  }
void put_it()
  {
  digitalWrite(9,LOW);
  digitalWrite(10,LOW);
  delay(1000);
  }
/**********************************************************/
```

6.3 综合拓展——智能搬运小车的设计与实践

智能搬运小车是移动机器人家族的重要组成，它在物流仓储、快递配送、工厂工件转运等很多场合下得以应用。通过智能搬运小车的设计与制作，可以增加对移动机器人设计与控制的感性认识，掌握机构设计搭建方法和动手实践能力，为复杂机构的设计与控制打下基础。

6.3.1 设计要求

1. 基本要求

1）具有循迹功能：小车能够自动循着既定的轨迹前进、转向、停车等。

2）具有运行指示：如绿灯指示车运行，红灯指示泊车状态，转弯时绿灯闪烁。

2. 进阶要求

1）自主搬运物体：小车在行进过程如果遇到前方有障碍物，能够无须人为干涉而自动搬走障碍物并送到指定区域。

2）运动状态指示：小车在运行过程中除了运行指示，还有转弯、掉头等运行状态指示。请结合现实生活利用扩展板自带8×8LED点阵设计运行状态标识。

3. 挑战要求

增加一按键，控制小车的启动运行/紧急停车功能以及运行模式切换。

6.3.2　设计思路

分析图 6-16 可知系统由执行机构、控制系统和感知系统三个基本部分组成。其中，控制系统主要是向执行机构发送控制指令，驱动执行机构按照预设的功能执行某些动作，如小车前进、转弯、机械手抓放物品等。执行机构分为抓取机构和运输机构，负责货物的抓取或运输等，并能根据控制指令自动调整工作状态。感知系统是实现自动控制的重要部分，常用来检测、获取外部的信号，

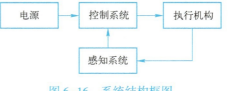

图 6-16　系统结构框图

以判断系统的工作和环境状态。下面仍然从机构设计与搭建、电路设计、控制实现三个方面介绍综合实践任务的逐层递进式的设计思路。

1. 机构设计与搭建

前面学习了机械手爪、小车底盘及云台等几款简单机构的组装与编程控制，现在设计智能搬运小车就比较容易了。根据智能搬运小车系统构成及功能要求，只需要将图 6-17 所示的小车底盘、机械手爪、关节模块等进行适当组合、优化调整，就可轻松完成搬运小车的机构设计。

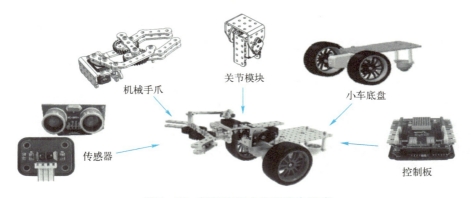

图 6- 17　智能搬运小车的基本组成

1）搭建机械手爪。参照机械手爪和关节模块的搭建方法，搭建单自由度的机械手爪。为了减少装配时间，可以将关节模块的 U 形双折弯与机械手爪的舵机支架先组装好（图 6-18），再组手爪舵机和关节模块的驱动舵机，最后装配手爪的曲柄连杆（图 6-19）。

a)　　　　　　　　　　　　　　　　　　　b)

图 6-18　机械手爪的装配过程图

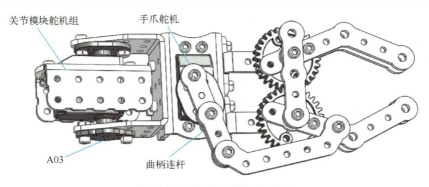

图 6-19　单自由度机械手爪

注意：为了减少机构调试时的困难，在装配关节模块及机械手爪前，应参照 5.2 节机械手爪的装配与控制方法，先使舵机复位至中心值（90°）并记录下舵机输出头与舵机的相对位置，再用 F210/F208 螺钉将其与舵机输出轴固定。

2）将机械手爪安装在小车底盘上。考虑小车稳定以及寻迹功能，小车底盘用两块 J04 拼装，驱动电机采用后置驱动方式。

3）安装检测传感器。传感器安装位置需要根据传感器类型确定。

2. 电路设计

前面已经掌握了小车、机械手爪基本运动控制以及多电机的联动。下面介绍小车循迹、避障功能设计。探索者提供黑/白标、灰度等循迹传感器，以及近红外、超声波、触须等避障传感器。由于每种传感器触发原理不一样，需要根据触发距离和原理调整传感器的安装位置。这里选择灰度传感器和超声波测距模块实现循迹与避障功能。

图 6-20　黑标传感器

（1）黑标传感器/灰度传感器

黑标传感器与灰度传感器类似，都是有一只透明的红外发射管，一只暗黑色的红外接收管，如图 6-20 所示。当红外发射管发出的红外光遇到障碍物后，反射到红外接收器。不同颜色的检测面对光的反射程度不同，接收管接收到红外光线的程度也不同。红外接收管是一种光敏元件，检测颜色越深，光敏元件接收红外光越少，其电阻就越大。在有效的检测距离内，红外发射管发出固定亮度的光，照射在检测面上，检测面反射部分光线，光敏元件检测此光线的强度并将其转换为机器人可以识别的信号。黑标/灰度传感器既可以当作数字量传感器使用，也可以当作模拟量传感器使用。作为模拟量传感器使用时，其 A/D 转换输出范围为 $0 \sim 2n-1$（n 是 A/D 转换器的位数，ATmega328 的转换值为 $01 \sim 1023$），颜色越深，值越小。

灰度检测的有效距离为 $0.7 \sim 3\,\mathrm{cm}$，当传感器检测到有深色标记时，将会触发传感器，使其输出口有低电平输出；当传感器检测到浅色标记时，传感器将不会被触发，所以其输出口是高电平输出。

测试程序代码如下：

```
/******** 常量变量定义 ***************************************/
#define DM_C 5          //直流电机连接在数字端口的5、6
#define DM_R 6
```

```
#define SensorPin A2                //黑标传感器接到模拟端口 A2
int sensorVal = 0;
/*************************初始化函数*************************/
void setup( ) {
    pinMode( DM_C,OUTPUT) ;        //初始化端口 5、6 为输出
    pinMode( DM_R,OUTPUT) ;
    Serial. begin( 9600) ;          //启用串口监视器
}
/*************************主循环函数*************************/
void loop( ) {
    sensorVal = analogRead( SensorPin) ;   //获取检测结果
    if( sensorVal>800)             //如果检测结果>设定值 1，电机正转
        {
        digitalWrite( DM_C,HIGH) ;
        digitalWrite( DM_R,LOW) ;
        }
    if( sensorVal<800&&sensorVal>500)    //设定值 2<检测结果<设定值 1，电机反转
        {
        digitalWrite( DM_C,HIGH) ;
        digitalWrite( DM_R,LOW) ;
        }
    else{                          //检测结果<设定值 2，电机停止
        digitalWrite( DM_C,LOW) ;
        digitalWrite( DM_R,LOW) ;
        }
}
/********************************************************/
```

（2）超声波测距模块 HC-SR04

超声波测距模块 HC-SR04 包括超声波发射器 Trig、接收器 Echo 与控制电路，如图 6-21 所示。它可提供 2~400 cm 的非接触式距离感测功能，测距精度大约为 3 mm。

工作原理：MCU 的 I/O 端口给超声波模块的触发器 Trig 发送一个大于 10 μs 的脉冲信号，则该模块将自动发射 8 个 40 kHz 脉冲信号，该信号遇到障碍将反射回来，检测到回波信号，则在 Echo 端产生高电平信号，其持续时间与所测距离成正比。其时序如图 6-22 所示。

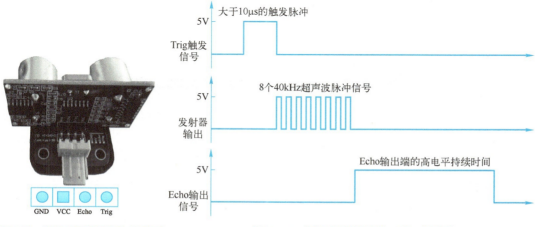

图 6-21 超声波测距模块及接口　　　　　　　　图 6-22 超声波测距模块工作时序图

测试程序代码如下：

```
/****************************************************************/
const int Trig=A1;                    //超声波传感器连接到 Bigfish 扩展板的传感器接口
const int Echo=A0;                    //Echo、Trig 分别与 A0、A1 相连。低版本 IDE 应写数字 14、15
/****************************************************************/
void setup( ) {
    pinMode(Echo,INPUT);              //初始化设置反馈端 Echo 为输入，触发端 Trig 为输出
    pinMode(Trig,OUTPUT);
    Serial. begin(9600);              //启用串口监视器，以利于获取传感器的测量结果
}
/****************************************************************/
void loop( ) {
    long intervalTime=0;              //定义长整型变量用于存储 Echo 输出高电平脉冲持续时间
    while(1){
        digitalWrite(trig,1);         //给触发端 Trig 发送一个大于 10μs 的高电平脉冲信号
        delayMicroseconds(15);
        digitalWrite(trig,0);
        intervalTime=pulseIn(Echo,HIGH); //Echo 输出端的高电平持续时间
        float d=intervalTime/58.00;   //计算出目标物的测量距离，单位为 cm
    Serial. println(d);
    d=0; intervalTime=0;              //变量清 0
    delay(500);                       //设定每 500ms 采集 1 次（采样频率），根据需要设定
    }
}
/****************************************************************/
```

3. 控制实现

根据功能设计要求，拟采用 3 个黑标传感器和 1 个避障传感器。假定引导线为黑线、背景为白色，为了保证智能小车在黑线正上方，安装时左右 2 个循迹传感器之间的距离应大于黑线的宽度，中间传感器在黑线上方，且安装位置在左右 2 个传感器的前面。

小车在行进过程中，如果左右 2 个传感器都检测到白色，中间传感器检测到黑色，说明小车在黑线的上方，可以直走，如图 6-23 所示。图中圆点代表 3 个循迹传感器，小车从左往右循迹前进。

图 6-23　小车从左往右循迹前进

如果中间传感器检测到白色，右边传感器检测到白色，左边传感器检测到黑色，说明小车在前进的过程中，向右偏转过度，需要向左转弯以做调整。

如果 3 个循迹传感器检测到白色，说明小车在前进的过程中完全偏离黑线，需要原地转圈从而重新回到黑线上。如果左右 2 个传感器均检测到黑色，同时超声波测距模块检测到目

标物件，说明小车到达指定位置，如图 6-24 所示。几秒后，机械手爪打开抓取物体，然后将物体运送至指定区域。

图 6-24　循迹思路

（1）配置 I/O 端口

综上可知，智能小车系统需要 2 路电机驱动控制小车运动，2 路舵机驱动机械手爪的抓取动作，3 路黑标传感器循迹，1 路避障传感器、指示小车运行状态的 1 个双色 LED 灯模块以及 Bigfish 扩展板板载的 8×8LED 点阵。结合 Bigfish 扩展板各接线端子分布特点，其所需 I/O 端口及硬件连线如图 6-25 所示。

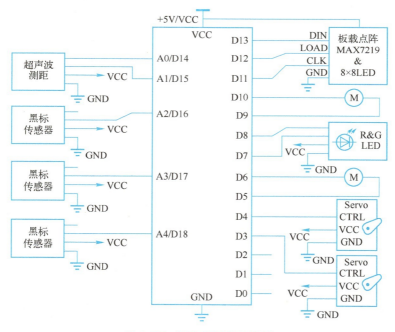

图 6-25　硬件连线结构框图

接线时注意，双色 LED 模块是四芯接口。由于输入模块较多，Bigfish 扩展板没有多余的四芯接口分配给 LED 模块，需要用杜邦线直接接在 Bigfish 扩展板上的数字端口 D7、D8 引脚（图 6-25）。

（2）程序设计思路

较复杂的控制程序编写更适合采用模块化的设计思想。就像解复杂数学题一样，可以将复杂问题细分简化为多个功能任务，梳理清楚系统功能模块之间的逻辑关系，绘制出各功能函数的软件流程图，再编写程序代码。这样编程，程序简洁明了，易于调试和除错。

下面以智能搬运小车为例简要介绍一下逐级递进的编程设计思路。

1）基本功能。参照5.3节搭建好小车底盘，实现小车前进、后退、左转、右转等基本运动。考虑需要控制小车速度，直流电机采用了PWM调速控制。其功能函数有前进forward（ ）、停车stopcar（ ）、左转turn_left（ ）、右转turn_right（ ）、后退backword（ ）。

2）循迹功能。能够按照指定路径实现自动前进、停车等功能。编程前，应先用Serial. begin（ ）、Serial. print（ ）等函数获取黑标传感器对黑、白色的检测结果，再根据检测值设定小车运动状态变化的判定条件。其程序流程如图6-26所示。

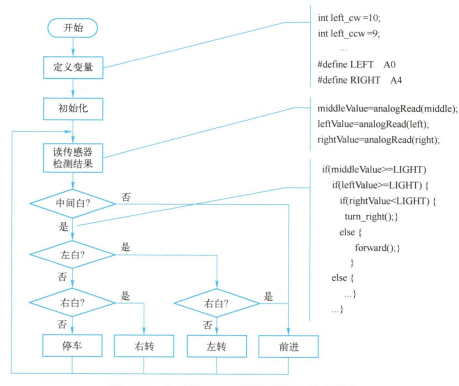

图6-26　小车循迹功能程序流程图与编程提示

3）倒车与掉头。当小车到达指定区域检测到标识后，开始执行后退函数backword（ ），并通过不停调用函数turn_right（ ）实现小车调转行进方向。如果掉头状态异常（严重超时）则停车，同时点亮红色LED示警。

注意： 调节前进和转弯时小车的速度参数FORWARD_SPEED、TURN_SPEED，通常速度越低循迹越稳定，但是速度过低小车也可能无法克服自身的摩擦力实现运行状态。观察后退的速度、时间与后退的距离关系，调节速度和时间参数BACK_SPEED、BACK_TIME，使每次调用函数后小车能够后退大约一个车身的距离。同样记录小车原地右转一圈所需的大概时间TURN_TIME，建议测量多圈后取平均值。

4）运行状态指示。通过控制双色LED的颜色与亮灭来表示小车是处于运行状态还是停止状态。例如，停车时LED亮红色，在调用停车功能函数"stopcar（ ）；"后加一条控制LED的语句"digitalwrite（RG_R，HIGH）；"即可实现。

实现小车自动循迹及运行状态指示等基本功能后，再进行拓展功能设计。

5）调试机械臂。机械臂包括手爪和手臂两个部分，调试时需要先分析机械臂的空间姿态，初步确定关节模块舵机的转动角度和机械手爪的开合角度，根据正运动学原理可判断出手爪与被抓工件的位置关系。在表 6-1 中记录下让手爪张开和闭合、手臂抬起和落下的舵机角度 hand_open、hand_close、arm_up、arm_down。系统上电或复位时，手爪和手臂的初始姿态为手爪张开、手臂抬起。

表 6-1　舵机角度记录

动　　作	机械手空间姿态	关节模块舵机角度	机械手爪舵机角度
上电复位	手臂抬起、手爪张开		
抓取	手臂落下、手爪闭合		
放开	手臂落下、手爪张开		
运送	手臂抬起、手爪闭合		

6）测量机械臂与工件的位置关系。小车静止时，用机械手爪抓握工件（目标物），放置于小车前方，通过超声波传感器测量前方工件与小车的间距（用串口监视器打印输出测得的距离），记录下此时工件与小车之间的距离。调试时，以机械手臂落下、手爪闭合恰好能抓握住工件为最佳姿态。

在系统设计时，还应考虑循迹传感器与目标检测传感器关联，即如果左右两个循迹传感器均检测到黑色，表明小车前方到达工件所在的指定位置。此时超声波传感器检测到前方有障碍物，则控制机械手爪打开抓取工件；否则，视作小车行进途中的障碍处理。

7）运动状态指示设计。使用 8×8LED 点阵。

8）系统多功能联合调试。

完成各个基本功能调试后，应该对系统控制逻辑与编程思路有了清晰的概念，接下来就可以根据设计要求梳理编程思路，编写程序代码了。下面就结合自动搬运小车，以各功能模块的调试为基础，从绘制系统程序流程图（图 6-27）入手，详细介绍程序设计的思路。

1）声明与定义：引用库函数、定义各常量和变量。如超声波、黑标传感器、双色 LED、舵机、直流电机连接的引脚号，hand_open（手爪张开）、hand_close（手爪闭合）、arm_up（手臂抬起）、arm_down（手臂落下）、dis、FORWARD_SPEED、TURN_SPEED、BACK_SPEED、BACK_TIME、TURN_TIME 等。

2）系统初始化：设置小车初始状态。如超声波、双色 LED 所接 I/O 端口的模式（INPUT 或 OUTPUT）、小车及机械臂上电或复位时初始位置与空间姿态（手臂初始状态是抬起、手爪张开）。延时等待后，检测黑标传感器的工作状态，直到小车位于黑线上，自动计算区分黑或白的标定值，进入循迹搬运主程序。

3）主循环函数：小车循迹到指定区（停止线 dir＝1），测量工件的距离 d，判断 d 和 state 的值，依据结果执行下列任务（分 4 种情况），然后，延时→后退→掉头→更新 dir＝0→重复循迹。

① 前方没有工件（d>dis），手上没有工件（state＝0）。

② 前方没有工件（d>dis），手上有工件（state＝1）→放下工件→更新 state＝0。

③ 前方有工件（d<＝dis），手上没有工件（state＝0）→拾取工件→更新 state＝1。

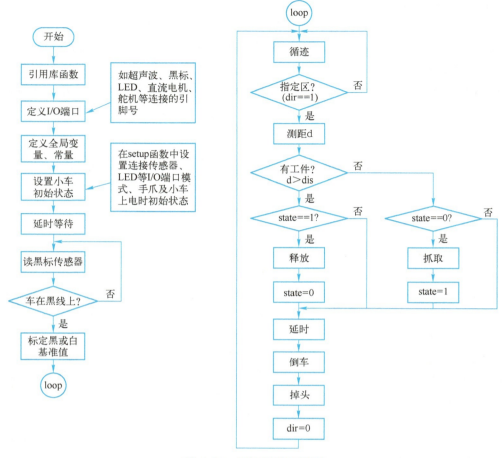

图 6-27　系统程序流程图

④ 前方有工件（d<=dis），手上有工件（state=1）。

4）功能子程序：定义子函数要遵循各模块功能特点及模块化程序设计的原则。

① forward（），调节两个直流电机，带动小车向前行进。与之类似的函数还有 stopcar（停车）、turn_left（左转）、turn_right（右转）、backword（后退）。

② carGo（），实时读取底部黑标传感器的信息，比较判断小车当前位置与黑线的关系后做出下一步的运动决定，调用 forward、stopcar、turn_left 或者 turn_right 函数，保证小车能够循迹行进。

③ turn（），通过不停地调用 turn_right 函数实现小车调转行进方向，如果掉头状态异常（严重超时）则停车。

④ distance（），通过超声波传感器测量前方工件与小车的间距，用串口监视器打印输出测得的距离。

⑤ armdown（），放下手臂，控制手臂舵机的角度，实现手臂从抬起缓缓变化为放下的姿态。与之类似的函数还有 armup（抬起手臂）、handopen（张开手爪）、（handclose）闭合手爪。

⑥ getit（）和 putit（），通过联动手爪和手臂的舵机角度，实现拾取和放下工件的功能。

与之类似的函数还有 setupServo，初始化手爪和手臂的姿态（手爪张开，手臂抬起）。

⑦ forward_Matrix( )、stop_Matrix( )、wrong_Matrix( )等，主要用于控制 8×8LED 点阵显示小车运行状态的标志。读者可以根据需要自主设计小车运行状态标识。鉴于篇幅有限，本例仅附了停车标志函数 stop_Matrix( )的源代码。

5）注意事项：

① 由于小车驱动控制采用 PWM 调速，编写舵机控制程序不能直接引用<Servo. h>库函数。这是因为在 Arduino IDE 的底层封装库函数中，舵机库函数 Servo. h 与主控板 9、10 引脚的 PWM 输出功能都用了定时器 Timer1，即 T/C1：pin9（OC1A）和 Pin10（OC1B），造成了 Servo. h 与 analogWrite( )应用冲突。鉴于此，建议用定时器 Timer2（定时器 Timer0 已经被 delay( )函数使用）自己编写舵机驱动库函数，或者使用基于定时器 Timer2 的开源库函数 Timer2ServoPwm。需要注意的是，与 Servo. h 库函数相比，该库函数同时只能驱动 7 个舵机，因为不是官方自带库函数，需要事先复制粘贴到 Arduino IDE 安装路径下的 libraries 文件里，然后通过"项目"→"加载库"方式手动添加。

② 在 setup( )函数中标定黑或白基准值。为减小调试过程中环境光的干扰，可以先进行黑或白色基准值的简单标定。具体方法：将小车停在黑线上，然后读取 3 个黑标传感器的测量结果，计算出左右 2 个传感器测量值的平均值，再与中间测量值求平均值，即为标定黑/白基准值 LIGHT。

```
    do{
        leftValue = analogRead(left);
        middleValue = analogRead(middle);
        rightValue = analogRead(right);
    }
while((rightValue+leftValue)/2-middleValue<400);
LIGHT=(middleValue+(rightValue+leftValue)/2)/2;          //标定黑或白基准值
```

（3）程序代码

```
/*********************引用库函数, 定义变量、常量*********************/
#include <Timer2ServoPwm. h>                //引用基于定时器 Timer2 的舵机函数库
#include "LedControl. h"

LedControl lc = LedControl(12,11,13,1);      //配置点阵的控制 I/O 端口
Timer2Servo handServo;                       //定义伺服手爪的驱动舵机
Timer2Servo armServo;                        //定义伺服手臂的驱动舵机

const int trig = A1;                         //配置 I/O 端口：超声波的发射器接 A1，接收器接 A0
const int echo = A0;
const int hand = 3;                          //手爪驱动舵机接引脚3，手臂舵机接引脚4
const int arm = 4;
const int right = A2;                        //右侧黑标传感器接 A2，中间接 A3，左侧接 A4
const int middle = A3;
const int left = A4;
const int left_cw = 10;                      //左轮驱动电机接引脚9、10，右轮驱动电机接引脚5、6
const int left_ccw = 9;                      //其中 cw 表示顺时针方向旋转，ccw 表示逆时针方向旋转
const int right_cw = 6;
```

```
const int right_ccw=5;
const int redled=8;                                   //红色 LED 接引脚 8,绿色接引脚 7
const int greenled=7;

float dis=11.8;
int hand_open=120;                                    //手爪打开角度为 120°,闭合角度为 60°
int hand_close=60;
int arm_up=170;                                       //手臂抬起角度为 170°,落下角度为 120°
int arm_down=120;
#define FORWARD_SPEED 120                             //设置前进、后退、掉头的运动速度
#define BACK_SPEED 120
#define TURN_SPEED 135
#define BACK_TIME 1000                               //设置一个后退时间和掉头时间
#define TURN_TIME 3000

bool state=0;                                          //定义布尔变量
bool dir=0;
float d;
int leftValue,middleValue,rightValue;                 //定义变量,用来存储黑标传感器的检测结果
int LIGHT;
long nowtime;
/ * * * * * * * * * * * * * * * * * * * * * * 初始化函数 setup( ) * * * * * * * * * * * * * * * * * * * * * * * /
void setup( ) {
    Serial. begin(9600);
    pinMode(redled,OUTPUT);                           //初始化 I/O 端口的工作模式
    pinMode(greenled,OUTPUT);
    pinMode(echo,INPUT);
    pinMode(trig,OUTPUT);
    setupServo( );                                     //设置机械臂的初始状态
    stopcar( );                                        //设置小车的初始状态为停止
    delay(5000);
    do{                                                //读取黑标传感器测量结果,确保小车停在黑线上
      leftValue=analogRead(left);
      middleValue=analogRead(middle);
      rightValue=analogRead(right);
    }
    while((rightValue+leftValue)/2-middleValue<400);
      LIGHT=(middleValue+(rightValue+leftValue)/2)/2;        //标定黑或白基准值
}
/ * * * * * * * * * * * * * * * * * * * * * 主循环函数 loop( ) * * * * * * * * * * * * * * * * * * * * * * * * /
void loop( ) {
    carGo( );                                          //小车开始循迹
    if(dir==1){                                        //小车到达指定位置
      distance( );                                     //调用 distance( )函数,检测手爪前方是否有工件
      if(d<=dis){                                      //如果检测前方有工件
        full( );
          if(state==0){                                //而且此时手爪上无工件
          getit( );                                    //抓取工件,然后标志位 state 置 1
```

```
                        state = 1;
                      }
                    }
                else {
                    empty( );
                    if( state = = 1) {                //如果前方无工件, 而此时手上有工件, 放下工件
                      putit( );
                      state = 0;                       //state 置 0
                    }
                  }
                  delay( 1000);                        //延时等待 1 s 后, 小车掉头回到出发位
                  back_Matrix( );
                  backward( );
                  back_Matrix( );
                  turn( );
                  dir = 0;
                }
}
/ * * * * * * * * * * * * * * * * * * * * * 控制小车运行函数 * * * * * * * * * * * * * * * * * * * * * * * /
void carGo( ) {
    leftValue = analogRead( left) ;                   //读取 3 个黑标传感器的检测结果并送给变量
    middleValue = analogRead( middle) ;
    rightValue = analogRead( right) ;
    if( middleValue> = LIGHT) {                       //如果中间传感器检测结果为白色
      if( leftValue> = LIGHT) {                        //左侧检测到白, 右侧检测到黑, 小车偏左
        if( rightValue<LIGHT) {
          left_Matrix( );
          turn_right( );                               //需要向右偏转
        }
        else {                                         //否则, 左右两侧为白, 小车保持前进
          forward_Matrix( );
          forward( );
        }
      }
      else {                                           //如果中间传感器检测到黑色
        if( rightValue> = LIGHT) {                     //左侧为黑, 右侧为白, 小车右偏
          right_Matrix( );
          turn_left( );                                //需要向左偏转
        }
        else {                                         //如果中间为黑, 左右两侧为黑, 小车停车
          stopcar( );
          stop_Matrix( );
          delay( 1000);                                //延时等待
          dir = 1;                                     //dir 赋值 1
        }
      }
    }
    else {
```

```
        forward_Matrix( );
        forward( );
        }
    }
/ *********************控制小车左转、右转子函数********************/
void turn_right( )    {
    analogWrite(left_ccw,0);
    analogWrite(left_cw,TURN_SPEED);
    analogWrite(right_ccw,TURN_SPEED);
    analogWrite(right_cw,0);
    digitalWrite(greenled,HIGH);
    digitalWrite(redled,LOW);
    }

void turn_left( )    {
    analogWrite(left_cw,0);
    analogWrite(left_ccw,TURN_SPEED);
    analogWrite(right_cw,TURN_SPEED);
    analogWrite(right_ccw,0);
    digitalWrite(greenled,HIGH);
    digitalWrite(redled,LOW);
    }

/ ***************控制小车前进 forward( )、停车 stopcar( )函数****************/
void forward( )
    {
    analogWrite(left_cw,0);
    analogWrite(left_ccw,FORWARD_SPEED);
    analogWrite(right_ccw,FORWARD_SPEED);
    analogWrite(right_cw,0);
    digitalWrite(greenled,HIGH);
    digitalWrite(redled,LOW);
    }
void stopcar( )
    {
    analogWrite(left_cw,0);
    analogWrite(left_ccw,0);
    analogWrite(right_cw,0);
    analogWrite(right_ccw,0);
    digitalWrite(greenled,LOW);
    digitalWrite(redled,HIGH);
    }
/ *********************小车倒车 backward( )函数*********************/
void backward( ) //
    {
    analogWrite(left_cw,BACK_SPEED);           //左轮顺时针方向旋转速度
    analogWrite(left_ccw,0);
    analogWrite(right_ccw,0);
```

```
    analogWrite(right_cw,BACK_SPEED);          //右轮顺时针方向旋转速度
    digitalWrite(greenled,HIGH);
    digitalWrite(redled,LOW);
    delay(BACK_TIME);
  }
/*****************测量机械臂与工件的距离 distance()函数 ******************/
void distance()                                //超声波测量手臂与工件的距离
  {
    long IntervalTime = 0;                      //定义长整型的变量,用于存储超声波返回脉冲信号
    digitalWrite(trig,HIGH);
    delayMicroseconds(15);
    digitalWrite(trig,LOW);
    IntervalTime = pulseIn(echo,HIGH);
    d = IntervalTime/58.0;                      //声速为 340m/s,距离 =(回波时间×声速)/2
    Serial.println(d);
  }
/*****************控制小车掉头 turn()函数 ************************/
void turn()
  {
    turn_right();
    delay(TURN_TIME/4);
    nowtime = millis();
    do{
        turn_right();
        if(millis()-nowtime>=2*TURN_TIME)
        stopcar();
      }
    while(analogRead(middle)>=LIGHT-80);
  }
/*****************机械臂驱动舵机的初始化函数 ********************/
void setupServo()
  {
    handServo.attach(hand);
    armServo.attach(arm);
    handopen();                                //手爪张开
    delay(100);
    armup();                                   //抬起手臂
    delay(100);
  }
/*****************控制机械臂动作的函数 ************************/
void getit()
  {

    armdown();                                 //放下手臂
    delay(100);
    handclose();                               //手爪闭合
    delay(100);
    armup();                                   //抬起手臂
```

```
        delay(100);
      }
   void putit()
      {
        armdown();
        delay(100);
        handopen();                                    //手爪张开
        delay(100);
        armup();                                       //抬起手臂
        delay(100);
      }
/ * * * * * * * * * * * * * * * * * * * * * 控制手臂动作的函数 * * * * * * * * * * * * * * * * * * * * * * * /
   void armdown()                                      //放下手臂
      {
      for (int pos = arm_up; pos >= arm_down; pos -= 1)
        {
          armServo. write(pos);
          delay(15);
        }
      }
   void armup()                                        //抬起手臂
      {
      for (int pos = arm_down; pos <= arm_up; pos += 1)
        {
          armServo. write(pos);
          delay(15);
        }
      }
/ * * * * * * * * * * * * * * * * * * * * * * 控制手爪动作的函数 * * * * * * * * * * * * * * * * * * * * * * * /
   void handopen()                                     //手爪张开
      {
      for (int pos = hand_close; pos <= hand_open; pos += 1)
        {
          handServo. write(pos);
          delay(15);
        }
      }
   void handclose()                                    //手爪闭合
      {
      for (int pos = hand_open; pos >= hand_close; pos -= 1)
        {
          handServo. write(pos);
          delay(15);
        }
      }
/ * * * * * * * * * * * * * * * * * * * * * * 小车运行状态标识 * * * * * * * * * * * * * * * * * * * * * * * /
   void stop_Matrix() {                                //停车标志为"T"
     byte A[8] = {0x00,0x00,0xff,0xff,0x18,0x18,0x18,0x18};   //图案对应的十六进制数值
```

```
    for( int i=0;i<8;i++)
        lc.setRow(0,i,A[i]);
    }
/*********************************************************************/
```

6.4 进阶实践

纸上得来终觉浅，绝知此事要躬行。接下来让我们动手试一试吧！

6.4.1 主题实践（一）——排爆机器人的设计与实践

排爆机器常用于代替排爆人员对爆炸装置或武器实施侦察、转移、拆解和销毁，或用于处置其他危险物品，以避免不必要的人员伤亡。

1. 设计要求

1）能够按照指定路线轨迹快速到达指定地点，探测到危险装置并将其快速搬运至安全地带。

2）在行进路程中，如果机器人遇到障碍物，能够无须人为干涉自动避开。

3）具有工作指示灯，如用红色指示灯表示机器人正在排爆，绿色指示灯表示危险处理完毕。

4）机器人还应该具有远程无线遥控及多点搬运的功能。

2. 设计提示

（1）机构设计

排爆机器人主体结构常采用履带式或轮式车型，以及一个多自由度的机械手，如图 6-28 所示。其中，机械手主要用于拆除爆炸物、搬运危险物，它包括机械手爪和关节模块两部分，搭建方法可分别参照 5.1.1 小节和 5.2.2 小节。

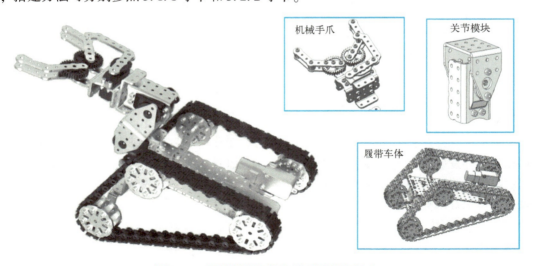

图 6-28 排爆机器人机构模型及关键组成

（2）电路设计

排爆机器人的功能类似智能搬运小车，其循迹、搬运、抓取等功能的驱动控制电路设计、端口配置与编程思路可以参照智能搬运小车。考虑爆炸装置与危险品的特殊性，其感应探测装置可以选择视频传感器、专用侦测器或 X 光检测仪等传感器。

远程无线遥控功能可以根据设计自主选择使用 NRF24L01 无线模块、蓝牙无线通信模块、ESP8266 无线模块、LORA 远距离无线传输模块等实现。详细内容请参照第 9 章。

3. 知识拓展

红外编码器模块主要用于电机测速、脉冲计数、位置限位等，小车测速一般与码盘配合使用，其接口如图 6-29 所示，安装方法及硬件电路连线如图 6-30 所示。编码器模块设计采用槽型对射光电，在非透明物体上经过凹槽时即可触发输出 5V TTL 电平。其工作参数如下：

1）工作电压：DC 3.3 ~ 5.5 V（最佳电压为 5 V）。

2）工作电流：7 ~ 17 mA。

3）工作温度：−10 ~ +50℃。

4）对管宽度：10 mm。

5）输出信号：TTL 电平（可直接连接单片机 I/O 端口，有遮挡时，指示灯亮，输出高电平；无遮挡时，指示灯不亮，输出低电平）。

图 6-29　红外编码器模块及接口

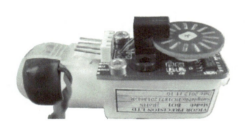
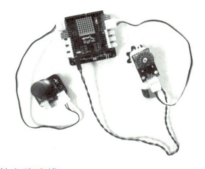

图 6-30　安装方法及硬件电路连线

（1）工作原理

模块上的红外对管一边是发射，一边是接收。工作时，发射管不断发出红外光，当有障碍物挡住红外发射管发送给接收管的信号时，接收管接收不到信号，模块输出高电平，指示灯亮；当没有障碍物挡住红外发射管发送给接收管的信号时，接收管接收到信号，模块输出低电平，指示灯不亮。

（2）应用实例

```
/********************声明与定义********************/
#include <MsTimer2.h>                //使用定时器
int encoder_count = 0;               //计数
int nowaday_Value = 0;               //当前编码器电平
```

```
int last_Value = 0;                        //上一次编码器电平
int sensor;                                //摇杆传感器的测量值
/ * * * * * * * * * * * * * * * * * * 通过编码器计算电机的转速 * * * * * * * * * * * * * * * * * * * * /
void EncoderDeal( )
  {
  int speedd;
  speedd = encoder_count * 2;             //编码器一圈为15个孔，30个边沿，1 min = 60 s，60/30 = 2
  Serial.println(speedd);
  encoder_count = 0;
}
/ * * * * * * * * * * * * * * * * * * * 初始化函数 setup( ) * * * * * * * * * * * * * * * * * * * * * /
void setup( )
  {
  Serial.begin(9600);                     //打开串口
  encoder_count = 0;                      //计数清零
  nowaday_Value = analogRead(A3);         //先读取一次编码器的初始电平状态
  nowaday_Value = compare(nowaday_Value); //判断其电平高低
  last_Value = nowaday_Value;             //记录
  sensor = analogRead(A0);                //读取摇杆传感器的测量值
  delay(100);
  MsTimer2::set(1000, EncoderDeal);       //配置定时器中断，定时时间为1000 ms
  MsTimer2::start( );                     //定时器2中断打开
  }
/ * * * * * * * * * * * * * * * * * * * 主循环函数 locp * * * * * * * * * * * * * * * * * * * * * * * /
void loop( )
  {
  nowaday_Value = analogRead(A3);         //读取编码器当前电平
  nowaday_Value = compare(nowaday_Value); //判断其电平高低
  if(last_Value != nowaday_Value)         //如果电平变化，即遇到上升沿或者下降沿
    {
    encoder_count++;                      //计数一次
    last_Value = nowaday_Value;           //更新上一次电平状态
    }
  int Output = analogRead(A0);            //读取摇杆传感器电平，并映射输出给电机
 analogWrite(9, map(Output, sensor, 1023, 0, 255));
  }
/ * * * * * * * * * * * * * * * * * * * 比较函数 compare( ) * * * * * * * * * * * * * * * * * * * * * /
int compare(int value)                     //防止因电路问题导致的高低电平噪声，比较电平
                                             高低
  {
  if( value >= 300 )
    value = 1;
  else
    value = 0;
  return(value);
  }
/ * * * * * * * * * * * * * * * * * * * * * * * * * * * * * * * * * * * * * * * * * * * * * * * * * * /
```

4. 动手实践

1）分析设计要求，规划分层递进设计的层次和子任务。

2）参照结构模型图，准备机械零件，搭建机构。

3）选择输入输出电路模块，分配 I/O 端口，正确连接电路。

4）梳理编程思路，绘制程序流程图，从简单到综合逐级编写调试程序代码。

5）系统整机联立调试，优化程序结构和代码。

6.4.2 主题实践（二）——猜拳机器人的设计与实践

猜拳机器人是模仿古老游戏"石头剪刀布"而设计的一款娱乐型机器人，它能够模仿人手进行石头剪刀布的游戏动作。试根据图 6-31 所示的机械结构及功能要求，动手设计搭建并实现控制。

1. 设计要求

1）能够模仿人随机做出石头（或剪刀或布）的手势，能和人进行石头剪刀布的游戏互动；能做出邀请或挑战动作的手势。

2）机器人上电或复位后，检测到游戏开始的指令或手势时，能够用 LED 或语音模块发出"游戏开始"的指示信号。

2. 设计提示

（1）结构设计

学习了机构设计搭建与拓展方法，不难设计搭建猜拳机器人模型。当然也可以参照图 6-31 所示猜拳机器人结构模型或进行个性化自主设计。

（2）电路设计

【方案 1】 根据设计要求，选择能够实现控制功能所需的电子元器件或模块；分配 I/O 端口，并将各元器件与 Bigfish 扩展板接口正确连接。

输入电路：至少需要 1 个系统启动总开关，1 个检测判断游戏是否启动的传感器，如超声波、近红外或声控等传感器模块。

输出电路：至少需要 5 个控制手势的驱动舵机，1 个表示游戏开始的指示信号、1 个表示游戏结束的指示信号，如语音模块或 LED 灯。

【方案 2】 对于基础扎实或有兴趣者，上述设计任务未免有点简单，可以进行自主创意设计。如可以

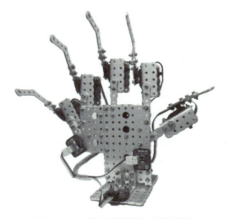

图 6-31　猜拳机器人实物模型

考虑使用其他控制系统，并增加视频传感器及友好人机交互界面，实现真正意义上的人机互动。

3. 程序设计

1）在实际游戏过程中，由于人们每次做出石头（或剪刀或布）手势的不确定性，可以考虑引入一个随机函数 random( ) 产生随机数，控制机器人的各种手势。

2）考虑到人机游戏互动的趣味性，机器人和人的手势应该同时做出。因此，设计时应由机器或人先发出游戏开始的指令或信号，然后人、机才能同时动作。

4. 知识拓展

（1）随机函数 random（ ）

Arduino IDE（C++ Builder 的随机函数定义在 stdlib. h）有一个产生伪随机数的随机函数 random（ ），返回值是 0 ~ max－1 之间的随机数。函数原型如下：

随机数不包含此值（数据类型为 long）。

random（max）或　　　random（min，max）

其中，min 为随机数的最小值，随机数将包含此值（此参数可选）；max 为随机数的最大值，随机数不包含此值（数据类型为 long）。

（2）理想随机数的获取

当 Basra 控制板某个模拟端口悬空时，即未连接任何设备，该端口将被不确定模拟噪声影响，用函数 analogRead（ ）读取该端口会获取到不确定的数值，如果使用该端口输入的随机数作为随机种子 randomSeed（ ）来初始化随机数发生器，就可以得到更加理想的随机数。

（3）随机函数的使用方法

```
/********************************************************/
  long randNumber;                //定义一个长整型变量用以存储随机数
  void setup( ) {
     Serial. begin(9600);          //初始化串口监视器
     randomSeed(analogRead(0));    //用不确定的模拟噪声随机数初始化随机数发生器
  }
void loop( ) {
     randNumber = random(300);     //产生一个随机数，上限是300-1=299
     Serial. println(randNumber);  //用串口监视器查看随机数
     randNumber = random(0, 3);    //产生随机数：0、1或2
     Serial. println(randNumber);
     delay(100);
  }
/********************************************************/
```

5. 动手实践

1）根据图 6-31 准备材料，搭建机器人；调试每根手指舵机的初始角度，确定静止时和游戏过程中机械手的空间姿态。

2）配置 I/O 端口，正确连接电路，设定上电复位时机械手的初始姿态。

3）分析并计算游戏环节中各种姿态时的每个舵机驱动的角度范围。

4）编写程序代码，编译、下载、运行程序。

5）调试优化程序代码。

6.4.3　主题实践（三）——三自由度机械臂的拓展设计与实践

在 6.2 节里介绍了三自由度机械臂的结构设计、搭建与基本控制方法，并未使用任何传感器，下面将在原结构设计基础上进行功能拓展。

1. 设计要求

1）机械臂能够自动识别待搬运物体的颜色，并根据颜色将物体进行分类放置。例如，如果是红色或黄色物体，将其搬运至 C 平台，否则，搬运到 B 平台。

2）适当改进 B、C 平台尺寸，将物体按照每层四块、双层叠放的形式放置。

3）按键启停。按下按键，系统上电启动或复位，机械臂进入自动工作准备状态，再次按下按键，机械臂停止工作。

2. 设计提示

分析可知，该项目可以不改变机械臂的结构设计，只需要增加颜色传感器自动识别物体颜色，然后根据物体颜色不同和码放规则分别将其搬运至指定区域，进行堆叠排列放置。如果认为颜色传感器识别不够灵敏，也可以选择使用视频传感器实现，关于视频传感器本章节不做赘述。这里主要介绍一下颜色传感器 TCS3200 的使用方法。

根据串联机械臂逆运动学算法，设计物体堆叠码放程序时，需要物体尺寸、机械臂各臂长和端点的坐标关系，分别计算出机械臂在放置每一个物体时，各关节驱动电机所需要转动的角度。

3. 知识拓展——TCS3200 颜色传感器

（1）TCS3200 颜色传感器模块的特点

TCS3200 颜色传感器模块是一款全彩的颜色检测器，包括一片 TAOS TCS3200RGB 感应芯片和 4 只白光 LED 灯，如图 6-32 所示。TCS3200 是输出信号为数字量的可编程彩色光/频率的转换器，芯片上集成了红、绿、蓝（RGB）三色滤波器。当被测物体反射光中的红、绿、蓝三色光线分别透过相应滤波器到达感应芯片时，内置振荡器会输出方波，其频率与光强成比例，光线越强，内置的振荡器方波频率越高。

图 6-32　颜色传感器模块

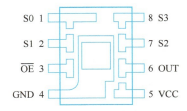

图 6-33　颜色传感器的引脚图

颜色传感器的引脚图如图 6-32 所示。使用时，通过控制引脚 S2、S3 的组合，可以选择红、绿、蓝等不同的滤波器模式；通过输出定标控制引脚 S0、S1 的组合，设置不同的输出比例因子（见表 6-2）。OE 是频率输出使能引脚，可以控制输出的状态，也是多个芯片引脚共用 MCU 输入引脚时的片选信号。OUT 是频率输出引脚，GND 是芯片接地引脚，VCC 为芯片提供工作电压。

表 6-2　TCS3200 传感器引脚的设置说明

S0	S1	输出比例因子	S2	S3	滤波器类型
L	L	关闭电源	L	L	红色
L	H	2%	L	H	蓝色
H	L	20%	H	L	无
H	H	100%	H	H	绿色

（2）TCS3200 颜色识别的原理

根据 Helinholtz 的三原色原理可知，任何颜色都是由不同比例的 RGB 三原色混合而成的。如果测得构成物体三原色的值，就可以知道所测物体的颜色。对于 TCS3200 来说，当选定了一种颜色滤波器时，它只允许这种特定的原色通过，其他原色将被阻止。例如，当选择红色滤波器时，入射光中只有红色可以通过，蓝色和绿色都被阻止，这样就可以得到红色光的光强；同理亦然。通过这三个值，就可以分析投射到 TCS3200 传感器上的光的颜色。

（3）白平衡校正方法

测试前需要进行白平衡，使传感器检测到的白色中的三原色相等。具体方法是将颜色传感器正对白色物体（相距 10 mm 左右），点亮传感器上 4 个白光 LED 灯，定时 1 s，然后依次选通三原色的滤波器，让被测物体反射光中红、绿、蓝三色光分别通过滤波器，记录下 1 s 内三色光对应的传感器 OUT 输出信号的脉冲数，再通过正比算式得到白色物体 RGB 值 255 与三色光脉冲数的比例因子。红、绿、蓝三色光分别对应的 TCS3200 输出信号 1 s 内脉冲数乘以 R、G、B 相应的比例因子，即是被测物体的 RGB 标准值。

下面通过一个带有白平衡的测试程序，帮助大家理解颜色传感器的应用。

```
/*********************** 声明与定义 ***********************/
#include <TimerOne. h>                //引用库函数头文件
// ** 定义 TCS3200 颜色传感器各功能引脚，分别接到 Arduino 数字 I/O 端口 D2~D7 **/
const int s0 = A0;                     //物体表面反射光越强，内置振荡器产生的方波频率越高
const int s1 = A1;                     //S0 和 S1 的组合决定输出信号频率比例因子，比例因子为 2%
const int s2 = A4;                     //S2 和 S3 的组合决定让红、绿、蓝哪种光线通过滤波器
const int s3 = A5;
const int out = A3;                    //颜色传感器输出信号接 Arduino 中断 0 引脚
const int led = 2;                     //颜色传感器模块 LED 灯
float rgb_SF[3];                       //从 TCS3200 输出信号的脉冲数转换为 RGB 标准值的 RGB 比例
                                       //  因子
int rgb_count = 0;                     //计算与反射光强相对应 TCS3200 颜色传感器输出信号的脉冲数
int rgb_array[3];                      //定义数组，用于存储 1 s 内 TCS3200 输出信号的脉冲数
int rgb_flag = 0;                      //滤波器模式选择顺序标志
/*********************** 系统初始化 ***********************/
void setup()  {
    TSC_Init();
    Serial. begin(9600);              //启动串口监视器
    Timer1. initialize();             //初始化 Timer1，默认值为 1 s
    Timer1. attachInterrupt(TSC_TimerISR);    //设置 Timer1 中断时，调用中断函数
    attachInterrupt(0, TSC_CountISR, RISING);  //配置外部中断 0（D2 引脚）
    digitalWrite(led, HIGH);          //点亮 4 个 LED 灯
    delay(4000);                      //延时 4s，等待被测物体在 1 s 内的输出信号脉冲
                                      //  计数

    //通过白平衡测试，计算白色物体 RGB 值 255 与 1 s 内三色光脉冲数的 RGB 比例因子
    rgb_SF[0] = 255.0/ rgb_array[0];   //红色光比例因子
    rgb_SF[1] = 255.0/ rgb_array[1];   //绿色光比例因子
    rgb_SF[2] = 255.0/ rgb_array[2];   //蓝色光比例因子
    Serial. println(rgb_SF[0],5);      //串口输出打印白平衡后 RGB 三色光的比例因子
    Serial. println(rgb_SF[1],5);
    Serial. println(rgb_SF[2],5);
    // ** RGB 三色光分别对应的 1 s 内输出脉冲数乘以相应比例因子即 RGB 标准值 **/
    for(int i=0; i<3; i++)
```

```
        Serial. println(int(rgb_array[i] * rgb_SF[i]));        //打印被测物体的 RGB 值
}
/ ********************* loop( )主循环函数 ************************/
void loop( )
    {
        rgb_flag = 0;
        delay(4000);                                            //每获得一次被测物体 RGB 颜色值需时 4 s
        for(int i=0; i<3; i++)                                  //打印出被测物体 RGB 颜色值
        Serial. println(int(rgb_array[i] * rgb_SF[i]));
    }
/ ******** 初始化函数, 初始化 I/O 端口的模式, 设置 TCS3002 的比例因子为 2% *********/
void TSC_Init( )
    {
        pinMode(out, INPUT);                                    //D2 引脚配置为外部中断, 可以省略
        pinMode(s0, OUTPUT);
        pinMode(s1, OUTPUT);
        pinMode(s2, OUTPUT);
        pinMode(s3, OUTPUT);
        pinMode(led, OUTPUT);
        digitalWrite(s0, LOW);                                  //设置 TCS3002 的比例因子为 2%
        digitalWrite(s1, HIGH);
    }
/ ********* 定义滤波器模式选择子函数, 决定让红、绿、蓝哪种光线通过滤波器 **********/
void TSC_FilterColor(int Level1, int Level2)
    {
        if(Level1 != 0)
            Level1 = HIGH;
        if(Level2 != 0)
            Level2 = HIGH;
        digitalWrite(s2, Level1);
        digitalWrite(s3, Level2);
    }
/ *定义函数, 设置反射光中红、绿、蓝三色光分别通过滤波器时如何处理数据的标志 ********/
void TSC_WB(int Level0, int Level1)
    {
        rgb_count = 0;                                          //计数值清零
        rgb_flag ++;                                            //输出信号计数标志
        TSC_FilterColor(Level0, Level1);                        //滤波器模式
        Timer1. setPeriod(1000000);                             //设置输出信号脉冲计数时长 1 s
    }
    //pinMode(s0, OUTPUT);
/ *************** 外部中断函数, 计算 TCS3200 输出信号的脉冲数 ***************/
void TSC_CountISR( )
    {
        rgb_count ++ ;
    }
/ ** 定时器中断函数, 通过串口监视器观察每 1 s 内红、绿、蓝三种光线通过滤波器时 TCS3200 输出
信号脉冲个数, 并将该值存储到数组 rgb_array[3] *********************/
```

```
void TSC_TimerISR( )    {
    switch( rgb_flag)
      {
      case 0：
        Serial. println( "->WB Start") ;
        TSC_WB( LOW, LOW) ;                //选择让红色光线通过滤波器的模式
        break;
      case 1：
        Serial. print( "->Frequency R = ") ;
        Serial. println( rgb_count) ;      //1 s 内红色光通过滤波器时，TCS3200 输出的脉冲个数
        rgb_array[ 0] = rgb_count;         //脉冲个数存储到数组变量 rgb_array[ ]的第 1 个元素
        TSC_WB( HIGH, HIGH) ;              //选择让绿色光线通过滤波器的模式
        break;
      case 2：
        Serial. print( "->Frequency G = ") ;
        Serial. println( rgb_count) ;      //1 s 内绿色光通过滤波器时，TCS3200 输出的脉冲个数
        rgb_array[ 1] = rgb_count;         //脉冲个数存储到数组变量 rgb_array[ ]的第 2 个元素
        TSC_WB( LOW, HIGH) ;               //选择让蓝色光线通过滤波器的模式
        break;
      case 3：
        Serial. print( "->Frequency B = ") ;
        Serial. println( rgb_count) ;      //1 s 内蓝色光通过滤波器时，TCS3200 输出的脉冲个数
        Serial. println( "->WB End") ;
        rgb_array[ 2] = rgb_count;         //脉冲个数存储到数组变量 rgb_array[ ]的第 3 个元素
        TSC_WB( HIGH, LOW) ;               //选择无滤波器的模式
        break;
      default：
        rgb_count = 0;                     //计数值清零
        break;
      }
  }
/ ************************************************************** /
```

（4）TCS3200 颜色传感器的使用注意事项

1）首次使用颜色识别模块或重启或更换光源时，都需要进行白平衡调整。

2）颜色识别时要避免外界光线的干扰，否则会影响颜色识别效果。

3）在整机调试时，要避免颜色传感器接线端口号与其他传感器或舵机冲突。

4. 动手实践

1）分析设计要求，计算机械臂末端在 B、C 平台码放工件时，每层、每点的位置坐标值，以及对应的每个关节模块的运动角度。

2）学习拓展知识，熟悉颜色传感器的功能特点及使用方法。

3）重新为关节模块舵机和颜色传感器分配 I/O 端口，正确连接电路，配置 I/O 端口的工作模式。

4）打开机械臂控制程序源代码，利用源程序代码进行功能叠加设计。

5）整体调试，优化系统程序代码。

6.5　本章小结

　　本章主要以自动感应门、三自由度串联机械臂、智能搬运小车为例，从功能、结构、综合三种拓展设计思路入手，详细介绍了如何使用简单机构或系统构造较复杂装置的机构设计、搭建步骤和编程思路。结合自动感应门，按照基础—拓展—挑战三个难易梯度，通过将设计任务细化分解为五个子任务，然后从基本任务自动开关门开始，逐层递进，不断迭代，直至实现设计目标。

　　这种目标分层递进设计方法同样也适用于其他类似系统的开发，适合课堂教学及有助于学生工程能力培养。

第7章　机器人产品的原型设计与实践

前面章节学习了机器人基本的机构设计与搭建、零件使用和选型、控制电路的设计思路和程序设计基础等技术知识，并结合一些小项目让大家体验了如何去设计实现一个较为复杂的机器人。本章将结合机器人产品原型深入学习应用型机器人的设计思路，并完成几个典型的机器人项目原型设计。

V7-1 典型机械臂原型设计视频

7.1　概述

在机器人产品开发中，设计过程大致包含五个阶段：概念阶段、DEMO 阶段、α 机阶段、β 机阶段和量产阶段，如图 7-1 所示。

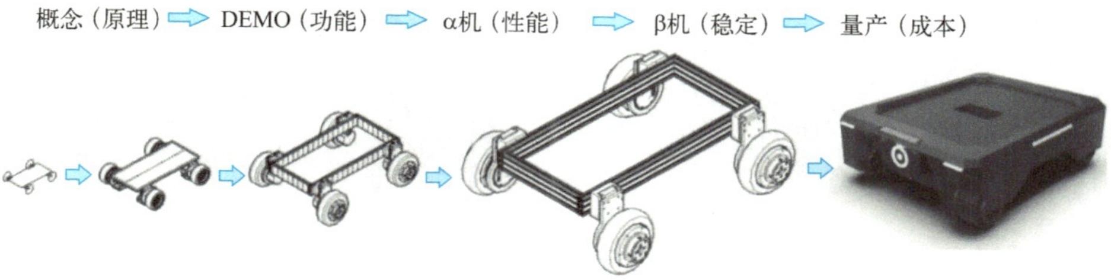

概念（原理）➡ DEMO（功能）➡ α机（性能）➡ β机（稳定）➡ 量产（成本）

图 7-1　机器人产品开发的五个阶段

1）概念阶段：对目标机器人的整体定义和构思阶段，包括机器人的应用场景、基本的构型、功能作用等的定义和构思，并且能够使用图形或文字清晰地表达出来。概念阶段也是整个机器人产品开发最基础的阶段。

2）DEMO 阶段：产品原型制作阶段，是验证构思的机器人是否正确、科学、合理的关键步骤，也是从构思到实物的初级阶段。这个阶段是将概念阶段构思的机器人快速呈现为具体的实物，包括完整的机器人实物构型、关键功能的演示，从而确认技术上可以实现，是企业产品研发过程中不可或缺的关键环节。完成这个阶段的产品可以面向市场进行预推广、试探市场、获取反馈、及时修订研发方案。

3）α 机阶段：机器人性能设计阶段。这是一个完善阶段，如根据产品主要关键功能、用户使用体验满意度、具体使用场景等确定机器人参数，使机器人在功能、结构、硬件、控制、软件上具备全方位满足参数要求的性能。

4）β 机阶段：机器人稳定性运行设计阶段，主要对 α 机阶段的样机进行优化设计，减少产品正常使用时的故障情况。具体优化内容包括结构优化、工艺优化、硬件电路优化、控制程序优化等，优化过程需要借助一些分析软件、测量仪器，进行连续性的测试。这个阶段也是决定产品是否可以被推向市场的重要阶段。

5）量产阶段：面向市场进行设计，需要制定产品的生产方式和控制生产成本。拥有市场竞争力的产品不仅要求功能新颖实用、运行性能稳定，还要求较短的生产周期、较低的生产成本和维护成本，否则，产品将无法量产。

概念阶段和 DEMO 阶段可以统称为概念原型设计阶段，也是产品设计构思到实物实现的重要阶段。本章将通过解构 2 款典型机器人产品的原型设计，体验产品从构思到实物的设计过程。

7.2　预备知识

7.2.1　步进电机及其驱动控制

步进电机是一种将电脉冲信号转为角位移或线位移的特种电机，是现代数字程序控制系统中的主要执行元件。按照结构，步进电机分为永磁式、反应式和混合式。按照相数，步进电机分为单相、两相、三相或多相。这里主要以两相四线混合式步进电机为例（图 7-2a）简要介绍步进电机的驱动控制。

名称	参数
步距角	1.8°
电流	1.7A
电压	9~42V
轴径	5mm
转矩	0.45N·m
相数	两相四线

a) 步进电机　　　　　　　　　　　　　　b) 步进电机常用驱动器

图 7-2　步进电机及其常用驱动器

1. 步进电机的驱动器

步进电机作为一种控制用的特种电机，不能直接连接电源使用，需要配备专用步进电机驱动器（图 7-2b）。

驱动器由脉冲信号处理、功率驱动、保护等单元组成。当它接收到来自控制器的一个脉冲信号，就会驱动步进电机按照已定的方向转动一个固定角度（步距角）。两相四线 42 步进电机的步距角是 1.8°，即电机转动一圈至少需要 200 步。因此，只要控制脉冲数或脉冲频率，就可以控制步进电机的角位移或转动速度，从而达到定位控制或电机调速的目的。

（1）接线端子定义（表 7-1）

表 7-1　接线端子定义

引　脚	功　能　说　明	引　脚	功　能　说　明
PUL+	脉冲信号输入正端	DIR+	控制电机旋转方向的正端
PUL-	脉冲信号输入负端	DIR-	控制电机旋转方向的负端

（续）

引　　脚	功　能　说　明	引　　脚	功　能　说　明
ENA+	电机脱机控制正端	B+	连接电机绕组 B+相
ENA-	电机脱机控制负端	B-	连接电机绕组 B-相
A+	连接电机绕组 A+相	VCC	直流电源的正极（9~42 V）
A-	连接电机绕组 A-相	GND	直流电源的负极

（2）细分与电流设置

驱动器的侧面有一拨键开关 SW1~SW6，如图 7-2b 所示，用于进行细分设置和电流设置。其中，开关向下拨为 ON，向上拨为 OFF。SW1~SW3 为细分设置，SW4~SW6 为电流设置，其设定见驱动器外壳上的参数表。

2. 驱动器与控制系统的连接

步进电机驱动器与控制系统的连接方式有共阳极接法和共阴极接法两种，如图 7-3 所示。

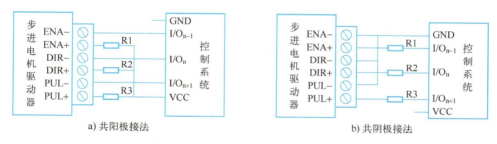

a) 共阳极接法　　　　　　　　　b) 共阴极接法

图 7-3　驱动器与控制系统的连接方式

（1）共阳极接法

如图 7-3a 所示，共阳极接法就是将驱动器的脉冲信号 PUL+（或 CP+）、电机旋转方向信号 DIR+、使能信号 ENA+ 连接控制系统的公共正端（如电源 VCC）。如果 VCC 的电压是+5 V，则可以直接连接；如果 VCC 大于+5 V，则需要串联电阻（图中 R1~R3），将驱动器内部光耦的驱动电流限制为 8~15 mA。此时，控制系统的 I/O 端分别与 PUL-、DIR- 和 ENA- 相连，提供控制电机旋转的输入脉冲信号、电机旋转方向信号以及使能信号。

（2）共阴极接法

所谓共阴极接法就是将 PUL-、DIR-、ENA- 均连接到控制系统的公共信号地（GND，与电源地隔离）。PUL+、DIR+、ENA+ 分别连接控制系统的 I/O 端口，限流电阻的接法与共阳极接法相同。

注意： ENA 有效时电机处于自由状态（可控状态），共阴极接法，ENA 低电平"0"有效；共阳极接法，ENA 高电平"1"有效。调试时，ENA 可以不接，此时能够手动调节电机的输出轴。

3. 应用示例——步进电机的正反转控制

【实践材料】Arduino 主控板、42 步进电机及驱动器、12 V 直流电源、12 V 输入-12 V 输出/5 V 输出的 DC/DC 模块、1 kΩ 电阻、面包板及连接导线。

【实践步骤】

1）连接电路。驱动器与控制电路连接采用共阳极接法（图 7-4）。其中，配置 Arduino 的数字 I/O 端口 9、10 为输出模式。D9 连接 DIR-，控制电机转动的方向；D10 连接驱动器 PUL-，控制产生驱动电机转动的脉冲信号；ENA 不接。PUL+、DIR+ 分别串联一个 220 Ω 电阻后接 Arduino 主控板的+5 V。步进电机的红、蓝导线分别连接驱动器的 A+、A-，绿、黑导线分别连接驱动的 B+、B-。

2）细分设置。SW3 拨在 OFF，其余均为 ON 状态。即电机转动一圈需要 200 脉冲信号（步距角选择 1.8°），电流选择最小值为 0.5 A。

3）编写控制程序。步进电机的驱动器主要就是发送脉冲，所以控制程序比较简单，类似控制 LED 闪烁，只是这里脉冲信号的频率需要更快，毕竟要发送 200 个脉冲，步进电机才可以转动一圈，而方向的控制就是通过调用 digitalWrite 函数实现，参数 0（LOW）和 1（HIGH）分别对应步进电机的两个旋转方向，具体程序请参阅 7.2 节配套源代码。

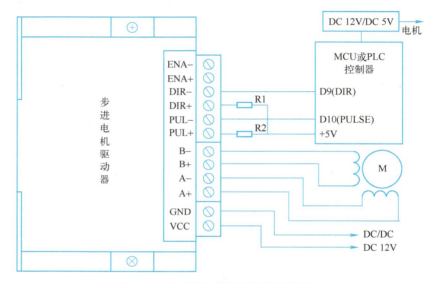

图 7-4　驱动器与控制电路连接关系图

7.2.2　SH-ST 扩展板

在综合性的项目设计中，一般需要多个步进电机联动配合才能实现要求的功能，如 3D 打印机、雕刻机、数控设备等，这样也需要相应数量的驱动器。前面介绍的驱动器体积较大，在小型机器人系统中并不适用，这里介绍一款可以节省空间的步进电机驱动扩展板 SH-ST。

1. 功能特点

SH-ST 扩展板（图 7-5）采用 A4988 驱动芯片，该扩展板共有 4 路步进电机驱动模块的插槽，可同时驱动 4 路步进电机，也可以通过 TX、RX 串口级联其他扩展板驱动更多步进电机。每一路步进电机仅需要 2 个 I/O 端口。也就是说，只要 6 个 I/O 端口就可以管理 3 个步进电机，使用非常方便，避免了传统步进电机驱动的接线烦琐。

SH-ST 扩展板完全兼容 Arduino 控制板标准接口，可与 Arduino/Basra 堆叠连接。采用主控板供电或者扩展板供电（DC 插头供电）2 种模式。从扩展板供电时，通过电源开关，可以直接控制通断电。堆叠使用时与主控板引脚的对应关系详见表 7-2。

图 7-5　SH-ST 扩展板

表 7-2　SH-ST 扩展板与 Arduino/Basra 主控板的引脚对应关系

SH-ST 扩展板引脚	Arduino/Basra 引脚	引脚功能说明
X. STEP	2	X 轴的步进控制
Y. STEP	3	Y 轴的步进控制
Z. STEP	4	Z 轴的步进控制
A. STEP	12	A 的步进控制
X. DIR	5	X 轴的方向控制
Y. DIR	6	Y 轴的方向控制
Z. DIR	7	Z 轴的方向控制
A. DIR	13	A 的方向控制
EN	8	使能端低电平有效

2. 主要参数优势

1）输入电压 12 V，可以与控制板共用一个电源。

2）最大输出电流可调。A4988 模块上带有可调电位器，可调节以最大电流输出，从而获得更高的步进率。

3）可扩展性强。预留 TX、RX、5 V、GND、3.3 V、SCL、SDA、RST 等功能引脚，可方便级联扩展。

4）具有 5 种细分模式：全步进、1/2 步进、1/4 步进、1/8 步进、1/16 步进。

5）具有自动电流衰减模式检测/选择。

6）带有接地短路保护和加载短路保护功能。

3. SH-ST 的细分设置

在每块 A4988 模块下面都设计了 3 个细分设置选择端 M0、M1、M2，如图 7-6 所示。通过 M0、M1、M2 可以设置步进电机的步距角。细分设置详见表 7-3，其中，H 表示插针上有跳线帽，L 表示无跳线帽。

细分设置

图 7-6　细分设置选择 M0、M1、M2

表 7-3　细分设置

M0	M1	M2	微步解析
L	L	L	全步进
H	L	L	1/2 步进
L	H	L	1/4 步进
H	H	L	1/8 步进
H	H	H	1/16 步进

例如，M0、M1、M2 全部为 L（接地），即选择全步进模式，对于两相四线步进电机而言，其步距角为 1.8°，转一圈需要 200 个步进值（脉冲）。如果要求更高精度，可以通过选择其他模式，如选择 1/4 步进模式，那么电机转一圈就要送 800 个微步。设置细分后，再将 A4988 模块对应插接好。引脚分布如图 7-7 所示。注意：接插 A4988 芯片时要注意方向，有电位器的一侧更靠近 DC 电源接口。

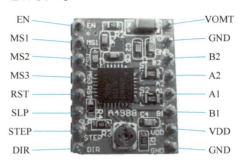

图 7-7　步进电机驱动芯片 A4988 模块引脚图

4. 应用实例——控制四路步进电机

【实践材料】SH-ST 步进电机扩展板 1 块，Basra 控制板 1 块，11.1 V 动力电池 1 个，电源报警器 1 个，步进电机 4 台，步进电机连接线 4 根，USB 数据线 1 根。

【实践步骤】

1）将步进电机驱动芯片贴好散热片，再将 SH-ST 扩展板叠插在主控板上，如图 7-8 所示。

2）关闭 SH-ST 扩展板的电源开关，将 11.1 V 动力电池通过电源导线接到 DC 电源插孔。然后参照图 7-9 所示的电机连接方法，将 4 个步进电机与 X、Y、Z、A 接口逐个相连。

图 7-8　SH-ST 扩展板与 Basra 的连接

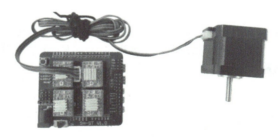

图 7-9　SH-ST 扩展板与电机的连接

3）将参考程序代码上传至主控板，观察电机运行效果。

参考程序代码如下：

```
/ * * * * * * * * * * * * * * * * * * * * * * * * * * * * * * * * * * * * * * * * * * * * * * /
#define X_STP        2              //X轴步进控制
#define Y_STP        3              //Y轴步进控制
#define Z_STP        4              //Z轴步进控制
```

```
#define A_STP    12      //A 轴步进控制
#define EN        8      //步进电机使能端,低电平有效
#define X_DIR     5      //X 轴步进电机方向控制
#define Y_DIR     6      //Y 轴步进电机方向控制
#define Z_DIR     7      //Z 轴步进电机方向控制
#define A_DIR    13      //A 轴步进电机方向控制
/************************* 功能子函数 ****************************/
/** 函数：step    功能：控制步进电机方向、步数      无返回值**/
/** 参数：dir 方向控制, dirPin 步进电机的方向引脚, stepperPin 步进电机的 step 引脚, steps 步进步
数 **/
/***********************************************************/
void step( boolean dir, byte dirPin, byte stepperPin, int steps) {
    digitalWrite( dirPin, dir);              //方向引脚控制, true 正转, false 反转
    for ( int i = 0; i < steps; i++) {       //步进电机转动的脉冲数/步进步数
        digitalWrite( stepperPin, HIGH);
        delayMicroseconds( 800);             //脉冲间隔
        digitalWrite( stepperPin, LOW);
        delayMicroseconds( 800);
    }
}
/***********************************************************/
void setup( ) {   //将步进电机用到的 I/O 引脚设置成输出
    pinMode( X_DIR, OUTPUT);    pinMode( X_STP, OUTPUT);
    pinMode( Y_DIR, OUTPUT);    pinMode( Y_STP, OUTPUT);
    pinMode( Z_DIR, OUTPUT);    pinMode( Z_STP, OUTPUT);
    pinMode( A_DIR, OUTPUT);    pinMode( A_STP, OUTPUT);
    pinMode( EN, OUTPUT);
    digitalWrite( EN, LOW);
}
/***********************************************************/
void loop( ) {
    step( false, X_DIR, X_STP, 200);         //X 轴电机反转 1 圈, 200 步为一圈
    step( false, Y_DIR, Y_STP, 200);         //Y 轴电机反转 1 圈, 200 步为一圈
    step( false, Z_DIR, Z_STP, 200);         //Z 轴电机反转 1 圈, 200 步为一圈
    step( false, A_DIR, A_STP, 200);         //A 轴电机反转 1 圈, 200 步为一圈
    delay( 1000);
    step( true, X_DIR, X_STP, 200);          //X 轴电机正转 1 圈, 200 步为一圈
    step( true, Y_DIR, Y_STP, 200);          //Y 轴电机正转 1 圈, 200 步为一圈
    step( true, Z_DIR, Z_STP, 200);          //Z 轴电机正转 1 圈, 200 步为一圈
    step( true, A_DIR, A_STP, 200);          //A 轴电机正转 1 圈, 200 步为一圈
    delay( 1000);
}
/***********************************************************/
```

7.2.3 AccelStepper 步进电机库函数简介

很多设计需要多个步进电机协同运行，如 3D 打印机、XY 平台等，为了简化程序代码，可以使用第三方提供的 AccelStepper 库。它是一款功能强大、简单易用的控制步进电机的库函数，可以使 Arduino 在控制步进电机的同时完成其他工作。初次使用可以通过 Arduino IDE →"工具"→"库管理"→搜索 AccelStepper，然后选择最新版，在线安装后，添加到相应的库文件夹内。

1. AccelStepper 常用的功能函数

（1）moveTo(long absolute)和 runToNewPosition(long position)

两个函数的功能基本相同，即使电机运行到用户指定的坐标位置（移动绝对位置）。区别是 runToNewPosition()函数执行时，将阻止其他任务程序运行，即电机没有到达目标位置，Arduino 将不会执行后续程序内容；moveTo()函数则不会影响。

（2）move(long relative)

该函数使电机移动相对位置。电机从当前位置运行了所设定的步数，如 move(200)，表示电机运行 200 步。函数执行时，不会阻止其他任务程序运行。

（3）setMaxSpeed(float speed)和 maxSpeed()

setMaxSpeed(float speed)用于设置电机运行的最大速度。参数值越大，表示电机转速越快。maxSpeed()函数返回值为此步进电机之前用户配置的最大速度。

（4）setAcceleration(float acceleration)

设置电机运行的加速度或减速度，参数>0 为加速度，参数<0 为减速度。

（5）setSpeed(float speed)

设置恒定速度，与 runSpeed()函数一起使用。单位为步/s，最大速度不超过 1000 步/s。

（6）setCurrentPosition(long position)

设置当前位置为用户指定位置值。

（7）currentPosition()

获取当前电机输出轴位置并通过串口监视器输出该信息。返回值为当前电机输出轴的坐标位置。

AccelStepper 库函数包含丰富的功能函数，这里不一一讲述。编程过程中如果需要，可以通过库文件安装路径，打开 Arduino/libraries/AccelStepper/src 文件，查阅所需功能函数及其含义。

2. 应用 AccelStepper 库控制步进电机实例

下面以步进电机连接 SH-ST 扩展板的 x 接口为例，介绍控制电机以全步进方式进行正反转的方法。

（1）硬件连接

如图 7-10 所示，将步进电机连接在 SH-ST 扩展板上。

（2）配置 I/O 端口

二相四线 42 步进电机需要 3 个控制信号端，分别控制步进电机的运行步数、旋转方向及使能信号。SH-ST 扩展板的 x 接口步进控制 xstepPin、xdirPin 分别与 Arduino 的数字引脚 D2、D5 相连，使能端 xenablePin 共享，全部连接 Arduino 的数字引脚 D8。

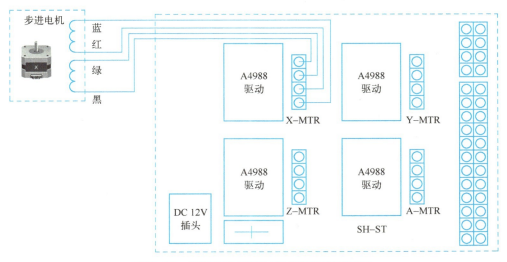

图 7-10　步进电机与 SH-ST 扩展板的连线图

（3）编写程序

因为步进电机工作在全步进的方式，模式选择 M0、M1、M2 应全部设置为低电平 L，即拔下 A4988 驱动板下面 M0、M1、M2 的跳线帽。

1）声明与定义：用#include 指令声明引用 AccelStepper 的库头文件并根据配置的 I/O 端口定义一个步进电机对象 stepper1，如：

```
#include <AccelStepper. h>        //使用 AccelStepper 库
const int xstepPin=2;
const int xdirPin=5;
const int xenablePin=8;
AccelStepper stepper1(1,xstepPin,xdirPin);
```

2）系统初始化：在 setup()函数中对数字 I/O 端口进行初始化，设置步进电机的最大转速以及加速度。

```
void setup() {
    pinMode(xstepPin,OUTPUT);        //Arduino 控制 A4988 步进控制引脚为输出模式
    pinMode(xdirPin,OUTPUT);         //Arduino 控制 A4988 方向控制引脚为输出模式
    pinMode(xenablePin,OUTPUT);      //Arduino 控制 A4988 使能控制引脚为输出模式
    digitalWrite(xenablePin,LOW);    //使能控制引脚置低电平，从而让电机驱动板进入工作状态
    stepper1. setMaxSpeed(500. 0);    //设置电机最大速度
    stepper1. setAcceleration(50. 0);  //设置电机加速度
}
```

3）主循环函数 loop()如下：

```
void loop() {                    //控制步进电机正反方向各转动 1 圈
const int moveSteps=200;
    if (stepper1. currentPosition() == 0) {
       stepper1. moveTo(moveSteps);
    }
    else if (stepper1. currentPosition() == moveSteps) {
```

```
        stepper1. moveTo(0);
      }
    stepper1. run();                //x 接口步进电机运行
  }
```

7.3　Delta 机械臂的设计与实践

随着工业 4.0 升级，自动化程度越来越高，Delta 分拣机器人和 Delta 机械手在工业生产中逐渐取代传统人力做某些分拣、搬运等单调重复或对人体有害的作业，有效地提高了工作的效率。图 7-11 所示为 Delta 机械臂模型。下面以图 7-11a 所示机械臂为例介绍其设计搭建与编程控制的方法。

a)　　　　　　　　　　　　　　　　　　b)

图 7-11　Delta 机械臂模型

7.3.1　设计要求

基本要求：
1）掌握 Delta 并联机械臂的搭建及逆运动学控制。
2）实现利用 Delta 机械臂抓取、搬移功能。

7.3.2　Delta 机械臂的结构设计

机构装配前，需要先分析解构 Delta 并联机械臂的机构模型，并选择好零部件，然后按照装配关系组装。

1. 解构 Delta 并联机械臂模型

根据动作机理，可将图 7-11a 所示 Delta 机械臂解构为六边形基座、直线模组和三角机构三个部分，如图 7-12 所示。其中，三个直线模组相互平行组成三棱柱形状，两端固定在上下基座上，其同步带与运动滑块相连，而滑块通过球形万向联轴器和两根连杆与端点组成末端执行机构。当电机旋转运动时，将通过直线模组的同步轮、同步带改变执行机构的位置。

直线模块是主要的传动机构，它可以将电机旋转运动转换为直线运动。在机器人设计中，通常把它视作一种标准的运动模块。在小型机器人应用中常见的两种传动方式：一种是

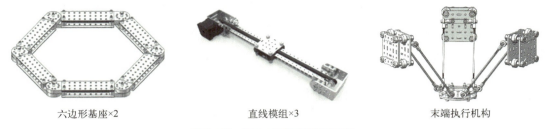

六边形基座×2　　　　　直线模组×3　　　　　末端执行机构

图 7-12　Delta 机械臂的解构图

同步带传动，一种为丝杠传动，如图 7-13 所示。本章中的直线模块采用同步带传动。二者之间的运动特性详见表 7-4。

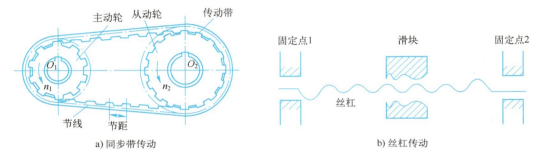

a) 同步带传动　　　　　　　　　　　　b) 丝杠传动

图 7-13　两种传动方式

表 7-4　两种传动方式的运动特性

同步带传动	丝杠传动
（1）传动比准确，工作时没有滑擦，具有恒定的传动比	（1）传动精度高，比较适合需要精准定位的场合
（2）传动速度平稳，噪声低，具有吸收振动的能力	（2）运动平稳，具有较平稳的运动特性，适用于需要稳定运动的场合
（3）运动时不需要润滑，维护与保养方便、成本低	（3）传动效率比较高，传动效率可达 0.9
（4）传动效率高，可达 0.98，节能效果明显	（4）传动力矩大，负载能力强，适用于需要大扭矩的场合
（5）速度比范围大，具有较大的功率传递范围	（5）结构简单、维护方便，可以减少机械设备的故障率
（6）可用于长距离的传动，中心距离可以达到 10 M 以上	

2. 机构装配

（1）选配零件

根据 Delta 机械臂的结构选配零件，如图 7-14 所示。

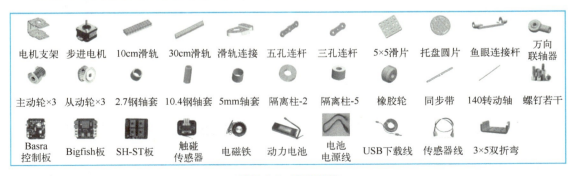

图 7-14　选配零件

（2）装配步骤

1）组装基座。取 10 cm 滑轨、滑轨连接件、M3 螺钉及螺母组装 2 个正六边形的 Delta 机械臂基座（图 7-15）。

直线模块作为一个标准零件使用，如图 7-16 所示，可以先分别组装 3 个直线模块，然后进行总装配，也可以按照下面分步骤进行装配。

图 7-15　基座装配

图 7-16　直线模块组装

2）组装驱动轮组。选 42 步进电机、U 形电机支架、同步主动轮 3 组，先参照图 7-17 分别组装好，再按图 7-18 将其固定在六边形基座上。

图 7-17　步进电机驱动组装配关系图

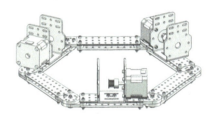

图 7-18　固定驱动轮组

3）组装从动轮组。选取 U 形支架 1 个、从动轮 1 个、五孔连杆、2.7 与 10.4 钢轴套各 2 个、圆垫片 4 个、M3×10 螺钉 4 个、M3×40 螺钉 1 个及配套螺母，按照图 7-19 装配从动轮组。

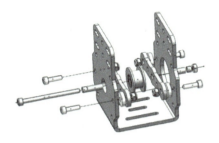

图 7-19　从动轮组装配关系图

4）组装滑块。首先选取 5×5 滑片 2 块、鱼眼连接杆 1 个、滑轨橡胶轮 4 个、隔离柱-5 2 个、5 mm 轴套 8 个，然后按照图 7-20 所示装配关系用 M5 的螺钉及螺母将其组装好。一共组装 3 套。

5）用 30 mm 滑轨、3×5 的双折弯，按照图 7-21 所示的装配关系先将步骤 2）、3）、4）的机构装配一起，然后将同步带、主动轮以及从动轮装配好。

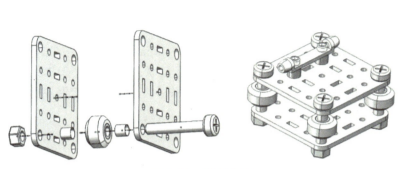

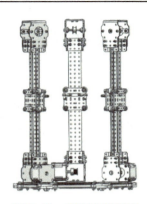

图 7-20　滑块装配　　　　　　　　　图 7-21　装配直线模块

装配时，尽可能保证同步带、主动轮与从动轮同步，松紧适度。同步带的两端头需要用三孔连杆、隔离垫牢固地固定在滑片上，如图 7-22 所示。

6）取 1 个托盘圆片、3 个鱼眼连接杆、6 个隔离柱-5，按照图 7-23 组装移动末端平台。

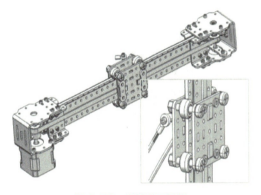

图 7-22　固定同步带　　　　　　　　图 7-23　组装移动末端

7）如图 7-24 所示，用球形万向联轴器和 140 传动轴，将末端平台与滑块连接起来。

8）总装。用另一组装好的六边形基座将 3 个直线模块连接一起，如图 7-25 所示。

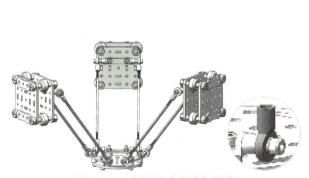
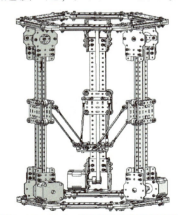

图 7-24　连接移动末端与滑块　　　　图 7-25　Delta 机械臂的装配完成图

7.3.3　Delta 机械臂的运动算法及控制实现

1. Delta 机械臂的运动模型

根据 Delta 机械臂的特点首先建立一个简化模型，如图 7-26a 所示。其中，Tower1、Tower2、Tower3 分别代表 Delta 机械臂的 3 个直线模块，端点运动状态主要取决于 3 个滑块的移动位置。因此，需要建立每个直线模块移动与端点运动的关系方程，以确定滑块运动与端点运动的关系。

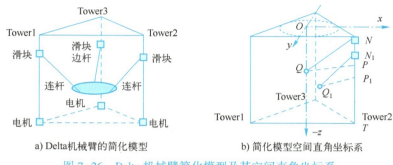

a) Delta机械臂的简化模型　　　b) 简化模型空间直角坐标系

图 7-26　Delta 机械臂简化模型及其空间直角坐标系

根据简化模型，建立 Delta 机械臂的空间直角坐标系，如图 7-26b 所示。其中，坐标系的原点选取 3 个直线模块 Tower1、Tower2、Tower3 构成的等边三角形内切圆的圆心；x 轴过原点，与 Tower1 和 Tower2 的连线平行；y 轴过 Tower3 且垂直于 Tower1 和 Tower2 的连线；z 轴与直线模块平行，且 $z=0$ 的平面设置在 3 个限位开关所在平面。

其中，N 点为滑块初始位置，Q 点为端点的初始位置，P 点为 Q 点在 Tower2 上的投影；N_1、P_1 点分别为滑块和端点运动后的位置，P_1 为 Q_1 在 Tower2 上的投影；T 点为 Tower2 上某一固定点，假设为 Delta 机械臂上端点在负 z 轴方向可以运动到的最大值在 Tower2 上的投影点。

（1）计算滑块运动的距离 NN_1

逆运动学原理是根据 Q_1 的坐标位置确定滑块的运动距离 NN_1。由于连杆长度 $NQ(N_1Q_1)$ 已知（可测量），给定 Q_1 点坐标 $Q_1(x_1, y_1, z_1)$，就可以计算出滑块运动的距离 NN_1。（注意：z_1 坐标为负值。为便于理解，公式推导中 z_1 取绝对值。）

$$NN_1 = NP_1 - N_1P_1$$

根据勾股定理有

$$N_1P_1 = \sqrt{(N_1Q_1)^2 - (Q_1P_1)^2}$$

$$NN_1 = \sqrt{L_{连杆}^2 - (Q_1P_1)^2} - z_1 \tag{7-1}$$

其中，连杆长度 $L_{连杆}$ 可通过测量得知，Q_1、P_1 点坐标已知，根据两点坐标距离公式计算出 Q_1P_1。

（2）求出距离 Q_1P_1

由于 Delta 机械臂的 3 个限位开关构成正三角形，因此它们在其空间坐标系 xoy 平面上的投影点坐标分别为 $A(0, m, 0)$、$B(-m\sin60°, m\cos60°, 0)$、$C(m\sin60°, m\cos60°, 0)$，如图 7-27a 所示。其中 m 是三角形内切圆的圆心到 B 点的距离，等于连杆的长度。为方便计算 Q_1P_1，将 N、N_1、P、P_1、T 点都投影到 z 为 0 的平面上，则有 $Q_1(x_1, y_1, 0)$，如图 7-27b 所示。

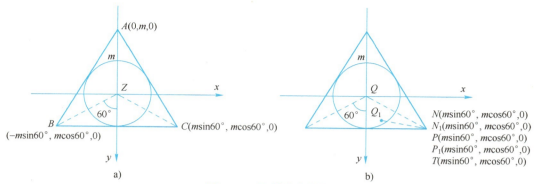

图 7-27 机械臂的投影

根据点坐标距离公式：

$$Q_1P_1 = \sqrt{(x_1-m\sin60°)^2-(y_1-m\cos60°)^2} \tag{7-2}$$

综上可知，若已知连杆长度 $L_{连杆}=m$，将式（7-2）代入式（7-1）即可求得

$$NN_1 = \sqrt{m^2-\left[(x_1-m\sin60°)^2-(y_1-m\cos60°)^2\right]}-z_1$$

其中，Q_1 点坐标在 $-z$ 轴上，实际 z_1 为负值，前面公式推导时曾取了绝对值，所以实际公式应该修改为

$$NN_1 = \sqrt{m^2-\left[(x_1-m\sin60°)^2-(y_1-m\cos60°)^2\right]}+z_1 \tag{7-3}$$

最终求出 NN_1（直线模块移动距离）与 Q_1（执行端运动的终点）坐标的关系。

2. 控制实现

Delta 机械臂的控制系统仍围绕 Basra／Arduino 控制板进行设计。根据设计要求，机械臂要实现抓取、搬移物体等功能，需要控制步进电机带动滑块沿着 Tower1～Tower3 上下移动，从而控制端点到达既定位置。电磁铁实现抓取搬移功能，触碰传感器作为滑块的限位开关。

（1）I/O 端口的配置

为简化电路接线，这里使用 SH-ST 扩展板同时驱动控制 3 路步进电机的正反转，Bigfish 扩展板连接 3 路限位开关和电磁铁。其中，Tower1～Tower3 上的 3 路步进电机分别连接 SH-ST 扩展板的 x、y、z 接口，3 路限位开关分别连接 Bigfish 扩展板的 A0、A3、A4 端口，电磁铁连接数字端口 D9、D10 引脚，见表 7-5。

表 7-5 I/O 端口配置

元件名称及位置		扩展板接口	Arduino 的 I/O 端口		接线注意事项
			（step）	（Dir）	
步进电机	Tower1	SH-ST 板的 x 接口	D2	D5	从上至下：黑、绿、红、蓝（步进电机）
	Tower2	SH-ST 板的 y 接口	D3	D6	
	Tower3	SH-ST 板的 z 接口	D4	D7	
限位开关		Bigfish 板的 A0、A3、A4	模拟 A0、A3、A4		注意 VCC、GND 不能接错
电磁铁		Bigfish 板的 D9、D10	数字 D9、D10		无极性要求

（2）程序设计思路

下面以 Delta 机械臂自由运行抓取目标物体为例介绍控制程序设计思路。程序设计仍然采用分层和模块化设计思路。

系统上电或复位后，先使步进电机与机械臂端点移动至初始位置，即滑块运行至限位开关位置。然后电机驱动端点平台垂直向下运行至目标物位置，磁铁吸合执行抓取动作，端点向上运行使物体离开地面，移至第一目标位置，然后释放物体，1s后电磁铁再次吸合抓取物体，移至第二个目标位置释放物体，1s后再将物体搬回原目标位置，电磁铁断电释放物体，电机及端点平台复位至初始位置，再进入下一个周期重复运行。其部分流程如图7-28和图7-29所示。

图7-28　主程序流程图　　　　　　　图7-29　复位子程序流程图

控制程序分为系统初始化函数、主循环函数以及自定义的功能子函数，如电机运行参数设置、电机复位、电机运行、电磁铁控制、搬运等。下面进行分层编程与调试。

1) 控制 3 个电机能够同步向上或向下运行到设定的目标位置。

2) 设置电机运行参数。如电机运行速度、加速度等。

3) 步进电机复位。机械臂上电或复位后，首先判断当前坐标位置，如果机械臂坐标位置不在零点，3 个步进电机将以设定速度同步向上运行，直到滑块分别触发各自的限位开关后，电机停止运行。

4) 控制端点到指定位置。电机复位后，步进电机驱动端点平台向下运行至指定位置。

5) 计算滑块运行的距离。给定待搬运目标物体的位置（Q_1 点的坐标），计算出每个滑块运行的距离，以及对应电机需要运行的步数。

6) 移动物体。端点运行到物体所在的位置时，控制电磁铁上电吸合拾取物体，然后移动到第一目标位置 A，电磁铁断电释放物体。1 s 后，电磁铁再次上电吸合拾取物体，将其移动至第二目标位置 B，电磁铁断电释放物体。再过 1 s 后，电磁铁再次上电吸合拾取物体，将其放回初始位置。

7) 电机复位，延时 1 s 后重复以上任务。

结合编程思路与设计任务，绘制各功能模块的程序流程图，编写程序逐步实现设计要求。

自定义库函数：为了提高程序可读性，可以创建一个库函数 Configuration. h 用来定义常量、变量或进行参数配置，如步进电机数量、硬件接线引脚、步进驱动细分、连杆长度等，然后在 sketch 文件 delta. ino 中进行调用。

```
/ * * * * * * * * * * * Configuration. h * * * * * * * * * * * * * * * * * * * * * * * * * * * * * * * * * * * * * * * * * * /
* 接线 tower1：x；tower2：y；tower3：z    *
* 传感器:SENSOR_TOWER1：A0, SENSOR_TOWER2：A3, SENSOR_TOWER3：A4
*              tower3
*          *          *
*        *              *
*                                      dir: x: 5, y: 6, z: 7, a: 13
*      tower1    *    *    tower2      stp: x: 2, y: 3, z: 4, a: 12
* /
#define EN 8                              //步进电机使能引脚，本例程中置低
#define NUM_STEPPER 3                     //步进电机数量
#define NUM_AXIS 3                        //坐标 x, y, z
#define XYZ_FULL_STEPS_PER_ROTATION 3200  //步进电机每周步数
#define XYZ_MICROSTEPS 16                 //步进驱动细分
#define LEAD 8                            //同步带行程（mm）
#define DELTA_RADIUS  (DELTA_SMOOTH_ROD_OFFSET - DELTA_EFFECTOR_OFFSET - DELTA_
CARRIAGE_OFFSET)
#define DELTA_DIAGONAL_ROD 115.49         //推杆长度（mm），修改可调整托盘运动水平，精度
                                          0.1 mm
#define DELTA_SMOOTH_ROD_OFFSET 112.10    //电机轴圆半径（mm），修改可调整托盘运动水平，
                                          精度 0.01 mm
#define DELTA_EFFECTOR_OFFSET 42.00       //平台中心到推杆连接处的距离（mm）
```

```
#define DELTA_CARRIAGE_OFFSET 41.80          //电机轴滑块的距离（mm）
#define SENSOR_TOWER1 A0                      //tower1 限位传感器连接 A0 端口
#define SENSOR_TOWER2 A3                      //tower2 限位传感器连接 A3 端口
#define SENSOR_TOWER3 A4                      //tower3 限位传感器连接 A4 端口
#define SIN_60 0.866025                       //sin 60°
#define COS_60 0.50                           //cos60°
#define TOWER_1 0
#define TOWER_2 1
#define TOWER_3 2
#define X_AXIS 0
#define Y_AXIS 1
#define Z_AXIS 2
int stepsPerRevolution = XYZ_FULL_STEPS_PER_ROTATION * XYZ_MICROSTEPS / 2.0;
float delta_radius = DELTA_RADIUS;
float delta_diagonal_rod = DELTA_DIAGONAL_ROD;
float delta_tower1_x = -SIN_60 * delta_radius;     //tower1
float delta_tower1_y = -COS_60 * delta_radius;
float delta_tower2_x =  SIN_60 * delta_radius;     //tower2
float delta_tower2_y = -COS_60 * delta_radius;
float delta_tower3_x = 0.0;                         //tower3
float delta_tower3_y = delta_radius;
float delta_diagonal_rod_2 = sq(delta_diagonal_rod);
boolean serial_notes = false;                       //串口打印运行过程结果
/**************************************************************/
```

声明与定义：打开 Arduino IDE，创建一个 sketch 文件如 delta.ino；声明引用 Arduino.h、Configuration.h 库函数，并通过"项目"→"加载库"→"贡献库"→添加 AccelStepper 库；分配控制步进电机的方向和步进的引脚；创建电机对象；定义存储 Q_1 当前坐标值和目标坐标值的数组变量；定义设置端点初始位置向上、向下运动距离等。

系统初始化：在 setup()函数中，配置步进驱动使能控制引脚为输出模式；使用 Multi-Stepper 库的成员函数多步进电机集中管理函数 addStepper()分别配置 3 个步进电机；设置 Delta 机械臂上电或复位时的初始状态、步进电机运行速度和加速度等。

主循环函数：按照设计要求，给定物体的目标坐标值，通过执行相应的功能子函数，计算滑块移动距离和电机步进的步数，实现搬运物体的功能。

定义功能子函数：除了初始化函数 setup()和主循环函数 loop()，还需要定义步进电机复位函数、运行函数，功能子函数主要包括获取命令函数 Get_command()、执行命令函数 Process_command()、计算 x 与 y 方向的增量函数 Line_ADD()、计算 delta 函数 calculate_delta()、电机运行参数设置函数 stepperSet()、运行函数 stepperMove()、步进电机复位函数 stepperReset()、电磁铁控制函数 putUp()和 putDown()、搬运测试函数 carry()等。

（3）参考程序代码

```
/*************** +++程序使用 Arduino1.8.2 编写，避免编译错误请使用较新版本+++ ***/
#include "Arduino.h"
#include <AccelStepper.h>
#include <MultiStepper.h>
#include "Configuration.h"
```

```
AccelStepper stepper_x(1, 2, 5);                        //tower1
AccelStepper stepper_y(1, 3, 6);                        //tower2
AccelStepper stepper_z(1, 4, 7);                        //tower3
MultiStepper steppers;                                  //创建步进电机对象
float delta[NUM_STEPPER];
float current[NUM_AXIS] = {0.0, 0.0, 0.0};             //当前坐标
float destination[NUM_AXIS];                            //目标坐标
boolean dataComplete = false;
float down = -180;                                      //端点向下距离桌面平台的位置,该值越小距离桌
                                                          面越近
float up = -105;
/************************初始化函数************************/
void setup() {
    Serial.begin(9600);
    pinMode(EN, OUTPUT);                                //步进驱动使能置低
    steppers.addStepper(stepper_x);                     //多步进集中管理配置
    steppers.addStepper(stepper_y);
    steppers.addStepper(stepper_z);
    stepperSet(1600, 400.0);                            //设置电机运行速度和加速度
    stepperReset();                                     //电机复位
    delay(1000);
    Get_command(0, 0, down);                            //获取向下运行命令
    Process_command();                                  //执行命令
    delay(1000);
}
/************************主循环函数************************/
void loop() {
    carry();                                            //调用测试函数,将物体搬运移动至目标位置
    delay(1000);
    stepperReset();                                     //电机复位
    delay(1000);
}
/************************Get_commond************************/
void Get_command(float _dx, float _dy, float _dz) {
    destination[0] = _dx;                               //将给定值存储在目标坐标数组中
    destination[1] = _dy;
    destination[2] = _dz;
    if(destination[0] == 0 && destination[1] == 0 && destination[2] == 0)  //如果x、y、z坐标值均
                                                                              为0
        stepperReset();                                 //步进电机复位;否则,标志位 dataComplete = true;
    else
        dataComplete = true;
}
/************************Process_command************************/
void Process_command() {
    if(dataComplete) {
        digitalWrite(EN, LOW);
```

```
          if( current[0] == destination[0] && current[1] == destination[1] && current[2] == destination[2])
              return;
          else
              Line_DDA( destination[0], destination[1], destination[2]);
        }
      dataComplete = false;
      digitalWrite( EN, HIGH);
    }
/ ************************** DDA ********************************/
void Line_DDA( float x1, float y1, float z1) {
    float x0,y0,z0;                        //当前坐标点
    float cx,cy;                           //x、y方向上的增量
    x0 = current[0];y0 = current[1];z0 = current[2];
    int steps = abs(x1 - x0) > abs(y1 - y0) ? abs(x1 - x0) : abs(y1 - y0);
    cx = (float)(x1 - x0) / steps;
    cy = (float)(y1 - y0) / steps;
    for( int i = 0; i <= steps; i++) {
        current[0] = x0 - current[0];
        current[1] = y0 - current[1];
        current[2] = z1 - current[2];
        calculate_delta( current);
        stepperSet( 1350.0,50.0);
        stepperMove( delta[0],delta[1],delta[2]);
        current[0] = x0;
        current[1] = y0;
        current[2] = z1;
        x0 += cx;
        y0 += cy;
    }
  }
/ ********************* calculate_delta ************************/
void calculate_delta( float current[3]) {
    if( current[0] == 0 && current[1] == 0 && current[2] == 0)
        {delta[0] = 0; delta[1] =0; delta[2] = 0;}
    else {
        delta[TOWER_1] = sqrt( delta_diagonal_rod_2 - sq( delta_tower1_x-current[X_AXIS])
                        - sq( delta_tower1_y-current[Y_AXIS])) + current[Z_AXIS];
        delta[TOWER_2] = sqrt( delta_diagonal_rod_2 - sq( delta_tower2_x-current[X_AXIS])
                        - sq( delta_tower2_y-current[Y_AXIS])) + current[Z_AXIS];
        delta[TOWER_3] = sqrt( delta_diagonal_rod_2 - sq( delta_tower3_x-current[X_AXIS])
                        - sq( delta_tower3_y-current[Y_AXIS])) + current[Z_AXIS];
        for( int i=0;i<3;i++) {
            delta[i] = (( delta[i] - 111.96) * stepsPerRevolution / LEAD);
        }
      }
    }
/ ********************** stepperMove ************************/
void stepperMove( long _x, long _y, long _z) {
    long positions[3];
```

```
      positions[0] = _x;                      //steps<0, 向下运动; steps>0, 向上运动
      positions[1] = _y;
      positions[2] = _z;
      steppers. moveTo( positions) ;
      steppers. runSpeedToPosition( ) ;
      stepper_x. setCurrentPosition(0) ;
      stepper_y. setCurrentPosition(0) ;
      stepper_z. setCurrentPosition(0) ;
      }
/******************************* stepperSet ********************/
void stepperSet( float _v, float _a) {
      stepper_x. setMaxSpeed( _v) ;             //MaxSpeed: 650
      stepper_x. setAcceleration( _a) ;
      stepper_y. setMaxSpeed( _v) ;
      stepper_y. setAcceleration( _a) ;
      stepper_z. setMaxSpeed( _v) ;
      stepper_z. setAcceleration( _a) ;
      }
/************************ 步进电机复位 **************************/
void stepperReset( ) {
    digitalWrite( EN, LOW) ;
    if( current[2] != 0) {
      Get_command(0,0,current[2]) ;
      Process_command( ) ;
      digitalWrite( EN,LOW) ;
      }
    while( digitalRead( SENSOR_TOWER1) &&digitalRead( SENSOR_TOWER2) && digitalRead( SENSOR_
TOWER3) ) {
        stepperMove( 10,10,10) ;
      }
    stepperSet( 1200. 0,100. 0) ;
    stepperMove( -400,0, 0) ;
    while( digitalRead( SENSOR_TOWER1) ) {
        stepperMove( 10,0,0) ;
      }
    stepperMove( 0, -400,0) ;
    while( digitalRead( SENSOR_TOWER2) )   {
        stepperMove( 0,10,0) ;
      }
    stepperMove( 0,0, -400) ;
    while( digitalRead( SENSOR_TOWER3) ) {
        stepperMove( 0,0,10) ;
      }
    for( int i = 0; i<3; i++)  {
      cartesian[i] = 0. 0;
      }
    digitalWrite( EN, HIGH) ;
    }
```

```
/ ************************ 电磁铁吸合 ************************ /
    void putUp( ) {
        digitalWrite( 9,HIGH);
        digitalWrite( 10,LOW);
    }
    void putDown( ) {
        digitalWrite( 9,LOW);
        digitalWrite( 10,LOW);
    }
/ ************************ 测试函数 ************************ /
void carry( ) {
        Get_command( 0,0,down);
        Process_command( );
        putUp( );
        delay( 500);
        Get_command( 0,0,up);
        Process_command( );
        Get_command( 50,0,up);
        Process_command( );
        Get_command( 50,0,down);
        Process_command( );
        putDown( );
        delay( 500);
        putUp( );
        delay( 500);
        Get_command( 50,0,up);
        Process_command( );
        Get_command( 0,0,up);
        Process_command( );
        Get_command( 0,0,down);
        Process_command( );
        putDown( );
        delay( 500);
    }
/ ************************************************************ /
```

7.4   直角坐标型机械臂的设计与实践

直角坐标型机械臂通常指能够实现自动控制、可重复编程、运动自由度可构成空间直角坐标关系，且沿着 x、y、z 坐标轴进行线性运动的自动化设备。直角坐标型机械臂因机械结构简单、具有很高的结构刚度和定位精度、承载量大、可靠性好等特点在工业中得以广泛应用，如龙门式机械臂（图 7-30）、焊接机械臂、码垛机械臂、检测机械臂等。

直角坐标型机械臂根据自由度可分为单轴、双轴、三轴和多轴，如图 7-31 所示。每个运动轴互相垂直且单轴沿着直线方向运动，各个运动轴通常对应直角坐标系中的 x 轴、y 轴和 z 轴，x 轴和 y 轴是在水平面内运动的轴，z 轴是上下运动的轴。在有些应用中，z 轴上带

图 7-30　龙门式机械臂

有一个旋转轴，或带有一个摆动轴和旋转轴，但大多数直角坐标型机械臂各个直线运动轴间的夹角为直角。

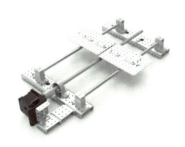　　　　

a) 单轴直角坐标型机械臂　　　　b) 双轴直角坐标型机械臂　　　　c) 三轴直角坐标型机械臂

图 7-31　直角坐标型机械臂

下面以双轴直角坐标型绘图机械臂为例介绍直角坐标型机械臂的结构设计、运动算法以及编程控制思路。

7.4.1　设计要求

1. 基本要求

1）设计搭建一个 XY 轴移动平台，并能够控制其绘制一些基本图形，如长方形、圆形等。

2）具有按键启动与停止的功能。

2. 拓展要求

自主进行图案设计，例如绘制心形、LOGO 等。

7.4.2　双轴直角坐标型机械臂的结构设计

直角坐标型机器人是以直线导轨作为导向的，传动方式一般采用丝杠传动或同步带传动。设计时，配合伺服电机或步进电机，还可实现定位、移载、搬运等功能。

1. 解构双轴绘图机械臂模型

分析双轴直角坐标型绘图机械臂（图 7-32）的动作原理，其机械结构可以拆解为基座、十字滑台、画笔支架、画板几个部分，如图 7-33 所示。其中，画笔支架装配在十字滑台的 Y 轴滑块上，在电机驱动控制下，可以沿着 X 轴、Y 轴或既定的轨迹移动。画笔的移动速度取决于电机转速，移动范围则取决于滑轨长度和滑块的运动范围。

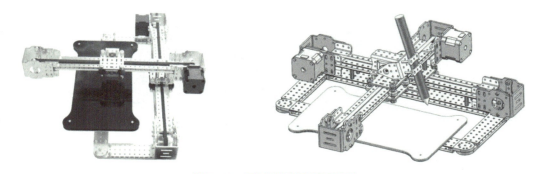

图7-32　双轴绘图机械臂模型

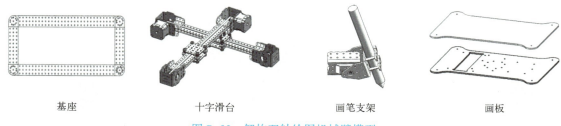

基座　　　　　　　　　十字滑台　　　　　　　画笔支架　　　　　　　画板

图7-33　解构双轴绘图机械臂模型

2. 机构装配

（1）选配零件

根据双轴绘图机械臂的结构选配零件，如图7-34所示。

| U形支架 | 10cm滑轨 | 30cm滑轨 | 滑轨连接件 | 五孔连杆 | 三孔连杆 | 5×5滑片 | 3×5双折弯面板 | 舵机支架 | 双折弯 | 垫片 |

| 步进电机 | 标准舵机 | 主动轮×3 | 从动轮×3 | 2.7钢轴套 | 10.4钢轴套 | 5mm轴套 | 隔离柱-2 | 橡胶轮 | 同步带 | 输出头 |

| 后输出头 | 各型螺钉 | Basra控制板 | Bigfish板 | SH-ST板 | 触碰传感器 | 动力电池 | 电池电源线 | USB下载线 | 传感器线 | 画笔 |

图7-34　选配零件

（2）装配步骤

1）组装基座。分别取10cm滑轨、30cm滑轨各2个、滑轨连接件8个，组装成长方形基座。

2）组装十字滑台。十字滑台是由2个直线模块构成的XY直角型运动平台。

① 组装滑块。取2片5×5滑片、4个橡胶轮、8个5mm轴套，参照图7-35所示装配关系，用M5×40的螺钉及螺母将其组装好。

② 组装从动轮组。选取 U 形支架 1 个、从动轮 1 个、五孔连杆、2.7 与 10.4 钢轴套各 2 个、圆垫片 4 个、M3×10 螺钉 4 个、M3×40 螺钉 1 个及配套螺母，按照图 7-36 所示装配关系进行组装。

图 7-35　装配滑块

图 7-36　装配从动轮组

③ 组装驱动轮组。取 1 个 U 形支架、42 步进电机、主动轮及 M3×6 的螺钉，按照图 7-37 所示装配关系进行装配，并用无头内六角螺钉将同步轮紧固在电机输出轴上。

④ 装配 X、Y 直线模块。首先，将事先装配好的滑块与 30 mm 滑轨按照图 7-38 所示装配关系进行组装；然后，参照图 7-39 用 3×5 双折弯面板将主动轮组、从动轮组以及滑轨滑块组装一起；最后，用同步带将主动轮与从动轮紧密连接起来，并用三孔连杆、隔离柱将同步带接头紧固在滑块上。装配时，注意带与带轮之间的啮合关系。

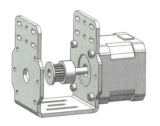

图 7-37　驱动轮组

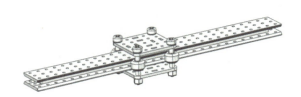

图 7-38　滑轨滑块

用同样的方法步骤，再装配一组直线模块。

⑤ 整体装配。为了装配与运行稳定，需要将一根直线模块（X 轴向）固定在长方形基座上（图 7-40）。然后将另一根直线模块（Y 轴向）垂直固定在 X 直线模块上，如图 7-41 所示。

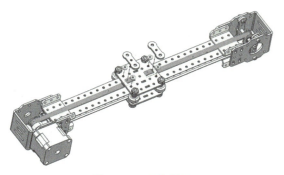

图 7-39　直线模块

图 7-40　滑台基座

3）安装画笔支架。选取标准舵机、舵机支架、舵机输出头、U 形双折弯、三孔连杆以及钢轴套等，按照图 7-42 将其组装好后，再安装在 Y 轴滑块上。

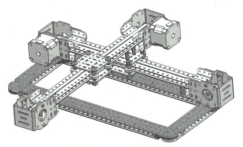

图 7-41　十字滑台

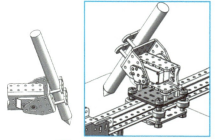

图 7-42　画笔支架

4）总装与优化。将画板固定在长方形基座上，控制板、滑块限位开关、启动开关等分别固定在适当位置，调节好同步带的松紧度。其实物模型如图 7-43 所示。

图 7-43　双轴绘图机械臂的实物模型

7.4.3　双轴直角坐标型绘图机械臂的运动算法

双轴直角坐标型绘图机械臂可沿着 X、Y 坐标轴的方向做直线平移运动。控制两轴的运动就可以控制画笔在 XOY 坐标系平面内移动，从而绘制出期望的图形。分析其机械臂的运动轨迹，可以得出执行端和驱动端的运行关系。

1. 直角坐标型机械臂的运动轨迹分析

首先，建立一个平面直角坐标系，将需要绘制的图形置于该坐标系中；建立运动轨迹方程，确定该图形各关键点的坐标；然后控制画笔沿着规划的路径进行运动。下面以菱形轨迹为例，介绍如何建立轨迹坐标系。

建立一个以 A 点为原点，以 AB 为 X 坐标轴的轨迹直角坐标系，其顶点坐标分别为 $A(0,0)$、$B(x,0)$、$C(x_1+x,y)$、$D(x_1,y)$，如图 7-44 所示。

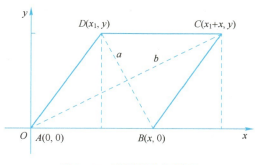

图 7-44　菱形轨迹坐标系

假设，菱形的对角线为已知量 a、b，根据勾股定理和三角形相似原理容易得出

$$x = \sqrt{\left(\frac{a}{2}\right)^2 + \left(\frac{b}{2}\right)^2}, \quad y = \frac{ab}{2}/x, \quad x_1 = \left(\frac{b^2}{2} - x^2\right)/x$$

这样，菱形的 4 个顶点坐标就确定了，接下来只要控制机械臂依次运动到各个顶点，就可以得到需要的菱形轨迹。

2. 逐点比较法插补运算

双轴直角坐标型机械臂要实现任意两点间的轨迹运动需要两个轴共同协作。而由于控制指令存在时序问题，同一时刻只能有一个运动轴移动，所以实际的运动轨迹特别是斜直线或曲线轨迹是由许多无限小的折线段组成的。为使运动轨迹与轮廓曲线拟合，常采用插补运算。所谓插补运算就是根据给定运动轨迹的曲线方程和进给速度，运用一定算法，自动在轨迹的起点和终点之间插入或补上运动轨迹的各个中间点坐标，使数据点密化，以满足方程轨迹要求。常用插补算法有逐点比较法、数字积分法、比较积分法、数据采样法及时间分割法等。这里重点介绍逐点比较法插补运算。

逐点比较法就是运动轴每走一步都要先将运动轨迹的瞬态坐标与标准图形的轨迹坐标进行比较，判断其偏差值 F_m，然后决定下一步走向。在逐点比较法中，每进给一步都需要经过偏差判别、坐标进给、新偏差计算和终点比较四个步骤。下面分别介绍直线插补算法和圆弧插补算法。

（1）直线插补算法

1）偏差判别。设 OA 是一条过坐标原点的直线，如图 7-45 所示。其中，$A(x_e, y_e)$ 为终点坐标，$A'(x_i, y_i)$ 是运动轨迹的动态坐标，F_m 为偏差值，偏差函数为

$$F_m = y_i x_e - y_e x_i$$

当运动轨迹与直线 OA 重合时，$F_m = 0$；当运动轨迹在直线 OA 上方时，$F_m > 0$；当运动轨迹在直线 OA 下方时，$F_m < 0$。

2）坐标进给。如图 7-46 所示，当 $F_m = 0$ 时，沿着 x 轴方向或 y 轴方向的任一方向进给 $+\Delta x$ 或 $+\Delta y$；$F_m > 0$ 时，运动轴沿着 x 轴方向进给一步 $+\Delta x$；$F_m < 0$ 时，运动轴沿着 y 轴方向进给一步 $+\Delta y$。

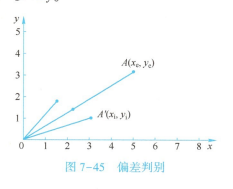

图 7-45　偏差判别

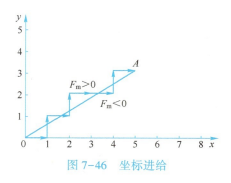

图 7-46　坐标进给

3）新偏差计算。x 轴方向进给 $+\Delta x = 1$ 后的新偏差：

$$\frac{y_i}{x_i + \Delta x} = \frac{y_e}{x_e} \Rightarrow y_i x_e - y_e x_i - y_e = F_m - y_e$$

y 轴方向进给 $+\Delta y = 1$ 后的新偏差：

$$\frac{y_i + \Delta y}{x_i} = \frac{y_e}{x_e} \Rightarrow y_i x_e - y_e x_i + x_e = F_m + x_e$$

4）终点比较。设一个计数器，其初值取终点坐标值与起点坐标值差的绝对值之和 $|y_e - y_0| + |y_e - y_0|$，每进给一步计数器减 1，直到计数器减到 0 为止。到达终点，停止运算并发出停机或执行新程序指令。

例如，已知直线 OA 的起点坐标 $O(0,0)$、终点坐标 $A(5,3)$，偏差 F_m，根据插补运算，其插补过程见表 7-6。

表 7-6　插补过程

序　号	插补计算过程			
	偏差判别	坐标进给	偏差计算	终点比较
起点	—	—	$F_0 = 0$	$n_{xy} = 8$
1	$F_0 = 0$	$+\Delta x$	$F_1 = f(0,0) - y_e = -3$	$n_{xy} = 7$
2	$F_1 < 0$	$+\Delta y$	$F_2 = f(1,0) + x_e = 2$	$n_{xy} = 6$
3	$F_2 > 0$	$+\Delta x$	$F_3 = f(1,1) - y_e = -1$	$n_{xy} = 5$
4	$F_3 < 0$	$+\Delta y$	$F_4 = f(2,1) + x_e = 4$	$n_{xy} = 4$
5	$F_4 > 0$	$+\Delta x$	$F_5 = f(2,2) - y_e = 1$	$n_{xy} = 3$
6	$F_5 > 0$	$+\Delta y$	$F_6 = f(3,2) - y_e = -2$	$n_{xy} = 2$
7	$F_6 < 0$	$+\Delta x$	$F_7 = f(4,2) + x_e = 3$	$n_{xy} = 1$
8	$F_7 > 0$	$+\Delta y$	$F_8 = f(4,3) - y_e = 0$	$n_{xy} = 0$

（2）圆弧插补算法

1）偏差判别。设 $P(x_0, y_0)$ 为直角坐标系第一象限中圆弧上的任意一点，$P'(x_i, y_i)$ 是运动轨迹的动态坐标，F_m 为偏差值，其偏差函数为

$$F_m = (x_i^2 - x_0^2) + (y_i^2 - y_0^2)$$

如图 7-47 所示，当运动轨迹与圆弧重合，$F_m = 0$；运动轨迹在圆弧外时，$F_m > 0$；运动轨迹在圆弧内，$F_m < 0$。

2）坐标进给。显然，当 $F_m > 0$ 时，向 x 轴负方向进给一步 $-\Delta x$；当 $F_m < 0$ 时，向 y 轴正方向进给一步 $+\Delta y$；当 $F_m = 0$ 时，可以选择向 x 轴负方向或 y 轴正方向的任一方向进给一步 $-\Delta x$ 或 $+\Delta y$，如图 7-48 所示。

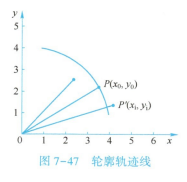

图 7-47　轮廓轨迹线

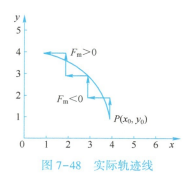

图 7-48　实际轨迹线

3）计算偏差。假设每步进给量为 1，那么如果运动轨迹在 x 轴方向进给 $-\Delta x$，动态坐标

将变为 (x_i-1, y_i)，新偏差为：

$$F_{m+1} = \left[(x_i-1)^2 - x_0^2\right] + (y_i^2 - y_0^2) = F_m - 2x_i + 1$$

如果在 y 轴方向进给 $+\Delta y$ 后，动态坐标变为 (x_i, y_i+1)，新偏差为

$$F_{m+1} = (x_i^2 - x_0^2) + \left[(y_i+1)^2 - y_0^2\right] = F_m + 2y_i + 1$$

4）终点比较。取圆弧的终点坐标与起点坐标差的绝对值之和 $|x_e-x_0| + |y_e-y_0|$，作为计数器初值。运动轨迹每进给一步，计数器的值减 1，直到计数器的值等于 0 为止。

所以双轴直角坐标型机械臂采用逐点比较插补运算的控制过程可以分为以下几个步骤：

1）建立轨迹坐标系、曲线轨迹轮廓方程和偏差公式，给出轨迹关键点的坐标，如起点坐标 (x_0, y_0)、终点坐标 (x_e, y_e)。

2）通过判断偏差量 F_m 的值和终点所在象限确定进给方向：当 $F_m \geq 0$ 时且终点在一、四象限时，沿 $+x$ 方向进给，在二、三象限时，沿 $-x$ 向进给；当 $F_m < 0$ 时且终点在一、四象限时，沿 $+y$ 向进给，在二、三象限时，沿 $-y$ 向进给。偏差量与进给方向对应关系见表 7-7。

表 7-7　偏差量与进给方向对应关系

$F_m \geq 0$			$F_m < 0$		
所在象限	进给方向	偏差计算	所在象限	进给方向	偏差计算
一、四	$+x$	$F_{m+1} = F_m - y_e$	一、四	$+y$	$F_{m+1} = F_m + x_e$
二、三	$-x$		二、三	$-y$	

3）确定进给总步数 $n = |x_e-x_0| + |y_e-y_0|$，并不断执行偏差判断、坐标进给、计算偏差、终点比较。

4）画出程序流程图，如图 7-49 所示，编写控制程序。

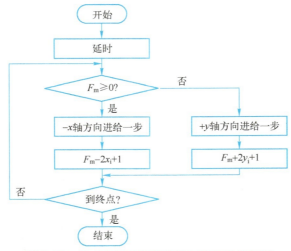

图 7-49　逐点比较法圆弧插补运算程序流程图

5）分配 I/O 端口，搭建硬件电路，控制步进电机绘制运动轨迹。

7.4.4　双轴直角坐标型绘图机械臂的控制实现

下面以任意平行四边形运动轨迹为例，介绍双轴直角坐标型机械臂的控制系统设计实现。

1. 解析图形的运动轨迹与算法

（1）建立平行四边形的轨迹坐标系

根据运动算法，任意平行四边形的轨迹坐标系如图 7-50 所示，其顶点坐标分别为 $A(0, 0)$、$B(x,0)$、$C(x_1+x, y)$、$D(x_1, y)$。其中，边长 a、b 及夹角 α 为已知。

根据三角形边角公式：$y=b\sin\alpha$，$x_1=b\cos\alpha$，可以确定平行四边形的各顶点坐标为 $A(0,0)$、$B(a,0)$、$C(a+b\cos\alpha, b\sin\alpha)$、$D(b\cos\alpha, b\sin\alpha)$。

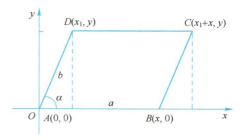

图 7-50　平行四边形轨迹坐标系

（2）计算两坐标点间的偏差值

将运动轨迹分为四段，即 AB、CD、BC、DA。其对应直线方程可表示为

$$y=m \quad 或 \quad y=kx+p \ (k\neq 0)$$

首先，设初始偏差量为 f_m 和每步进给量，根据直线插补算法，可求出两坐标点的偏差值为

$$f_{m+1}=f_m-\Delta y \quad (f_m>0)$$
$$f_{m+1}=f_m+\Delta x \quad (f_m<0)$$

其中，$\Delta x=|x_2-x_1|$，$\Delta y=|y_2-y_1|$，(x_1,y_1)、(x_2,y_2) 为直线的起点和终点坐标。然后，通过偏差量 f_m 的值和终点判断每段运动轨迹所在的象限，确定每段进给方向。

注意： 在实际编程控制时，还需要将直角坐标系下的偏差值转换为步进电机控制信号的偏差值。假设已知步进电机转动一圈脉冲数 stepsPerRevolution 和红杠的导程 LEAD，那么，控制步进电机从起点坐标运行到终点坐标时在 x 轴向和 y 轴方向上所需控制信号的脉冲总数分别为 dx 和 dy：

$$dx=|x_2-x_1|\div LEAD\times stepsPerRevolution$$
$$dy=|y_2-y_1|\div LEAD\times stepsPerRevolution$$

（3）计算进给总步数 n

由于双轴平台实现两点间直线的轨迹运动需要控制 x 轴和 y 轴共同协作交替运行。所以，两坐标间的总步数应该是 x 轴向上与 y 轴向上的进给步数之和，即

$$n=|x_2-x_1|+|y_2-y_1|$$

2. 硬件电路设计

为使设计更接近工程实际，双轴直角坐标型绘图机械臂的控制系统应具有系统启停控制、驱动 XY 运动轴移动的步进电机控制信号、画笔调节控制、XY 轴移动限位检测等功能。

（1）配置 I/O 端口

如图 7-43 所示，如果采用 2 台 42 步进电机驱动机械臂 X、Y 轴运动，1 个舵机控制画笔起落，3 路触碰传感器分别用于启停控制和限位，那么需要控制板提供 3 路输入通道、7 路输出通道，即 10 个数字 I/O 端口。

（2）硬件连接

为了简化电路连线，步进电机驱动采用 SH-ST 扩展板。X 轴电机连接扩展板的 x-MTR、Y 轴电机连接 y-MTR 接口（步数和方向控制分别是 D5 与 D2、D6 与 D3）；驱动器使能端连接 D8；系统启动按键、电机运行限位开关分别连接 D17、D19 和 D15（即模拟端口 A3、A5 和 A1）；画笔控制舵机连接 D7。Arduino 控制板与 SH-ST 扩展板的端口对应关系见表 7-8。

表 7-8　Arduino 控制板与 SH-ST 扩展板的端口对应关系

元器件名称及位置		扩展板接口	Arduino 的 I/O 端口		接线注意事项
			（step）	（Dir）	
步进电机	X 轴	SH-ST 板的 x-MTR 接口	数字 D2	数字 D5	从上至下：黑、绿、红、蓝（步进电机）
	Y 轴	SH-ST 板的 x-MTR 接口	数字 D3	数字 D6	
	使能端	EN	数字 D8		无须接线，低电平有效
X 轴的限位开关		Bigfish 板的 A5	数字 D19/模拟 A5		注意 VCC、GND 不能接错
Y 轴的限位开关		Bigfish 板的 A1	数字 D15/模拟 A1		
系统启动按键		Bigfish 板的 A3	数字 D17/模拟 A3		
画笔舵机		Bigfish 板的 D7	数字 D7		

3. 程序设计思路

首先，系统上电或复位时，步进电机和舵机复位到初始位置。当按下启动按键，X 运动轴或 Y 运动轴运行，画笔移动到预设绘图区，舵机转动控制画笔落下，然后利用直线插补法绘制平行曲线路径。根据设计要求和直线插补算法，控制程序包括主程序和功能子程序。主程序主要有 setup 系统初始化函数、loop 循环函数；功能子程序主要有四象限直线插补函数、电机运行函数、步进电机复位程序等。下面根据分层递进法将设计任务先细化分解，绘制程序流程图，再逐步编程实现。

1）按下启动按键，X 或者 Y 运动轴的步进电机能够正反转，从而带动画笔沿着坐标轴往返运动。

2）设置步进电机运行参数，如设置细分、运行速度等。

3）设定舵机的摆动角度，调整画笔的初始状态，控制画笔的起笔、落笔的空间姿态。

4）XY 运动轴复位。系统上电或重启后，首先使 X、Y 运动轴的步进电机复位，即运行到位于端点位置的限位开关处，再控制画笔移动到指定的绘图区。

5）绘制图形。已知平行四边形的顶点坐标和相邻两边夹角，根据直线插补算法，按照逆时针方向顺序绘制既定的平行四边形的四条边 AB、BC、CD、DA。

6）图形绘制完成，控制画笔抬起，并复位到初始状态。

声明与定义：打开 Arduino IDE，新创建一个 sketch 文件；用#include 声明引用库函数，如#include <math. h>；定义常量、全局变量，如为 X 轴、Y 轴驱动电机的方向、步进、使能分配 I/O 端口，设置细分、丝杠导程，定义图形边长、顶点坐标等。

系统初始化：在 setup（）函数中配置 I/O 端口的输入输出模式；初始化 X、Y 运动轴的起始位置和画笔的初始姿态，如，画笔初始姿态是抬起。

主循环函数：当按下启动按键，控制 XY 运动轴运动，使画笔到达指定绘图起点位置，控制舵机使画笔落下；调用直线插补函数 runIn（），给定顶点坐标，并按照逆时针方向依次绘制四条边；控制 XY 步进电机、舵机复位。

功能子函数：子程序主要有步进电机的复位函数、运行函数、直线插补函数。

① void step(byte dirPin, byte stepperPin, int steps) 控制电机步进运行。有三个参数：dirPin 为步进电机的方向信号引脚，stepperPin 为步进信号（pulse）引脚，steps 为步进的步数。

② void resetStepper( )控制步进电机复位，无参数、无返回值函数。

③ void runIn(float x1，float y1，float x2，float y2)四象限直线插补函数。有四个参数，分别为起点和终点的坐标值。

部分程序流程图如图 7-51 所示。

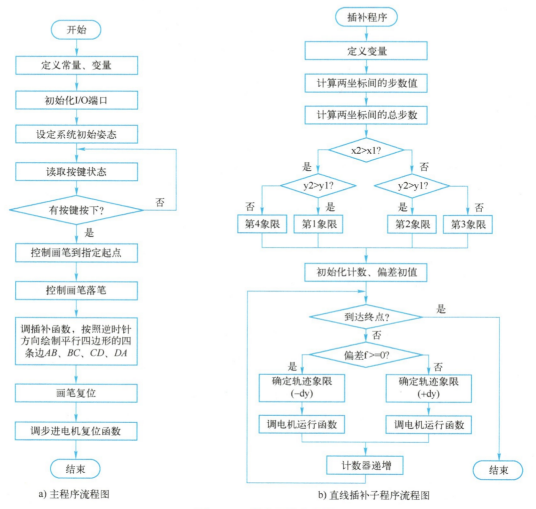

a) 主程序流程图   b) 直线插补子程序流程图

图 7-51　部分程序流程图

4. 程序参考源代码

```
/*************************声明与定义*************************/
#include <math. h>
#define SENSOR_TOUCH    17      //系统启动按键
#define SENSOR_X        19      //X 轴限位开关
#define SENSOR_Y        15      //Y 轴限位开关
#define EN    8                 //步进电机使能端,低电平有效
#define X_DIR        5          //X 轴步进电机方向控制
#define Y_DIR        6          //Y 轴步进电机方向控制
```

```
#define X_STP        2            //X 轴步进控制
#define Y_STP        3            //Y 轴步进控制
boolean DIR;                      //控制步进电机方向, true 为正向, false 为反向, 根据接线做调整
int stepper_delay = 40;           //定义步进电机脉冲发送的时间间隔
const int stepsPerRevolution = 3200;//定义步进电机每圈转动的步数, 细分为 16
float LEAD = 41.0;                //定义丝杠导程, 即步进电机转动一圈, 丝杠前进 41 mm
float a = 40;                     //定义多边形两条边的长度 (mm)
float b = 30;
float Alpha = M_PI / 6;           //夹角 (rad)
float X = a;
float X1 = b * cos( Alpha );      //多边形 X 方向边长
float Y = b * sin( Alpha );       //多边形 Y 方向的高
float Ax = 0;                     //多边形四个顶点的坐标
float Ay = 0;
float Bx = X;
float By = 0;
float Cx = X1 + X;
float Cy = Y;
float Dx = X1;
float Dy = Y;
/ * * * * * * * * * * * * * * * * * * * * * * * * 初始化函数 * * * * * * * * * * * * * * * * * * * * * * * * * * * * /
void setup( ) {
    Serial. begin( 9600 );        //开启串口通信, 波特率为 9600
    pinMode( X_DIR, OUTPUT );
    pinMode( X_STP, OUTPUT );
    pinMode( Y_DIR, OUTPUT );
    pinMode( Y_STP, OUTPUT );
    pinMode( EN, OUTPUT );
    digitalWrite( EN, LOW );
    resetStepper( );
}
/ * * * * * * * * * * * * * * * * * * * * * * * 主循环函数 * * * * * * * * * * * * * * * * * * * * * * * * * * * * /
void loop( ) {
    while( digitalRead( SENSOR_TOUCH ) )
    delay( 10 );
    step( Y_DIR, Y_STP, -40000 );
    step( X_DIR, X_STP, 24000 );
    runIn( Ax, Ay, Bx, By );      //绘制 A-->B
    runIn( Bx, By, Cx, Cy );      //绘制 B-->C
    runIn( Cx, Cy, Dx, Dy );      //绘制 C-->D
    runIn( Dx, Dy, Ax, Ay );      //绘制 D-->A
    resetStepper( );
}
/ * * * * * * * * * 四象限直线插补函数 * * * * * * * * * * * * * * * * * * * * * * * * * * * * * * * * * * * /
/ *   函数: runIn( )   功能: 实现直线插补画图       参数: 两个点的坐标值
     dx: X 轴两坐标间步数值; dy: Y 轴两坐标间步数值; n: 两坐标 X 轴和 Y 轴总步数
     k: 象限值;               f: 偏差计算值          stepInc: 步进电机转动步数
```

```
*/
void runIn(float x1,float y1,float x2,float y2)   {
    int dx,dy,n,k,i,f, stepInc=1;
    dx = abs((x2-x1)/LEAD * stepsPerRevolution);
    dy = abs((y2-y1)/LEAD * stepsPerRevolution);
    n = abs(dx+dy);
    if(x2 >= x1)
        k = y2 >= y1 ? 1:4;
    else
        k = y2 >= y1 ? 2:3;
    for(i=0,f=0;i<n;i+=stepInc)  {
        if(f>=0)   {
            switch(k)   {
                case 1:   step(X_DIR,X_STP,stepInc);
                          f = f - dy;
                          break;
                case 2:   step(X_DIR,X_STP,-stepInc);
                          f = f - dy;
                          break;
                case 3: step(X_DIR,X_STP,-stepInc);
                          f = f - dy;
                          break;
                case 4:   step(X_DIR,X_STP,stepInc);
                          f = f - dy;
                          break;
                default:   break;
            }
        }
        else {
            switch(k)   {
                case 1: step(Y_DIR,Y_STP,stepInc);
                          f = f + dx;
                          break;
                case 2: step(Y_DIR,Y_STP,stepInc);
                          f = f + dx;
                          break;
                case 3: step(Y_DIR,Y_STP,-stepInc);
                          f = f + dx;
                          break;
                case 4:   step(Y_DIR,Y_STP,-stepInc);
                          f = f +dx;
                          break;
                default: break;
            }
        }
    }
}
```

```
/********************控制步进电机运行函数********************/
//函数：step      功能：控制步进电机方向、步数
//参数：dirPin 对应步进电机的 DIR 引脚，stepperPin 对应步进电机的 step 引脚，steps 为步进的步数
//无返回值
void step( byte dirPin, byte stepperPin, int steps)
    {
        boolean DIR = steps>0 ? true : false;
        digitalWrite(dirPin,DIR);
        for( int i=0;i<abs(steps); i++) {
        digitalWrite(stepperPin, HIGH);
        delayMicroseconds(stepper_delay);
        digitalWrite(stepperPin, LOW);
        delayMicroseconds(stepper_delay);
        }
    }
/********************步进电机复位函数********************/
void resetStepper( ) {
        stepper_delay = 40;
        while( digitalRead( SENSOR_X)){    //如果 X 轴限位传感器被触发，X 轴电机先退 10 步，再进
                                              15 步
        step( X_DIR,X_STP,-10);
        step( X_DIR,X_STP,15);
        }
        while( digitalRead( SENSOR_Y)){    //如果 Y 轴限位传感器被触发，Y 轴电机先退 10 步，再进
                                              15 步
        step( Y_DIR,Y_STP,-10);
        step( Y_DIR,Y_STP,15);
        }
    }
/********************************************************/
```

5. 动手做

【设计要求】首先参考上述程序代码，添加舵机的程序，控制画笔，实现平行四边形图形的绘制。在此基础上，编程实现拓展设计要求，如绘制心形图形、其他标志性的 LOGO 等。

7.5　进阶实践

7.5.1　主题实践（一）——三轴绘图机械臂的设计与实践

随着先进制造技术快速发展，3D 打印技术广泛应用在科研、航天工业领域，极大降低了产品的研发成本和周期。解构 3D 打印机不难发现其主体结构是三轴直角坐标型绘图机械臂，如图 7-52 所示。下面以 3D 打印机主体结构为模型，设计制作一款三轴直角坐标型绘图机械臂。

1. 设计要求

1）能驱动 X、Y、Z 三个运动轴的步进电机协调控制画笔进行图形绘制。

图 7-52　简易 3D 打印机的实物模型

2）具有按键启停、安全运行限位保护、运行停车指示等功能。

3）能够借助计算机辅助软件绘制任意的图形。

2. 设计提示

（1）机构设计

三轴绘图机械臂的结构参考模型如图 7-53 所示。其中，Y 轴为基准轴固定在长方形基座上，其上安装画板；画笔装在 X 轴滑块上，X、Z 轴十字相交协同控制画笔按照规划路径在水平和垂直两个方向上运动。

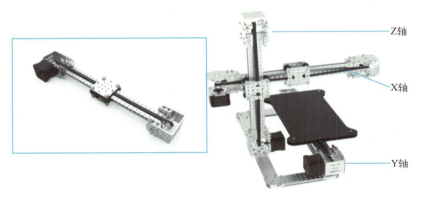

图 7-53　三轴直角坐标型绘图机械臂的结构模型

（2）控制系统设计

按键按下，系统上电运行。三轴绘图机械臂通过 X、Y、Z 三轴的步进电机协调控制画笔绘制图形。对于规则的简单图形，其轨迹分析、运动算法与双轴绘图机械臂画图相似；对于不规则的复杂图形，轮廓轨迹、运动算法、坐标点的求解比较困难，甚至无从下手。为此，可以采用 Inkscape 和 Processing 等计算机辅助软件，如图 7-54 所示，通过计算机（上位机）将静态图片生成 gcode 代码后再转成坐标，然后通过串口通信传输给三轴绘图机械臂（下位机），对接收到的 gcode 坐标文件进行解析，通过插补算法来控制各个轴的步进电机进行图形绘制。

驱动控制采用步进电机，触碰传感器作为滑块的限位开关，以防滑块超限导致电机堵转损坏。上、下位机通过串口 RX/TX 通信，如果因串口资源影响程序调试，主控板可以选择 I/O 端口资源更丰富的 Arduino Mega2560（图 7-55）。该控制板共有 52 个 GPIO，4 个 UART

串口端口，其使用方法也与 Arduino UNO 十分相似。

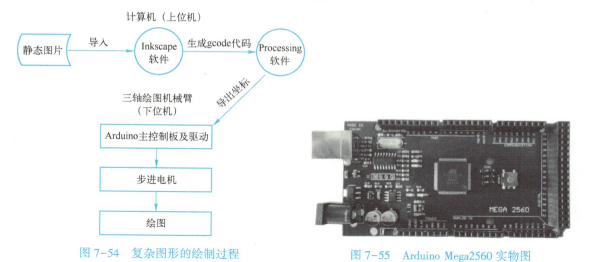

图 7-54　复杂图形的绘制过程

图 7-55　Arduino Mega2560 实物图

3. 知识拓展

下面介绍如何使用计算机辅助软件 Inkscape 和 Processing 将静态图片转换成点坐标。

1）生成 gcode 代码。

① 打开本书配套网盘目录下三轴绘图\软件\Inkscape.zip，解压后找到应用程序 inkscape.exe 文件，双击打开该软件。

② 根据三轴绘图区面积大小，设置画布尺寸。如图 7-56 所示，打开"文件"→"文档属性"，在"文档属性"对话框中设置画布的宽度、高度和单位。这时，画布尺寸会予以调整。

图 7-56　设置画布尺寸

③ 通过键盘上的〈-〉或者〈+〉键将文档尺寸缩放到合适比例。可以如图 7-57a 所示操作编辑文字，或者在菜单栏中选择"文件"→"打开"，打开图片文件（黑白分明的 jpg、png 格式的静态图片），选择嵌入，然后单击"确定"按钮，如图 7-57b 所示。

④ 调整图片或文字的位置、比例。在之前编辑的文字或导入的图片上单击，周边将出

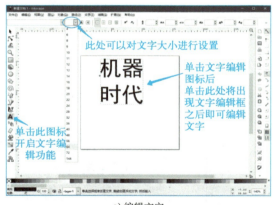

a) 编辑文字

b) 导入图片

图 7-57　添加文字或图片

现带箭头的矩形框。将光标移动到某箭头上，当该箭头高亮后，即可通过箭头调整文字或图片大小，如图 7-58 所示。将光标放在矩形框上按住鼠标左键，可以拖拽移动图片或文字。

⑤ 将文字或图片转化成路径。

a. 文字转化成路径。如图 7-59 所示，打开"路径"菜单，选择"对象转化成路径"，即可将文字转化成路径并通过 Unicorn G-Code 插件来生成文字的 gcode 文件。

图 7-58　调整图片大小

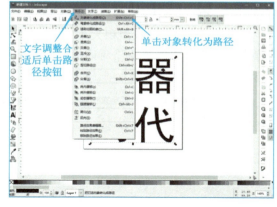

图 7-59　文字转化成路径

b. 图片转化成路径。打开"路径"菜单，选择"提取位图轮廓"，打开对话框（图 7-60）。在"提取位图轮廓"对话框中设置亮度阈值后，单击"更新"按钮，再单击"确定"按钮。

路径生成后（路径图覆盖在原图上）移开路径图，删除原图，如图 7-61 所示。最后，将路径图拖至文档绘图的区域内，调整路径图的位置和大小。

此时，已经将文字或图片转化成路径。如图 7-62 所示，单击路径编辑按钮可以查看路径。单击文字或图片，可以看到其路径节点。图片中的每个节点即为 gcode 文件中存储的坐标。

⑥ 生成 gcode 文件。在菜单栏中选择"文件"→"另存为"，在打开的对话框中输入文件名，选择文件类型为 MakerBot Unicorn G-Code（＊.gcode），单击"保存"按钮，默认采

用 MakerBot Unicom G-Code Output 参数设置，单击"确定"按钮即可生成文字的 gcode 文件，如图 7-63 所示。

图 7-60　图片转化成路径

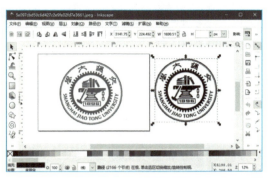

图 7-61　移动路径图

图 7-62　查看路径节点

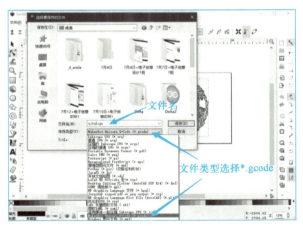

图 7-63　保存 gcode 文件

注意：生成 gcode 文件后，使用 Windows 的记事本或者 Notepad++应用程序打开 gcode 文件，然后删除第一行和第二行，如图 7-64 所示。

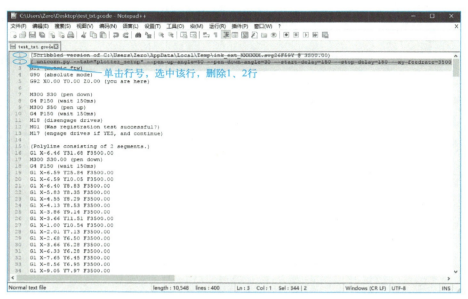

图 7-64 删除多余信息

接下来将通过上位机发送 gcode 文件给绘图机械臂进行图形绘制。

2）在 Arduino IDE 下，编写三轴绘图机械臂的控制程序，调试无误后再下载到控制板，或仿照网盘给定例程进行修改。

3）应用 Processing 软件导出坐标，控制下位机绘制图形。

① 打开本书给定网盘目录下三轴绘图\软件\processing-2.0b8.zip，解压后找到 processing.exe 应用程序，双击打开。

② 选择 File→Open，打开软件\gctrl\gctrl.pde，如图 7-65 所示。

③ 如图 7-66 所示，单击工具栏中的运行图标，运行 gctrl 文件后，按下三轴绘图机械臂的启动按钮，并在英文输入法状态下，按键盘〈P〉键，选择端口号，如图 7-67 所示，等待机械臂复位完毕，进入接收上位机指令状态；然后按键盘〈G〉键，选择之前生成的 gcode 文件。单击"确定"按钮开始发送 gcode 文件代码，机械臂开始绘图。在绘图过程中，按〈X〉键可以停止或继续发送 gcode 文件代码。

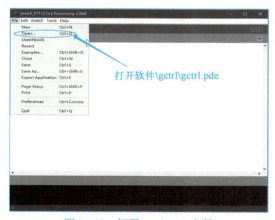

图 7-65 打开 gctrl.pde 文件

图 7-66 运行 gctrl 文件

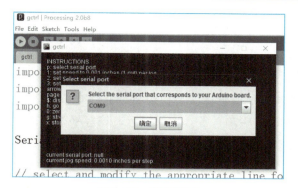

图 7-67　选择端口

4. 动手实践

1）分析设计要求，规划分层递进设计的层次和子任务。

2）参考结构模型图，准备机械零件，搭建机械结构。

3）选择控制板以及输入输出电路模块，分配 I/O 端口，正确连接电路。

4）编写控制程序，实现三轴步进电机的联动及系统的启停控制。

5）参照拓展知识，生成并导出 G-Code 代码，通过串口发送 gcode 文件控制机械臂绘图。

7.5.2　主题实践（二）——桁架机械手的设计与实践

桁架机械手（图 7-68）在工业生产中应用广泛。它能够代替人们从事繁重、重复性的机械工作，如玻璃、木板等平板式产品的生产下线、码垛、搬运、装卸等。下面请根据设计要求和设计提示自行设计一个桁架机械手。

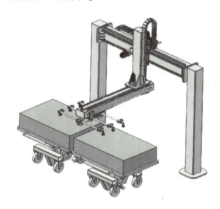

图 7-68　桁架机械手

1. 设计要求

1）能够抓取物体，并按照规划路径将其移动到指定位置。

2）系统具有按键启停或紧急制动功能。

2. 设计提示

分析图 7-68 所示产品原型，桁架式机械手的结构主要包括桁架、机械臂、末端执行机构和控制系统。

桁架主要起支撑、承压承重作用。桁架横梁 Y 轴与 X、Z 轴构成三轴机械臂，其结构设计可以参考三轴直角坐标型机械臂的搭建方法，使用探索者的组件搭建，或者使用其他结构件搭建，如图 7-69 所示的标准铝型材。

末端执行结构主要用于抓取物体，可以根据实际应用和材料进行设计，常用的有电磁铁、机械爪、真空吸盘（图 7-70）等。如果搬运玻璃等平板式产品，可以使用电动真空吸盘，采用多点设计。

图 7-69　铝型材

图 7-70　真空吸盘

3. 动手实践

1）利用网络资源进行市场调研，结合产品原型，自主设计桁架机械手的结构模型。

2）分析设计要求，选择合适的驱动电机、传感器型号，确定 I/O 数量，分配 I/O 端口，正确连接好电路。

3）梳理编程思路，细化目标任务，绘制程序流程图。

4）搭建机构，编写控制程序，联机调试。

5）优化程序结构、精简程序代码。

7.6　本章小结

本章主要从典型机器人产品原型机的设计出发，通过解构、分析 Delta 机械臂、双轴直角型机械臂的结构设计和运动算法，带领读者了解机器人产品原型机的设计过程，体验应用型机器人从构思到实物的设计思路。通过主题设计的进阶实践，进一步培养和锻炼读者对知识的灵活运用能力。

第 8 章　仿生机器人的设计与实践

仿生机器人是指能够模仿生物、从事生物特点工作的机器人。目前，对仿生机械的研究是多方面的，既包括模仿人形的机器人，也包括模仿其他生物的机器人。本章主要以串联关节型、并联关节型、人形机器人为例介绍仿生机器人的设计、搭建与控制。

8.1　知识拓展与储备

8.1.1　SH-SR 扩展板

1. 功能特点

Arduino 控制板具有软硬件开源性，非常适合电子爱好者进行创意设计，但是在实现较为综合的作品时，特别是功能复杂的多自由度机器人，往往需要控制大量的舵机，此时 Basra/Arduino 控制板的 20 个 GPIO 端口，不管在数量上还是在驱动能力上都有一定的局限。为此，探索者提供一款 I/O 专用扩展板 SH-SR，如图 8-1 所示，对 I/O 进行扩展。

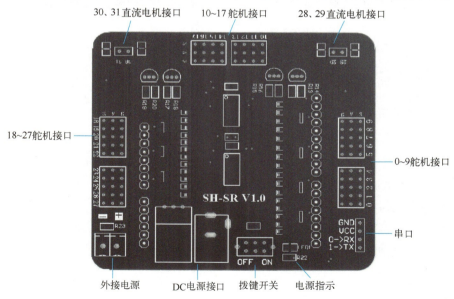

图 8-1　SH-SR 扩展板的结构布局图

SH-SR 扩展板采用 TLC5940 串行转并行芯片把 5 个 I/O 转化为 16 个 PWM 接口，采用级联的形式可以进一步扩展 I/O 数量。

SH-SR 扩展板兼容 Arduino 控制板标准接口，有 DC 插头或者接线端子两种供电方式；使用时，SH-SR 扩展板与 Basra 主控板堆叠连接，采用分别供电的方式。

注意：SH-SR 扩展板占用了 Basra 主控板的 3、9、10、11、12 共 5 个 I/O 端口。

2. 主要参数

1）输入电压≤8 V，电流≤6 A，否则，晶体管极易烧毁。

2）采用 2 片 TLC5940 芯片级联，将 5 路 GPIO 端口扩展为 31 个接口。

3）集成有 2 片直流电机驱动芯片 L9170、4 只 PNP 型晶体管 8550 或 9012，大大提高了带载能力，可以同时驱动 28 路舵机以及 2 路直流电机。

4）预留 TX、RX、5 V、GND 四个引脚，可方便扩展。

3. 应用示例

1）如图 8-2 所示，将 SH-SR 扩展板堆叠连接在 Basra 主控板上，使用时需要给两块板分别连接好电池盒。

2）打开 Arduino IDE，菜单选择"项目"→"加载库"→"管理库"，在库管理器中的文本框里输入"Tlc5940"（图 8-3）在线查找库文件，并单击"安装"按钮，安装成功后可在"项目"→"加载库"→"贡献库"中查看；

图 8-2　SH-SR 扩展板与 Basra
主控板的堆叠连接

或者将本书配套网盘里的 Tlc5940 库文件夹复制粘贴至 Arduino 安装路径下的 Arduino/libraries 文件夹里，手动添加库文件。

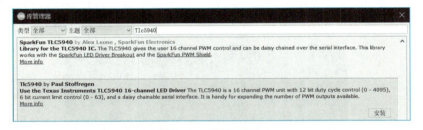

图 8-3　库管理器

3）打开 Arduino IDE，创建一个新 sketch 文件，将主控板连接 PC，选择开发板和 COM 端口号，输入如下示例代码，下载程序。

① 控制直流电机的示例代码：

```
/****************************************************************/
#include "Tlc5940.h"              //引用 Tlc5940.h 库文件
void setup() {
    Tlc.init(0);                  //引脚初始化
}
/****************************************************************/
void loop() {
    Tlc.set(28, 4000);            //设置 28 和 29 号引脚的 PWM 输出，范围为 0~4095
    Tlc.set(29, 0);
```

```
    Tlc. update( );                    //使用 update( )更新设置
    delay(2000);
    Tlc. set(28, 0);
    Tlc. set(29, 4000);
    Tlc. update( );
    delay(2000);
    }
/****************************************************************/
```

② 控制舵机的示例代码：

```
/****************************************************************/
#include "Tlc5940. h"              //引用 Tlc5940. h 库文件
#include "tlc_servos. h"           //引用 tlc_servos. h 库文件
#define SERVO_CHANNEL   0          //舵机连在接口 0
#define DELAY_TIME 20              //定义舵机转动的时间间隔
/****************************************************************/
void setup( ) {
    tlc_initServos( );             //将 PWM 的频率降到 50 Hz
    }
/****************************************************************/
void loop( ) {
    for (int angle = 0; angle < 180; angle++) {
        tlc_setServo(SERVO_CHANNEL, angle);
        Tlc. update( );
        delay(DELAY_TIME);
        }
    for (int angle = 180; angle >= 0; angle--) {
        tlc_setServo(SERVO_CHANNEL, angle);
        Tlc. update( );
        delay(DELAY_TIME);
        }
}
/****************************************************************/
```

4) 断电连接控制对象。如果是直流电机，连接在 SH-SR 扩展板的直流电机接口 28、29 号引脚上；如果是舵机，连接到 SH-SR 扩展板的舵机接口 0 上。注意：舵机连接线的黑线与扩展板端口的 G 引脚相连，白线连接 S 引脚。

5) 打开电源开关接通电源，观察并记录电机的运行状态，理解代码的作用。

8.1.2　多舵机辅助调试软件 Controller

　　舵机控制角度的精确性直接影响机器人运动的稳定性和协调性。对于简单机构，自由度少，运动算法简单甚至不需要运动算法，舵机控制调试也相对容易；多自由度机器人结构复杂，运动姿态多样，实现一个动作需要多个舵机协同联动完成。在控制多自由度的机器人呈现不同运动姿态时，如何才能快速获取每个舵机的精确转动角呢？本节将介绍一款简单实用的上位机舵机调试软件 Controller。

1. Controller 简介

Controller 是一款免安装的舵机辅助调试软件。下载并打开本书配套网盘里的 Controller 文件夹，双击 Controller 1. 0. exe 图标■即可打开。该软件与下位机主控板通过串口进行通信，通过软件修改舵机块的参数，其下位机相应 I/O 端口上的舵机就会联动响应。

Controller 支持 Windows 7、Windows 8、Windows 10 等操作系统，在 Windows 7 下使用时需要安装 NetFarmwork 4. 5。

2. Controller 使用方法与步骤

1）如果使用 SH-SR 舵机扩展板调试舵机，将调试舵机角度文件夹下的 Arduino/servo/servo. ino 下位机程序烧录到 Arduino 控制板中；如果使用 Bigfish 扩展板调试舵机，将 Arduino/servo_bigfish/servo_bigfish. ino 下位机程序烧录到 Arduino 控制板中。

2）将主控板通过 USB 线连接至 PC 上位机，连接扩展板的电源并打开电源开关。

3）双击打开 Controller 1. 0. exe，界面如图 8-4 所示。红色块 P0~P31 分别对应下位机主控板的 I/O 端口号（如 P0~P19 与 Basra 板的 D0~D19 对应）。中间的数字 1500 显示该引脚当前对应的 PWM 信号值，拖动数字框下方的白色滑块可改变该数值，其范围为 500~2500。随后即可通过串口将该数据发送到下位机，改变对应端口上的舵机转动角度。

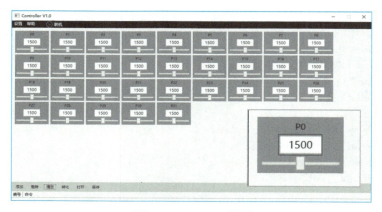

图 8-4　Controller 界面

4）单击〈P〉键或选择菜单"设置"→"面板设置"，在下方弹出窗口中可选择需要显示的调试块，如果勾选数字和"隐藏"复选项将隐藏不需要调试的舵机块。再次单击〈P〉键，关闭面板设置功能窗口。

将光标移动至舵机块上，待光标箭头变为小手形状时，可拖动舵机块至需要的位置，如图 8-5 所示。单击"重置"按钮或每次重启会恢复初始位置。

5）选择串口通信的端口号与波特率。打开"联机"，选择主控板对应的端口号及串口通信的波特率，如图 8-6 所示，端口号选"COM18"，波特率选择"9600"。注意，这里的波特率需要与烧录进主控板的程序 servo_bigfish. ino 中的波特率设置一致，如 Serial. begin（9600）。

6）单击"连接"按钮，与下位机主控板建立串口通信连接。

7）拖动数字框下方的白色滑块即可观察相应的舵机转动角度，如图 8-7 中的 P3、P4。此外，图中界面左下方的各按钮功能如下：

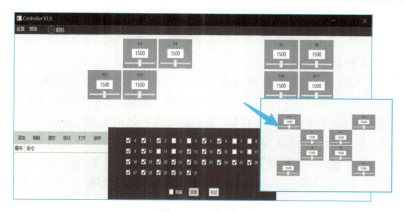

图 8-5　面板设置

图 8-6　端口设置

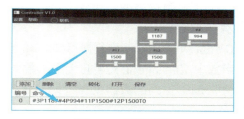

图 8-7　调整舵机

添加：将当前舵机的编号、PWM 值添加到命令显示列表中。

删除：选中命令列表中需要删除的行，单击"删除"按钮即可。

清空：清空命令显示列表。

转化：将当前命令列表中的数据（PWM 值）提取出来。

打开：打开之前存储的 txt 文件。

保存：将当前命令列表中的数据存储为 txt 文件。

8）获取数据。单击界面左下角"转化"按钮，将当前命令列表中的数据（PWM 值）提取出来，如图 8-8 所示，复制或保存该数据组，以便于编写控制程序时使用。

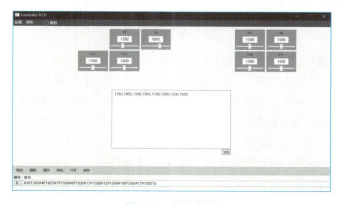

图 8-8　提取数据

8.1.3   将数据写到 flash

1. PROGMEM 关键字及其用法

AVR 系列单片机内部有三种被独立编址的存储器类型，即 SRAM、EEPROM、flash。SRAM 存储速度快，但资源有限，如果没有合理利用，可能造成程序运行错误。flash 虽然读写速度较慢，但存储空间更大，当项目遇到 RAM 空间不足时，用关键字 PROGMEM 将数据存储到 flash 空间，即可释放出相应的 RAM 空间。

PROGMEM 关键字是一个变量修饰符，编写程序时，需要用#include 命令声明引用 pgmspace.h 库文件，即#include <avr/pgmspace.h>。以下是官方推荐的 PROGMEM 关键字用法（数据类型可以是任意的）：

const 数据类型 变量名[ ] PROGMEM = {data0,data1,data2…};

或者   const PROGMEM 数据类型 变量名[ ] = {data0,data1, data2… };

2. 几个相关的宏定义

使用 PROGMEM 关键字可以将数据写到 flash 空间，那么程序中如何调用这些数据？在 pgmspace.h 库函数中用#define 定义了几组宏函数，如 pgm_read_word_near(addr)，可以调用该类宏函数，读取 flash 空间的数组变量，同时还提供了两种寻址方式：短地址寻址和长地址寻址。

（1）采用 16 位地址的短地址寻址

pgm_read_byte_near(address_short)/pgm_read_byte(address_short)

该宏函数用于读取存储在指定地址（flash 中 PROGMEM 区域）的一个字节型数据。address_short 是一个 16 位的地址，寻址空间是 64 KB。其原宏定义如下：

```
#define pgm_read_byte_near(address_short)    __LPM((uint16_t)(address_short))
或  #define pgm_read_byte(address_short) pgm_read_byte_near(address_short)
```

类似读取功能的宏函数还有读取一个字型数据、双精度字型数据、浮点型数据、字符串型数据。如：

```
pgm_read_word_near(address_short)/pgm_read_word(address_short)
pgm_read_dword_near(address_short)/pgm_read_dword(address_short)
pgm_read_float_near(address_short)/pgm_read_float(address_short)
pgm_read_ptr_near(address_short)/pgm_read_ptr(address_short)
```

（2）采用 32 位地址的长地址寻址

16 位的指针可以寻址 64 KB 空间，对于像 ATMage328 这种带有 32 KB flash 空间的芯片，短地址寻址完全可满足要求；但有些 AVR 芯片的 flash 空间超过 64 KB，短地址寻址就不够用了，如 mega2560 具有 256 KB 的 flash 空间，此时可以用 32 位地址的长地址寻址，最多能寻址 4 GB 空间。如，pgm_read_byte_far(address_long)表示从一个 32 位的指定地址空间（PROGMEM 区域）读取一个字节型数据，原宏定义如下：

```
#define pgm_read_byte_far(address_long)    __ELPM((uint32_t)(address_long))
```

类似的功能宏定义还有：

pgm_read_word_far(address_long)	//从指定地址读取一个字型数据
pgm_read_dword_far(address_long)	//从指定地址读取一个双精度字型数据
pgm_read_float_far(address_long)	//从指定地址读取一个浮点型数据
pgm_read_ptr_far(address_long)	//从指定地址读取一个字符串型数据

（3）外部声明宏定义

下面的例程将示范如何读写 char（单字节）和 int（双字节）数据，除了上述用#define 定义的按照地址寻址的宏函数，在 pgmspace. h 中还用 extern 声明了外部定义的与读取 PROGMEM 区域的数据关联功能宏函数，如示例中的 strlen_P(signMessage) 等。因篇幅有限，不一一赘述，读者可以根据需要打开 IDE 安装路径下的 hardware/tools/avr/avr/include/avr/ pgmspace. h 文件查看。

```
/**********************************************************/
#include <avr/pgmspace. h>
const PROGMEM uint16_t  charSet[ ] = { 65535, 32768, 16384, 0, 123456};       //存储无符号整型
const char signMessage[ ] PROGMEM = {"I AM PREDATOR,  UNSEEN COMBATANT. "};
unsigned int displayInt;
int k;                                              //定义一个计数器变量
char myChar;
void setup( ) {
    Serial. begin( 9600) ;
    while ( ! Serial) ;
 /*** 读回一个双字节整型 ***/
    for ( k = 0; k < 5; k++) {
        displayInt = pgm_read_word_near( charSet + k) ;        //读 flash 中存储的数组元素
        //displayInt = pgm_read_word_near( &charSet[ k] );      //另一种读法
        Serial. println( displayInt) ;
      }
 /*** 读回一个字符型 ***/
    int len = strlen_P( signMessage) ;                //读取 signMessage 数组元素的长度，并
                                                        赋值给变量 len
    for ( k = 0; k < len; k++) {
        myChar = pgm_read_byte_near( signMessage + k) ;        //读 flash 中存储数组地址的内容
        //myChar = pgm_read_byte_near( &signMessage[ k] );      //另一种读法
        Serial. print( myChar) ;
      }
  }
void loop( ) {
  }
```

8.1.4　MPU6050 陀螺仪及其应用

1. 性能特点

MPU6050 模块（图 8-9）内部集成了姿态解算器，配合动态卡尔曼滤波算法的高精度陀螺加速度计，能够在动态环境下准确输出模块的当前姿态。模块内部自带电压稳定电路，可以兼容 3.3 V/5 V 的嵌入式系统，具有 UART 串口、I^2C 接口两种测量数据输出方式。

图 8-9　MPU6050 模块

2. 模块参数

MPU6050 模块参数如下：

1）电压：3~6 V；电流：<10 mA。

2）测量维度：加速度，3 维；角速度，3 维；姿态角，3 维。

3）量程：加速度为±16g，角速度为±2000(°)/s。

4）分辨率：加速度为 6.1×10^{-5}g，角速度为 7.6×10^{-3}(°)/s。

5）稳定性：加速度为 0.01g，角速度为 0.05(°)/s。

6）姿态测量稳定度：0.01°。

7）数据输出频率：100 Hz（波特率 115200)/20 Hz（波特率 9600）。

8）数据接口：串口（TTL 电平），I²C（直接连 MPU6050，无姿态输出）。

9）波特率：115200/9600 bit/s。

图 8-10 所示为 MPU6050 模块与 Bigfish 扩展板上的相应端口连接图。

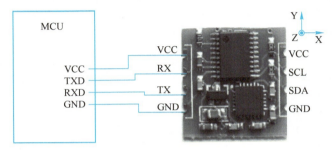

图 8-10　MPU6050 模块与 Bigfish 扩展板上的相应端口连接图

3. 应用实例

输入如下代码，让模块平移或者转动，通过串口监视器查看模块的运动姿态与输出数据的关系。

```
/*******************************************************/
 unsigned char Re_buf[11],counter=0;
 unsigned char sign=0;
 float a[3],w[3],angle[3],T;
/*******************************************************/
void setup() {
  Serial. begin(115200);
  }
/*******************************************************/
void loop() {
    if(sign) {
       sign=0;
       if(Re_buf[0]==0x55) {        //检查帧头
          switch(Re_buf[1]) {
             case 0x51:
                 a[0] = (short(Re_buf[3]<<8| Re_buf[2]))/32768.0 * 16;
                 a[1] = (short(Re_buf[5]<<8| Re_buf[4]))/32768.0 * 16;
                 a[2] = (short(Re_buf[7]<<8| Re_buf[6]))/32768.0 * 16;
```

```
            T = (short(Re_buf[9]<<8| Re_buf[8]))/340.0+36.25;
            break;
        case 0x52:
            w[0] = (short(Re_buf[3]<<8| Re_buf[2]))/32768.0*2000;
            w[1] = (short(Re_buf[5]<<8| Re_buf[4]))/32768.0*2000;
            w[2] = (short(Re_buf[7]<<8| Re_buf[6]))/32768.0*2000;
            T = (short(Re_buf[9]<<8| Re_buf[8]))/340.0+36.25;
            break;
        case 0x53:
            angle[0] = (short(Re_buf[3]<<8| Re_buf[2]))/32768.0*180;
            angle[1] = (short(Re_buf[5]<<8| Re_buf[4]))/32768.0*180;
            angle[2] = (short(Re_buf[7]<<8| Re_buf[6]))/32768.0*180;
            T = (short(Re_buf[9]<<8| Re_buf[8]))/340.0+36.25;
            Serial.print("a:");
            Serial.print(a[0]);Serial.print(" ");
            Serial.print(a[1]);Serial.print(" ");
            Serial.print(a[2]);Serial.print(" ");
            Serial.print("w:");
            Serial.print(w[0]);Serial.print(" ");
            Serial.print(w[1]);Serial.print(" ");
            Serial.print(a[2]);Serial.print(" ");
            Serial.print("angle:");
            Serial.print(angle[0]);Serial.print(" ");
            Serial.print(angle[1]);Serial.print(" ");
            Serial.print(angle[2]);Serial.print(" ");
            Serial.print("T:");
            Serial.println(T);
            break;
        }
    }
}
/******************************************************************/
void serialEvent() {
    while (Serial.available()) {
    /* char inChar = (char)Serial.read();
        Serial.print(inChar); */                    //Output Original Data, use this code
        Re_buf[counter] = (unsigned char)Serial.read();
        if(counter==0&&Re_buf[0]!=0x55) return;     //第 0 号数据不是帧头
            counter++;
        if(counter==11)    {                        //接收到 11 个数据
            counter=0;                              //重新赋值, 准备下一帧数据的接收
            sign=1;
        }
    }
}
/******************************************************************/
```

8.2　串联关节型仿生机器人的设计与实践

串联关节型仿生机器人通常由多个关节串联的腿组合而成，常见有四足仿生机器人、六足仿生机器人等，如图 8-11 所示。下面以八自由度四足仿生机器人为例详细阐述串联关节型仿生机器人构思设计、结构搭建方法以及编程控制逻辑。

图 8-11　多自由度串联关节型仿生机器人

8.2.1　设计要求

1. 基本要求

能够模仿四足运动的步态，实现前进、后退、站立、蹲卧、转向等基本功能；要求关节结构转动灵活、无死点。

2. 进阶要求

1）在行走过程中，如果遇到障碍能够自动避障，如转弯或后退等。

2）具有按键启停功能，以及运动模式选择功能。

8.2.2　串联四足仿生机器人的结构设计

结构搭建前，需要先解构四足仿生机器人的机构，选配零部件，然后按照装配关系组装。

1. 解构四足仿生机器人

图 8-11 所示八自由度四足仿生机器人的机构主要由四条结构完全相同的串联关节腿和中间连接件构成。每个腿部结构可以再解构成一个平行四杆机构 ABCD、一个关节模块，如图 8-12 所示。机器人的行走运动速度和方向主要取决于关节模块的前后摆动节奏和顺序，而平行四杆机构决定了机器人腿部的行程，增强腿部运动稳定性。

2. 机构装配

（1）选配零件

参照图 8-11 的结构示意图，选择所需的结构零件，如图 8-13 所示。

（2）装配步骤

1）组装关节模块。取 1 个舵机及 1 个舵机支架，用 F308 螺钉及 M3 螺母将其固定在一起。注意，舵机应先测试并复位后再进行组装。

2）取舵机、舵机支架、后盖输出头、输出头、双折弯各 1 个，4 个 F308 螺钉及 M3 螺母，组装关节模块，如图 8-14 所示。

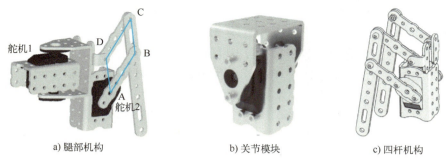

a) 腿部机构　　　　　　　b) 关节模块　　　　　　　c) 四杆机构

图 8-12　四足仿生机器人的解构图

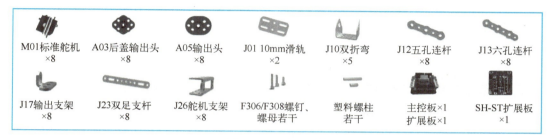

图 8-13　选配零件

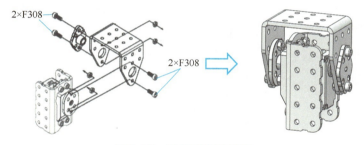

图 8-14　关节模块装配图

3）取五孔连杆、六孔连杆、双足支杆、输出支架各 2 个，以及 F308 螺钉、M3 螺母若干，参照图 8-15 所示的装配关系，组装腿部结构。

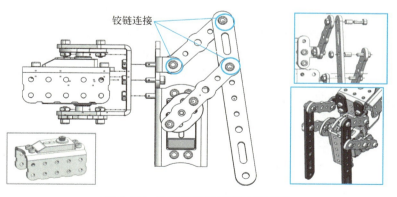

图 8-15　二自由度腿部装配关系图

装配时需要注意平行四杆的杆件与舵机输出头的内外位置，圆圈标注的地方需要使用铰链结构（输出支架连接处装 2.7 轴套，其余是 5.3 轴套）。

4）用同样的方法步骤再组装一只二自由度的腿部结构。

5）依照类似的方法，参照图 8-16，组装反方向的另两只腿部结构。

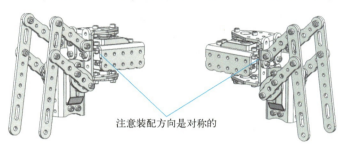

注意装配方向是对称的

图 8-16　对称的二自由度腿部结构

6）先用 1 个 10 mm 滑轨将图 8-16 中所示两只结构对称的二自由度腿连接起来；再用 1 个双折弯、合适长度的螺柱、螺钉将四只腿连接在一起，如图 8-17 所示。

7）为保证四足机器人行走稳定，用双折弯面板对腿部结构进行加固，如图 8-18 所示。

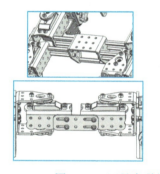
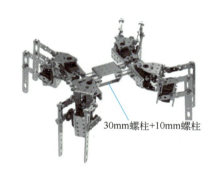

30mm螺柱+10mm螺柱

图 8-17　四足串联关节型仿生机器人的整体装配图　　　图 8-18　加固后的四足机器人

8.2.3　串联关节型仿生机器人运动算法与控制

1. 运动步态分析

多自由度仿生机器人的运动步态通常是由多个舵机协同联动实现的，分析其运动步态是实现运动控制的关键。将八自由度四足仿生机器人的四足分成两组（每组包括身体一侧的前足与另一侧的后足），两组分别交替进行摆动和支撑。

直行时，对角线上的两条腿动作一样，或者均处于摆动相，或者均处于支撑相，如图 8-19 所示。

图 8-19　直行时的运动步态分析

转向时，对角线上的腿部摆动方向跟前进步态不一样。如左转时，对角线上的两条腿步态的方向是相反的，即一侧向前，另一侧则向后，如图 8-20 所示。

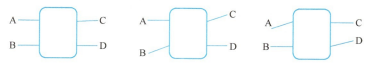

图 8-20　左转向时的运动步态分析

2. 控制实现

八自由度四足仿生机器人的运动姿态主要分为站立、前进、后退、左转、右转、蹲卧 6 种，每种运动姿态都需要 8 个舵机协同完成。假设，机器人上电时初始姿态为站立，延时等待 1 s，开始前进。

在前进过程中如果机器人检测到前方 50 cm 之内有障碍物，机器人将会进一步判断是需要左转还是右转。此时，如果右侧传感器检测到障碍物距离大于 50 cm，则进行右转并同时判断前方是否有障碍物，若无将继续右转；如果右边障碍物距离小于 50 cm，则需要判断左边传感器传回的障碍物距离，如果大于 50 cm，则左转，否则后退。

怎样才能实现运动过程中步态稳定、动作协调呢？本节以站立、前进两种基本运动姿态为例，介绍其控制实现的方法和编程思路。

（1）配置 I/O 端口

八自由度仿生机器人需要 8 个舵机控制信号，而 Bigfish 扩展板设计了 6 路舵机接口，要想同时驱动 8 路舵机，需要将 4 芯传感器接口中的模拟端口作为 GPIO 连接舵机，或者使用 SH-SR 舵机扩展板将 I/O 端口进行扩展。这里选择前者，将模拟端口 A2、A3（数字引脚 16、17）定义为舵机控制端口，其 I/O 端口分配及硬件连接如图 8-21 所示。

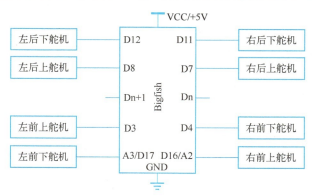

图 8-21　配置 I/O 端口

如果考虑按键启停、运动模式选择以及避障转向等功能，Bigfish 扩展板的接口无法满足要求，需要用杜邦线直接将传感器与 Bigfish 扩展板上的 I/O 端口连接（如数字引脚 D5、D6、D9、D10 等），或者使用 SH-SR 扩展 I/O 数量。

（2）获取各运动姿态对应的舵机转动角度

多自由度机器人要想在运动过程中动作协调、步态稳定，不仅取决于舵机的转动顺序，还需要知道所有舵机的转动角度（即 PWM 信号数值）。为此，可以借助上位机舵机辅助调试软件 Controller 获取各运动姿态下舵机的控制角度。

1）正确连接硬件电路，并参照 8.1.2 节上位机舵机辅助调试软件的应用方法，将下位机程序 servo_bigfish.ino 烧录到 Basra 控制板，连接电源，打开电源开关。

2）打开上位机舵机辅助调试软件 Controller，选择串口号，设置波特率为 9600，建立上位机、下位机的通信连接。

3）选择并隐藏没有使用的舵机端口，然后将使用的舵机块拖动成如图 8-22 所示的形状。建议舵机端口色块布局与仿生机器人的机构一一对应。

4）依次拖动 8 个舵机块上的进度条，控制舵机转动，使机器人肢体达到所希望的空间姿态，输出并存储该运动姿态时 8 个舵机转动角度的 PWM 值。

5）用同样的方式可以获得各个运动姿态时的舵机转动角度。

（3）编程思路与软件流程图

简单机构的自由度少，所需舵机的数量也少，控制逻辑和控制程序也相对简单。而仿生机器人的自由度多，所需舵机数量也

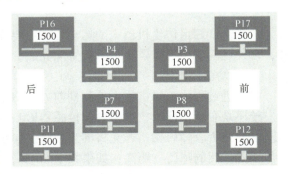

图 8-22　舵机布局

多，完成动作姿态可能需要多个舵机协同联动，控制逻辑和控制程序要复杂得多。因此，编程之前需要先合理分配硬件资源，理清舵机动作的先后顺序，绘制程序流程图如图 8-23 所示，再结合目标分层递进的设计思路编写程序代码，优化控制逻辑。

1）细分设计任务。将控制程序进行功能模块划分，分为存放声明定义的头文件 Config.h、存储舵机转动的数组变量 PROGMEM_Data.h、库函数引用声明与全局变量定义、系统初始化函数 setup()、主循环函数 loop() 以及各功能函数等，完成如舵机初始化、从 PROGMEM 区域读取动作数组、舵机转动、动作执行等任务。

2）新建一个 sketch 工程文件。参照 2.7.2 节库函数的创建方法和步骤，先创建 Config.h 和 PROGMEM_Data.h 文件，再创建 *.ino 文件。

3）参照图 8-23 所示的程序流程图，编写控制程序。其中，主程序流程图分无避障和有避障两种。

声明与定义：用 #include 指令将相关库函数头文件包含进来，如 avr/pgmspace.h、Servo.h、Config.h、PROGMEM_DATA.h 等；创建 8 个伺服对象，如 Servo myServo[8]。

系统初始化：可以根据功能要求配置端口，设置系统上电时的动作姿态。为避免舵机误动作，方便随时连接与断开，其关联 I/O 不在 setup() 中配置，而是放在舵机的控制函数中，可以在不使用时释放 I/O 资源。

主循环函数：对于初学者，编写程序时可以先不接入传感器，即系统上电后，执行 servo_move(ACTION_INIT, 2) 函数，机器人从蹲卧状态站起，延时 1 s 开始调用 servo_move(ACTION_MOVE, 20)，机器人执行 20 个前进动作，然后结束。

机器人动作步态调试稳定后，再接入避障传感器。可以采用红外或超声波避障。例如，使用 3 个超声波避障传感器分别检测前方和左右的障碍情况，并根据结果设计动作姿态。

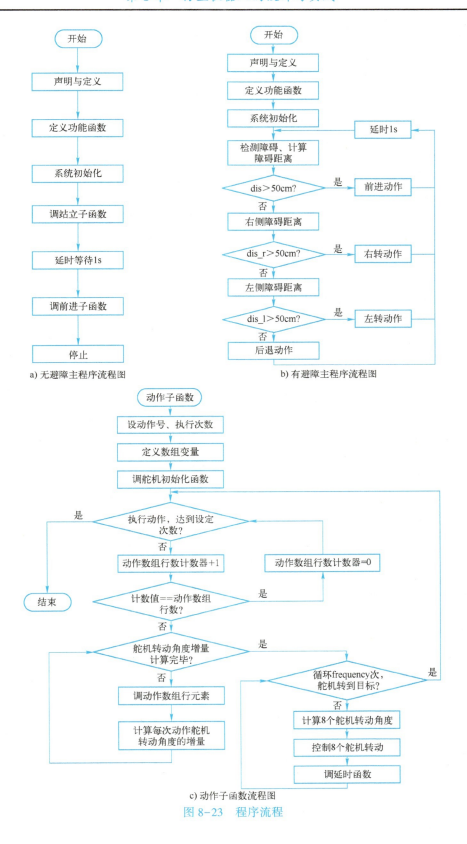

a) 无避障主程序流程图

b) 有避障主程序流程图

c) 动作子函数流程图

图 8-23　程序流程

功能子函数：在定义子函数时，先明确各函数实现的功能、函数在被调用过程中的参数传递关系、参数类型等。

① act_length( )，该函数是无参函数，主要用于计算动作数组的长度。

② void readProgmem(int p，int act)，读取 PWM 值函数。函数参数为 int 型，第一个参数是舵机 I/O 端口号，第二个参数是动作姿态序号。执行该函数可以将存储在 flash 中的动作数组元素提取出来，存入数组变量 value_cur[SERVO_NUM]（定义在 Config. h 中）。

③ void ServoStart(int which)，将舵机连接至 I/O 端口。如果舵机未分配 I/O 端口，给舵机配置一个 I/O 端口，并将该端口配置输出。

④ void ServoStop(int which)，断开某舵机与 I/O 端口的连接。

⑤ void ServoGo(int which，float where)，该函数用于控制舵机从任意位置转动至指定角度。其中，第一个参数为 int 型，指明舵机连接的 I/O 端口；第二个参数为 float 型，指定舵机转动的角度值。

⑥ yoid servo_init(int act，int num)，舵机初始化函数。参数为 int 型，第一个参数是动作姿态序号，第二个参数是动作次数。该函数先调用 readProgmem( )、ServoGo( )初始化舵机，如果动作次数 num>1，从该动作数组的第 0 行元素开始执行，否则跳转至结束。

⑦ void servo_move(int act，int num)，动作子函数。参数为 int 型，第一个参数表示动作姿态序号，第二参数是动作执行的次数。其程序流程图如图 8-23c 所示。

（4）程序代码

在机构搭建过程中，所用舵机的初始角度可能与示例不一致，在烧录示例代码之前，需要首先利用上位机舵机辅助调试软件获得每种动作姿态下的舵机角度，并写入 PROGMEM_Data. h 相应的动作数组变量中。以下是机器人站立及前进的控制例程。

```
/ * * * * * * * * * * * * * * * * * * * * * * Config. h * * * * * * * * * * * * * * * * * * * * * * * * * * /
/ * 定义运动模式、配置连接舵机的 I/O 端口
/ * * * * * * * * * * * * * * * * * * * * * * * * * * * * * * * * * * * * * * * * * * * * * * * * * * * /
#define ACT_NUM    4                          //定义动作数组数量
#define SERVO_NUM   8                          //定义舵机数量
#define SERVO_SPEED   850                      //定义舵机转动速度
#define ACTION_INIT    0                       //重置
#define ACTION_MOVE   1                        //前进
#define ACTION_BACK   2                        //后退
#define ACTION_LEFT    3                       //左转
#define ACTION_RIGHT   4                       //右转
int servo_port[SERVO_NUM] = {3,4,7,8,11,12,16,17};  //定义舵机引脚
int actPwmNum[ACT_NUM] = {};                   //存储每个动作数组长度
float value_pre[SERVO_NUM] = {};               //先前舵机角度
float value_cur[SERVO_NUM] = {};               //当前舵机角度
int count_input = 0;                           //动作数组行数计数
int frequency   = 100;                         //定义舵机每次角度切换微动的次数
boolean_b = false;
/ * * * * * * * * * * * * * * * * * * * PROGMEM_Data. h * * * * * * * * * * * * * * * * * * * * * /
/ * 使用 PROGMEM 在 flash 中存储数据
```

```
/*第1行为初始化角度,只执行1次,之后将根据指定的动作执行次数循环执行每行数组
/****************************************************************/
const PROGMEM int actionInit[ ] = {                 //上电时,舵机的初始角度
   2381, 1238, 1500, 2500, 1069, 1177, 2147, 1086,
   1860, 1238,  961, 1943, 1069, 1177, 1662, 1086,
   2381, 1238, 1500, 2500, 1069, 1177, 2147, 1086,
   };
const PROGMEM int actionMove[ ] = {                 //前进时,舵机的转动角度
   2381, 1238, 1500, 2500, 1069, 1177, 2147, 1086,
   2039, 1482, 1392, 2183, 1338, 1392, 1760, 1248,
   2039, 1014, 1571, 2183, 1302, 1014, 1850, 1320,
   2039, 1014, 1571, 2183, 799 , 1014, 1814 , 907,
   2039, 1014, 1571, 2183, 1284, 1014, 1814, 1267,
   };
const PROGMEM int actionBack[ ] = {                 //后退时,舵机的转动角度
   };

const PROGMEM int actionLeft[ ] = {                 //左转时,舵机的转动角度

   };

const PROGMEM int actionRight[ ] = {                //右转时,舵机的转动角度

   };
/****************************************************************/
/*八自由度四足串联仿生机器人
/*************引用库函数************************************************/
#include <avr/pgmspace. h>
#include <Servo. h>
#include " Config. h"
#include " PROGMEM_DATA. h"
Servo myServo[ 8];                              //定义8个伺服对象
/*********定义功能子函数********************************************/
/* void act_length( );                          //动作数组长度计算
void ServoStart( );                             //舵机连接
void ServoStop( );                              //舵机断开
void ServoGo( );                                //舵机转动
void readProgmem( );                            //读取PWM值
void servo_init( );                             //舵机初始化
void servo_move( );                             //动作执行 */
/*********初始化函数************************************************/
void setup( ) {
   Serial. begin( 9600);
   act_length( );
   }
/*********主循环函数************************************************/
void loop( ) {
```

```
        servo_move( ACTION_INIT, 2);                              //执行初始动作子函数
        delay( 1000);
        servo_move( ACTION_MOVE, 20);                             //执行前进动作子函数
        while( 1){};
    }
/ * * * * * * * * * 计算动作数组长度 * * * * * * * * * * * * * * * * * * * * * * * * * * * * * * * * * * * * * * /
void act_length( ) {
    actPwmNum[0] = ( sizeof( actionInit) / sizeof( actionInit[0]) ) / SERVO_NUM;
    actPwmNum[1] = ( sizeof( actionMove) / sizeof( actionMove[0]) ) / SERVO_NUM;
    actPwmNum[2] = ( sizeof( actionBack) / sizeof( actionBack[0]) ) / SERVO_NUM;
    actPwmNum[3] = ( sizeof( actionLeft) / sizeof( actionLeft[0]) ) / SERVO_NUM;
    actPwmNum[4] = ( sizeof( actionRight) / sizeof( actionRight[0]) ) / SERVO_NUM;
        //此处可以添加 PWM 数组 * * * * * * * * * * * * * * * * * * * * * * * * * * * * * * * * * * * /
    }
/ * * * * * * * * * 舵机连接子函数 * * * * * * * * * * * * * * * * * * * * * * * * * * * * * * * * * * * * * * * /
void ServoStart( int which) {
    if( !myServo[which]. attached( ))
        myServo[which]. attach( servo_port[which]);
    pinMode( servo_port[which], OUTPUT);
}
/ * * * * * * * * * 舵机断开子函数 * * * * * * * * * * * * * * * * * * * * * * * * * * * * * * * * * * * * * * * /
void ServoStop( int which) {
    myServo[which]. detach( );
    digitalWrite( servo_port[which], LOW);
    }
/ * * * * * * * * * 舵机转动子函数 * * * * * * * * * * * * * * * * * * * * * * * * * * * * * * * * * * * * * * * /
void ServoGo( int which , float where) {
    ServoStart( which);
    myServo[which]. writeMicroseconds( where);
    }
/ * * * * * * * * * 读取 PWM 值子函数 * * * * * * * * * * * * * * * * * * * * * * * * * * * * * * * * * * * * /
void readProgmem( int p, int act){
    switch( act) {
        case 0:
            value_cur[p] = pgm_read_word_near( actionInit+p+( SERVO_NUM * count_input)); break;
        case 1:
            value_cur[p] = pgm_read_word_near( actionMove+p+( SERVO_NUM * count_input)); break;
        case 2:
            value_cur[p] = pgm_read_word_near( actionBack+p+( SERVO_NUM * count_input)); break;
        case 3:
            value_cur[p] = pgm_read_word_near( actionLeft+p+( SERVO_NUM * count_input)); break;
        case 4:
            value_cur[p] = pgm_read_word_near( actionRight+p+( SERVO_NUM * count_input)); break;
        default: break;
    }
    }
/ * * * * * * * * * 舵机初始化子函数 * * * * * * * * * * * * * * * * * * * * * * * * * * * * * * * * * * * * * /
```

```
void servo_init(int act, int num) {
    if(!_b) {
        for(int i=0;i<SERVO_NUM;i++) {
            readProgmem(i, act);
            ServoGo(i, value_cur[i]);
            value_pre[i] = value_cur[i];
        }
    }
    num == 1 ? _b = true : _b = false;
}
/*********** 动作执行子函数 *************************************/
void servo_move(int act, int num) {
    float value_delta[SERVO_NUM] = {};       //定义数组，存储每次舵机转动角度的增量
    float in_value[SERVO_NUM] = {};          //定义数组，存储每次舵机需要转动的角度值
    servo_init(act, num);                     //调用舵机初始化子函数
    for(int i=0;i< num * actPwmNum[act];i++) {
        count_input++;
        if(count_input == actPwmNum[act]) {
            count_input = 0;
            continue;
        }
        for(int i=0;i<SERVO_NUM;i++) {
            readProgmem(i, act);              //调取驱动舵机转动的角度值
            in_value[i] = value_pre[i];
            //计算每次每个舵机转动角度的增量
            value_delta[i] = (value_cur[i] - value_pre[i]) / frequency;
        }
        for(int i=0;i<frequency;i++) {       //经过 frequency 次动作，舵机转动到预设角度
            for(int k=0;k<SERVO_NUM;k++) {    //计算舵机需要转动的角度
                in_value[k] += value_delta[k];
                value_pre[k] = in_value[k];
            }
            for(int j=0;j<SERVO_NUM;j++) {    //控制舵机转动
            ServoGo(j, in_value[j]);
        }
        delayMicroseconds(SERVO_SPEED);
    }
    }
}
/*****************************************************************/
```

3. 动手实践

上面仅给出无避障功能的程序源代码，功能子函数也全部嵌入程序代码里，读者可以在此程序的基础上，先借助上位机舵机辅助调试软件 Controller 获取左转、右转、后退等动作姿态下舵机的控制角度，然后根据 8.3.1 节设计要求和图 8-23b 所示程序流程尝试实现八自由度四足仿生机器人的避障功能。

8.3 并联关节型仿生机器人的设计与实践

与串联关节型仿生机器人相比，并联关节型仿生机器人的结构更稳定，运动更灵活。图 8-24 所示的机器狗就是一典型的并联关节型仿生四足机器人，其腿部结构设计模仿了四足哺乳动物的腿部生理结构，主要由躯干体、腿部的节段和旋转关节组成。下面以机器狗设计为例介绍并联关节型仿生机器人的设计思路、搭建方法与控制逻辑。

图 8-24　机器狗

8.3.1　设计要求

1. 基本要求

机器狗能模仿狗的基本步态动作，如行走、站立、下蹲、前趴、后仰等。

2. 进阶要求

1）机器狗能平衡稳定地行走，遇到障碍时能够避开障碍绕行或停止。

2）具有按键启停与多种控制模式选择的功能，如开机或上电复位默认站立、1 档一条腿划动、2 档行走避障、3 档平衡演示。

8.3.2　并联仿生机器人的结构设计

在进行机器狗的腿部结构构思设计中，可基于研究生物狗的腿部骨骼结构和运动特点进行腿部结构设计，其设计思路如图 8-25 所示。也可以通过分析解构机械模型的方法，对于初学者建议从解构模型开始。

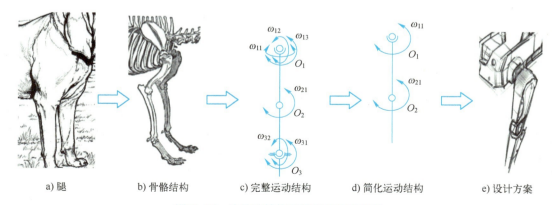

　a) 腿　　　　　b) 骨骼结构　　　　c) 完整运动结构　　　d) 简化运动结构　　　e) 设计方案

图 8-25　从骨骼结构到模型的设计思路

1. 机器狗的腿部结构设计

腿部结构主要由腿部旋转关节和骨节组成。其中，腿部的旋转关节是整个机器人中的重要部分，它是整个机器人中的关键运动单元，不仅决定机器人的运动特性和精度，还负责连接相邻的两段骨节，从而实现腿部的摆动功能。

由于腿部是往复运动，关节单元的设计要符合循环负载的载荷规律。在实际设计搭建腿部结构时，使用五连杆结构设计代替腿部的骨骼，以提高机器人的性能，如图 8-26 所示。

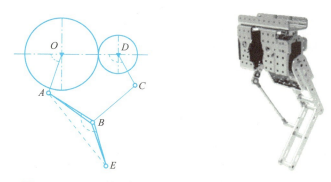

图 8-26　平面五杆结构示意图与两个自由度的腿部结构

五杆结构是平面连杆结构的一种，具有两个自由度的平面闭链五杆机构不仅使运动机构的刚度增加，更突出的优点在于它能够实现变轨迹的运动。

2. 机器狗的腿部结构形式

机器狗的腿部关节大体分为两类：一类是仿照四足哺乳动物前腿的肘关节，另一类是类似四足哺乳动物后腿的膝关节。基于以上原理，机器狗的腿部结构可以分为全膝式、全肘式、内膝肘式、外膝肘式（图 8-27），这里采用内膝肘式。

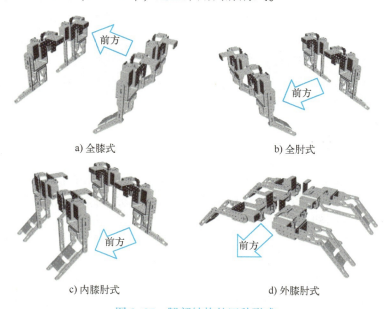

a) 全膝式　　　　　　　　　　　　　b) 全肘式

c) 内膝肘式　　　　　　　　　　　　d) 外膝肘式

图 8-27　腿部结构的四种形式

3. 机构装配

（1）选配零件

参照 8-24 的结构示意图，选择所需的结构零件，如图 8-28 所示。

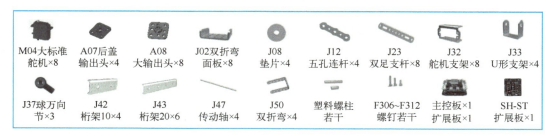

图 8-28　选配零件

（2）装配步骤

根据下列步骤完成机器狗的搭建。

1）首先取 2 个 20 cm 桁架、4 个 3×5 双折弯面板，8 套 F308 螺钉及螺母，按照图 8-29a 所示进行组装。再取 1 个 20 cm 桁架、4 个圆垫片及 Z20 螺柱、F312 螺钉将图 8-29a 所示装配好的组件连接一起，如图 8-29b 所示。

a)　　　　　　　　　　　　　b)

图 8-29　步骤 1)

2）取 4 个 Z10 螺柱，用 F306 螺钉分别将其固定在图 8-29b 所示的双折弯面板上，如图 8-30a 所示。再取 2 个大舵机支架，将其用 F306 螺钉按照图 8-30b 所示进行组装。

a)　　　　　　　　　　　　　b)

图 8-30　步骤 2)

3）取 2 个 10 cm 桁架（或 1 个 20 cm 桁架），4 个 3×5 双折弯面板、16 个螺柱、16 个 F310/F312 螺钉。先将两个双折弯面板按照图 8-31a 所示分别固定在舵机支架上，然后用螺钉与螺柱将 2 个 10 cm 桁架分别固定在 3×5 双折弯面板上，如图 8-31b 所示，最后用类似方法将另外两个 3×5 双折弯面板分别固定在 10 cm 桁架另一端，如图 8-31c 所示。

4）取 1 个 20 cm 桁架，用 16 个 6 cm 螺钉将其与第 3）步组件连接，如图 8-32 所示。

5）将 270°舵机安装在舵机支架上，用 F308 螺钉固定好，将 1 个大输出头装在舵机输出轴上；按照第 5 章舵机复位方法先将舵机复位至出厂初始状态（新舵机无须复位），做好标记；然后用 F308 将五孔连杆 J12 固定在大输出头上，如图 8-33 所示。

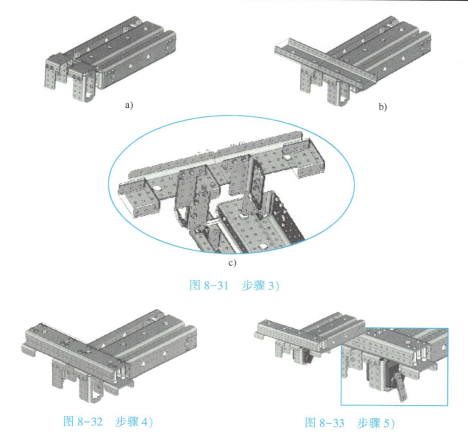

图 8-31　步骤 3)

图 8-32　步骤 4)　　　　　　　　　图 8-33　步骤 5)

6）取 2 个球形万向节、1 根螺纹传动轴组装一起，然后用 F308 螺钉将球形万向节固定在舵机输出轴所连的五孔连杆上，如图 8-34 左图所示。再取 1 个大舵机支架，用 F308 螺钉将其固定在双折弯面板上，如图 8-34 右图所示。

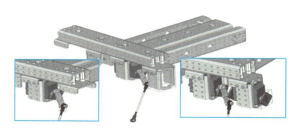

图 8-34　步骤 6)

7）取 1 个 270°大舵机，安装在该舵机支架上；执行复位程序，将其角度复位至出厂时的角度；取 1 个大输出头、1 个后盖输出头分别装在舵机输出轴和支承轴上，如图 8-35 左图所示。

8）取 1 个 U 形支架，用 4 个 F308 将 U 形支架与舵机在大输出头和后盖输出头处固定在一起；再取 1 个 3×5 折弯，将其用 F308 螺钉反向固定在 U 形支架上，如图 8-35 右图所示。

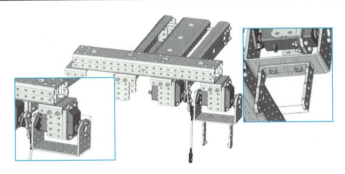

图 8-35　步骤 7）和步骤 8）

9）选取 2 根双足支杆、2 个 30mm 螺柱、1 个 15mm 螺柱，用 F306 螺钉按图 8-36 所示组装。

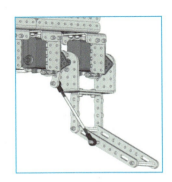

图 8-36　步骤 9）

10）参照上述第 5）~9）步的装配顺序，选取所需的相应材料，完成其他 3 条腿的组装搭建（图 8-37）。同四足串联关节型仿生机器人一样，4 条腿是两两对称的结构关系，在装配过程中可以根据实际情况适当选配零件。

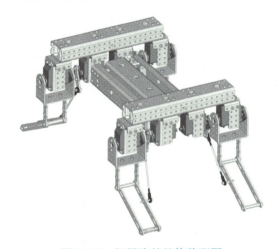

图 8-37　机器狗的整体装配图

8.3.3　并联仿生机器人运动算法与控制实现

1. 运动轨迹分析

分析研究狗在行走时的步态轨迹，对控制机器狗完成各个动作起着至关重要的作用，图 8-38 所示是高速拍摄的狗行走的运动全过程的步幅姿态。

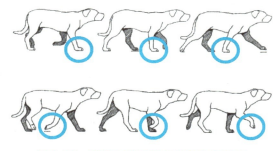

图 8-38　狗行走的运动全过程步幅姿态

对狗其中一条腿进行分析，狗的腿部运动简单分为与地面接触的支撑阶段和离开地面的跨越阶段（支撑段——足接触地面且相对于地面静止不动，身体相对于地面前移；跨越段——足在空中运动，跨越障碍物），将这些足部点用虚线相连，得到了近似椭圆的运动轨迹曲线，如图 8-39a 所示。在平面直角坐标系下的腿部末端运动轨迹如图 8-39b 所示。

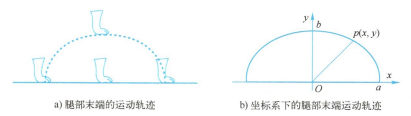

a) 腿部末端的运动轨迹　　　　　　b) 坐标系下的腿部末端运动轨迹

图 8-39　狗的腿部运动轨迹分析

根据椭圆方程：

$$\frac{(x-x_0)^2}{a^2}+\frac{(y-y_0)^2}{b^2}\leq 1 \quad (y\geq y_0)$$

可推导出腿部末端运动曲线轨迹方程式（8-1）与底部直线方程式（8-2）：

$$y\leq y_0+b\sqrt{1-\frac{(x-x_0)^2}{a^2}} \quad (x\geq x_0, y\geq y_0) \tag{8-1}$$

$$y=y_0 \quad (x_0-a\leq x\leq x_0+a) \tag{8-2}$$

2. 运动稳定性分析

运动稳定性是机器人运动中很重要的性能，对于足式机器人的稳定性判定，研究人员提出了很多不同的方法，如 ZMP（零力矩点）、FASM（力角稳定裕度）、ESM（能量稳定裕度）等。

机器狗运动时，其主要扰动有惯性力、腿部与地面的接触力。机器狗着地时，腿会受到地面的支持力和摩擦力，而其他外力可等效为机器狗重心处的惯性力，受力分析如图 8-40 所示。其中，F_1、F_2、F_3 是地面对机器狗的支持力，F 表示等效惯性力和等效重力的合力。

在四足机器人的运动步态中，支撑脚通常只有两条或更少，无法在地面上寻找到有效的支撑多边形；竖直方向的偏置距离对稳定性的影响不大，一般只考虑将机器人的质心偏离初始位置的距离作为稳定性的参考量。

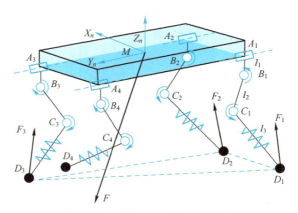

图 8-40　机器狗的受力分析示意图

3. 单腿的运动控制实现

要想让机器狗像真正的狗一样走路，需要控制舵机带动机器狗的腿部走出上述类椭圆轨迹。基于腿部结构设计，可知腿部末端在空间姿态和运动轨迹，只要测量出腿部动作的舵机转动角度（为了精确控制，建议将角度转换为控制舵机转动的 PWM 信号的脉宽值），然后用"对象名 . write（value）"函数就可以控制腿部运动至预设计角度。下面以单条腿的运动控制调试为例，介绍机器狗的调试方法和编程控制思想。

1）定位。把单腿调整放置至合适的点位。

2）测量角度。按照图 8-41 模拟狗腿的行走动作，用量角器对每个动作进行测量并记录数据，最后将每个角度值转换为 PWM 信号脉冲宽度（500~2500 ms）。

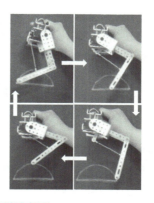

图 8-41　单腿的运动轨迹测试方法

3）将腿驱动舵机正确连接在 Bigfish 扩展板的舵机接口上，如 D4、D7。

4）打开 Arduino IDE，将 servo_bigfish. ino 下载到主控板。

5）打开 Controller，按〈P〉键或单击菜单栏"设置"→"面板设置"，选择显示需要调试的舵机输出端口，如输出口 P4、P7，并单击联机选择端口和波特率（9600），如图 8-42 所示。

图 8-42　选择端口和波特率

6）参照图 8-41 为机器狗腿设置运动节点。节点设置越多，运动轨迹越平滑。

4. 机械狗的控制实现

（1）配置 I/O 端口

要实现机器狗的蹲卧、站立、行走、避障、平衡等功能，腿部机构需要 8 个驱动舵机、前后各 1 个避障传感器，控制行走过程中步态平衡的传感器 1 个，再加上启动控制开关，共需要至少 15 个 I/O 端口。这里使用 SH-SR 扩展板控制 8 个舵机，以减少 I/O 端口的占用。

（2）硬件电路连接

其硬件电路连线框图如图 8-43a 所示，这里避障选择超声波传感器，姿态平衡使用 MPU6050 陀螺仪，启动控制开关采用触碰开关。这里控制板与 SH-SR 扩展板采用叠插方式，也可以参照图 8-43b 借助面包板直接将 TLC5940 与 Arduino UNO 相连。

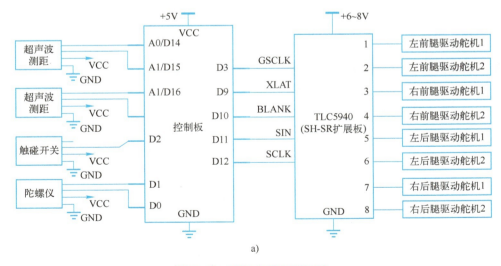

a)

图 8-43　硬件电路连线框图

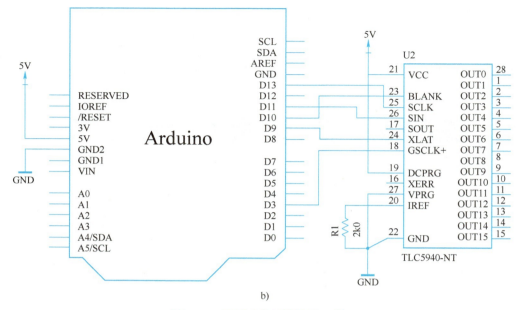

b)

图 8-43　硬件电路连线框图（续）

（3）编程思路与程序流程

机器狗的姿态主要包括站立、下蹲、前趴、后仰和行走。在行走运动中，特别在变化调整行进姿态时，不仅需要良好的运动性能，还需要可靠的稳定性。为降低设计难度，先把姿态分为静姿态和动姿态两部分进行分别设计，静姿态如站立、下蹲等动作，动姿态如行走、平衡、避障等，再根据需要综合联调。

要实现机器狗站立、下蹲、前趴、后仰等基本功能，需要先确定腿部驱动舵机的角度。利用 Controller 软件调整狗的舵机角度（图 8-44），记录下站立、下蹲、前趴、后仰等姿态时的舵机角度（表 8-1），然后在 Arduino IDE 下编写程序，利用这些角度，实现狗静姿态的预期效果。电路连接如图 8-45 所示。

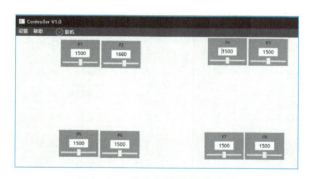

图 8-44　上位机舵机调试界面

图 8-45　电路连接

注意：Controller 软件默认的舵机类型为 0°～180° 的标准舵机，PWM 参数值为 500～2500，对应为 0°～180°，而本舵机为 0°～270° 的大行程舵机，编程时需要应用 map( ) 函数将参数角度映射到 0°～270° 的区间，即目标角度×2/3＝参数角度。也就是说，当输入参数 180

时，舵机会走到 270° 的位置，当输入 100 时，舵机会走到 150° 的位置。

表 8-1　不同静姿态对应的调试后舵机角度值

功　能	舵机角度值
下蹲	1069，736，1855，2174，1746，1839，1007，850
站立	1365，1163，1522，1837，1657，939，1253，1341
前趴	1069，736，1855，2174，1657，939，1253，1341
后仰	1365，1163，1522，1780，1746，1839，1007，850

（4）程序流程图

主程序主要是调用动作函数，实现四种静姿态之间的切换，其流程图如图 8-46a 所示。动作子函数将所有舵机的控制参数转换后控制舵机转动至指定的角度，组合出动作及姿态，其流程如图 8-46b 所示。

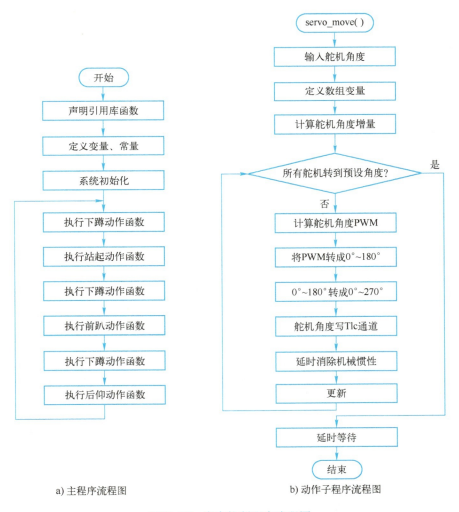

a) 主程序流程图　　　　　　　　b) 动作子程序流程图

图 8-46　姿态控制程序流程图

（5）参考程序代码

例程基于 SR-HR 扩展板驱动 8 个舵机，有能力的读者可以参考给出的流程图架构编写 Bigfish 扩展板的控制程序。

```
/ ********* 声明与定义 ************************************************ /
#include <Arduino. h>                   //声明引用 Arduino. h 库函数
#include <avr/pgmspace. h>              //声明引用 avr/pgmspace. h 库函数
#include <Tlc5940. h>                   //声明引用 Tlc5940. h 库函数
#include <tlc_servos. h>                //声明引用 tlc_servos. h 库函数
#define SERVO_SPEED 5                   //定义舵机转动速度
#define ACTION_DELAY 10                 //定义动作时间间隔
int f = 30;                //定义舵机每个状态间转动的次数，以此来确定每个舵机每次转动的角度
int servo_port[8] = {1,2,3,4,5,6,7,8};                       //定义舵机引脚
int servo_num = sizeof(servo_port) / sizeof(servo_port[0]);  //计算舵机数量
float value_init[8] = {1069,736,1855,2174,1746,1839,1007,787};   //定义舵机初始角度
/ ****************************************************************** /
void setup() {
    Serial. begin(9600);       //开启串口通信，波特率为 9600，程序中可以依据需要查看中间运行结果
      Tlc. init(0);            //初始化
    tlc_initServos();
    }
/ ****************************************************************** /
void loop() {
    servo_move(1069,736 , 1855,2174,1746,1839,1007,850 );       //蹲下
    servo_move(1365,1163,1522,1837,1657,939 , 1253,1341);       //站起
    servo_move(1069,736 , 1855,2174,1746,1839,1007,850 );       //蹲下
    servo_move(1069,736 , 1855,2174,1657,939 , 1253,1341);      //前趴
    servo_move(1069,736 , 1855,2174,1746,1839,1007,850 );       //蹲下
    servo_move(1365,1163,1522,1780,1746,1839,1007,850 );        //后仰
    }
/ ****************************************************************** /
long map_servo(long x, long in_min, long in_max, long out_min, long out_max) {
    return (x - in_min) * (out_max - out_min) / (in_max - in_min) + out_min;
    }
/ ****************************************************************** /
void servo_move(float value0, float value1, float value2, float value3, float value4, float value5,
              float value6,float value7)
    {
    float value_arguments[] = {value0, value1, value2, value3, value4, value5,value6,value7};
    float value_delta[servo_num];
    float value_angle[servo_num];
    for(int i=0;i<servo_num;i++) {
        value_delta[i] = (value_arguments[i] - value_init[i]) / f;   //计算每次的舵机转动增量
        }
    for(int i=0;i<f;i++) {
        for(int k=0;k<servo_num;k++) {                              //计算 8 个舵机的初始角度
            value_init[k] = value_delta[k] == 0 ? value_arguments[k] : value_init[k] + value_delta[k];
```

```
                }
        for( int j = 0;j<servo_num;j++)    {
            value_angle[j] = map( value_init[j] ,500,2500,0,180) ;    //舵机初始角度的 PWM 值映射为
                                                                            角度值
            //map_servo( value_init[j],500,2500,0,270) ;
            tlc_setServo( servo_port[j],    value_angle[j] ) ;        //设定舵机角度
            delay( SERVO_SPEED ) ;
        }
        Tlc. update( ) ;
        }
    delay( ACTION_DELAY ) ;
}
/***************************************************************/
```

图 8-47 所示为静姿态控制的实物效果。

a) 下蹲

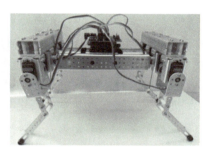

b) 站立

c) 前趴

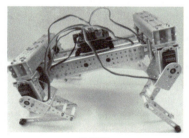

d) 后仰

图 8-47　静姿态控制的实物效果

从机器狗运动步态分析可知：狗在行走时，腿部支撑点和重心需要不断地变化，控制相对于静态更复杂。依照分层递进设计思路，可以将目标任务分为行走、避障、平衡 3 个子任务，然后逐级叠加。

为了提高程序代码的普适性，程序设计采用模块化结构，分为声明与定义、系统初始化函数、主循环函数、功能子函数和自定义库函数。

声明与定义：用 #include 指令声明需要引用的库函数。如 leg. h、gait. h、sensor. h、switch. h 等，然后定义全局变量。

```
/***************************************************************/
#include "leg. h"
#include "gait. h"
```

```
#include "sensor. h"
#include "switch. h"
float Eular[3];        //欧拉角
/****************************************************************/
```

系统初始化函数：在 setup( )函数中设置系统上电时机器狗的初始姿态、串口通信波特率，配置 I/O 端口输入、输出类型。

```
/************初始化函数*****************************************/
void setup( ) {
    //SerialUSB. begin(115200);       //设置软串口波特率
    Serial. begin(115200);           //设置串口波特率
    sensorSetup( );                  //配置超声波传感器
    switchSetup( );                  //配置功能选择开关
    delay(3000);                     //延时等待系统初始化完成
}
/****************************************************************/
```

主循环函数：程序是控制思想和控制逻辑的体现。loop( )函数中的语句如相关变量定义、调用功能函数或编写控制语句等是逐行执行的，为了降低编程难度，编写程序时可以按功能要求和狗的步态动作逻辑进行分步编程调试。

1）控制机器狗能够实现基本的行走功能。

```
/************主循环函数*****************************************/
void loop( ) {
    static long t_control = millis( );
    static int t0 = millis( );
    if(t_control) {
        t0 = millis( ); }
        if(mills( )-t_control>50) {     //执行狗前进（行走）功能函数
        dog_Walk(t0,t_control); }
}
/****************************************************************/
```

2）机器狗向前行走，遇到障碍后向反方向行走。这里，在前后增加一个超声波传感器（分别连接 A4/A5 和 D2/A3），实现机器狗的避障功能。

首先，在声明定义中添加自定义库函数，如#include "sensor. h"；或直接为传感器分配 I/O 端口，如 #define TRIG_F A5、#define ECHO_F A4 等。

其次，在 setup( )函数中，可以直接调用自定义库函数 sensorSetup( )初始化 I/O 端口；或者直接用 pinMode( )函数配置 I/O 端口的输入/输出模式，如：

sensorSetup( )配置 I/O	pinMode( )函数配置

void sensorSetup( ) {
    pinMode(TRIG_F, OUTPUT);
    pinMode(ECHO_F, INPUT);
    pinMode(TRIG_B, OUTPUT);
    pinMode(ECHO_B, INPUT);
}
	pinMode(TRIG_F, OUTPUT);
	pinMode(ECHO_F, INPUT);
	pinMode(TRIG_B, OUTPUT);
	pinMode(ECHO_B, INPUT);

然后，在 loop( ) 函数中增加定义变量、控制代码或调用相关的功能子函数。主循环函数修改后如下：

```
/************************************************************/
void loop( ) {
    static long t_control = millis( );
    static int t0 = millis( );
    static int status = 0;
    satic gaitParam cur_gait = backwardGait;                //狗步态 1
    static gaitParam cur_gait2 = backwardGait2;             //狗步态 2
    if(1) {
        cur_gait = backwardGait;
        cur_gait2 = backwardGait2;
        t0 = millis( );
    }
    float f = readFront( );
    float b = readBack( );
    //readPose( );
    if ((millis( ) - t_control) > 50) {
        dog_Walk_ObstacleAvoidance(f,b,t0,t_control,cur_gait,cur_gait2);    //狗行走并避障
    }
}
/************************************************************/
```

3）增加 MPU6050 陀螺仪，实现机器狗的运动姿态平衡控制。即机器狗在一个平台上原地站立，平台发生倾斜时，机器狗自动调整姿态，保证背部水平。

首先，定义一个全局浮点型数组变量用于存储欧拉角，如 float Eular[3]；

其次，创建并编写姿态接收程序 gyro. ino 及相关功能函数 readPose( ) 等。鉴于篇幅有限，这里不再详述 gyro. ino，具体请参阅章节配套源代码。

然后，在 loop( ) 函数中编写控制语句或调用平衡函数 dog_Balance( )，如：

```
if ((millis( ) - t_control) > 40)  {
    dog_Balance(f,b,t_control);
}
```

注意，如果行走、避障、平衡分开独立调试，在 loop 函数中只要增加相应的控制语句或相应的功能子函数即可，不需要累进叠加。

4）增加功能选择键，并根据读取的开关量结果，选择判断需要执行的功能函数，以实现模式切换。如：s==0 时，空档，原地踏步，传感器触发避障；s==1 时，一档，进入姿态平衡模式；s==2 时，二档，3 腿支撑，单腿划轨迹；s==3 时，三档，自由走，遇到障碍反向走，一直有轻微转弯。

功能模式选择可采用多档开关分别实现，即一档一功能，也可以只增加一个按键实现，即一键复用方式。如果选择一键复用，需要定义整型变量如 key_count 记录按键被按下次数，然后将次数对 4 求余，如 int s=key_count%4。这里按键使用多档开关。其程序修正步骤如下：

首先，在声明定义部分，用 #include 声明引用自定义库函数 "switch. h"，或者直接用 #define 为多档开关分配 I/O 端口号，如：

```
#define SWITCH_1 5              //一档, 接数字 I/O 端口的引脚 5
#define SWITCH_2 6              //二档, 接数字 I/O 端口的引脚 6
#define SWITCH_3 9              //三档, 接数字 I/O 端口的引脚 9
```

其次, 在 setup( ) 函数中, 调用库函数 switchSetup( ) 配置 I/O 端口的模式, 或者直接用 pinMode( ) 函数配置 I/O 端口。如:

switchSetup( ) 配置 I/O	pinMode( ) 函数配置
```void switchSetup( ) { pinMode(SWITCH_1, INPUT); pinMode(SWITCH_2, INPUT); pinMode(SWITCH_3, INPUT); }```	```pinMode(SWITCH_1, INPUT); pinMode(SWITCH_2, INPUT); pinMode(SWITCH_3, INPUT);```

然后, 在主循环函数 loop( ) 中, 读取按键状态, 并根据结果选择判断需要执行的功能函数。程序代码如下:

```
/************** 主循环函数 **************************************/
void loop( ) {
    static long t_control = millis( );
    static int t0 = millis( );
    static int status = 0;
    static gaitParam cur_gait = backwardGait;      //狗步态 1
    static gaitParam cur_gait2 = backwardGait2;    //狗步态 2
    int s = readSwitch( );
    if ( s == 1 && status != 1) {
      leg0. initPos( );
      leg1. initPos( );
      leg2. initPos( );
      leg3. initPos( );
     }
    else if ( s == 0 && status != 0) {
       t0 = millis( );
     }
    else if ( s ==2 && status != 2) {
       t0 = millis( );
     }
    else if ( s == 3 && status != 3) {
      cur_gait = backwardGait;
      cur_gait2 = backwardGait2;
      t0 = millis( );
     }
    status = s;
    float f = readFront( );
    float b = readBack( );
    readPose( );
    switch(s) {
        case 0:                        //空档, 原地踏步, 传感器触发避障
```

```
                    if ((millis() - t_control) > 50) {
                        dog_ObstacleAvoidance_Step(f,b,t0,t_control);}
                    break;
            case 1:                          //一档, 平衡
                    if ((millis() - t_control) > 50) {
                        dog_Balance(f,b,t_control); }
                    break;
            case 2:                          //二档, 3 腿支撑, 单腿划轨迹
                    if ((millis() - t_control) > 50) {
                        single_Leg(t0,t_control)}
                    break;
            case 3:                          //三档, 自由走, 遇到障碍反向走, 一直有轻微转弯
                    if ((millis() - t_control) > 50) {
                        dog_ObstacleAvoidance_And_Walk(f,b,t0,t_control,cur_gait,cur_gait2); }
                    break;
            default: break;
        }
    }
/ ***********************************************************/
```

功能子函数: 定义功能子函数时, 先明确各子函数要实现的功能、函数在被调用过程中的参数传递关系、参数类型、返回值类型等, 然后再定义。如:

```
/ ***********************************************************/
/ ** 行走子函数 dog_Walk() **/
/ ***********************************************************/
void dog_Walk(t0,t_control) {
    float x[4], y[4];
    long t = millis() - tx;
    gait(t, 0.5, x[0], y[0], forwardGait);        //前进步态
    gait(t, 0, x[1], y[1], forwardGait);
    gait(t, 0, x[2], y[2], forwardGait);
    gait(t, 0.5, x[3], y[3], forwardGait);
    leg0.footPos(x[0], y[0]);                     //左前腿
    leg1.footPos(x[1], y[1]);                     //右前腿
    leg2.footPos(x[2], y[2]);                     //左后腿
    leg3.footPos(x[3], y[3]);                     //右后腿
    ty = millis();
}
/ ***********************************************************/
/ ** 行走避障子函数 dog_Walk_ObstacleAvoidance() **/
/ ***********************************************************/
void dog_Walk_ObstacleAvoidance(float fx,float bx,int tx,long ty,gaitParam cx,gaitParam cy){
    float x[4], y[4];
    long t = millis() - tx;
    if (fx && !bx) {
        cx = forwardGait;
```

```
                cy = forwardGait2;
            }
        else if (bx && !fx) {
            cx = backwardGait;
            cy = backwardGait2;
            }
        gait(t, 0.5, x[0], y[0], cx);
        gait(t, 0, x[1], y[1], cy);
        gait(t, 0, x[2], y[2], cy);
        gait(t, 0.5, x[3], y[3], cx);
        leg0.footPos(x[0], y[0]);
        leg1.footPos(x[1], y[1]);
        leg2.footPos(x[2], y[2]);
        leg3.footPos(x[3], y[3]);
        cy = millis();
        }
    }
/*********************************************************/
/** 平衡子函数 dog_Balance() **/
/*********************************************************/
void dog_Balance(float fx,float bx,long ty) {
        if (fx && !bx) {
            leg0.back();
            leg1.back();
            leg2.back();
            leg3.back();
            }
        else if (bx && !fx) {
            leg0.front();
            leg1.front();
            leg2.front();
            leg3.front();
            }
        if (Eular[0] > 3) {
            leg0.down();
            leg1.down();
            leg2.up();
            leg3.up();
            }
        if (Eular[0] < -3) {
            leg0.up();
            leg1.up();
            leg2.down();
            leg3.down();
            }
        if (Eular[1] < 0 && Eular[1] > -176) {
            leg0.up();
```

```
              leg1. down( ) ;
              leg2. up( ) ;
              leg3. down( ) ;
               }
          if ( Eular[ 1 ] > 0 && Eular[ 1 ] < 176) {
              leg0. down( ) ;
              leg1. up( ) ;
              leg2. down( ) ;
              leg3. up( ) ;
               }
          leg0. updatePos( ) ;
          leg1. updatePos( ) ;
          leg2. updatePos( ) ;
          leg3. updatePos( ) ;
          ty = millis( ) ;
 }
/ ****************************************************** /
/ ** 单腿划轨迹子函数 Single_Leg( ) ** /
/ ****************************************************** /
void Single_Leg( int tx , long ty)
    {
        float x, y;
        long t = millis( ) - tx;
        gait( t, 0, x, y, forwardGait) ;
        leg1. footPos( x, y) ;
        leg0. footPos( 0, 0. 16) ;
        leg2. footPos( 0, 0. 14) ;
        leg3. footPos( 0, 0. 15) ;
        ty = millis( ) ;
    }
/ ****************************************************** /
/ ** 原地踏步避障子函数 dog_ObstacleAvoidance_Step( ) ** /
/ ****************************************************** /
void dog_ObstacleAvoidance_Step( float fx , float bx , int tx , long ty) {
    float x[ 4 ] , y[ 4 ] ;
    long t = millis( ) - tx;
    if ( fx && !bx) {
        gait( t, 0. 5, x[ 0 ] , y[ 0 ] , forwardGait) ;         //很可能是步态名称含义反了
        gait( t, 0, x[ 1 ] , y[ 1 ] , forwardGait) ;
        gait( t, 0, x[ 2 ] , y[ 2 ] , forwardGait) ;
        gait( t, 0. 5, x[ 3 ] , y[ 3 ] , forwardGait) ;
         }
    else if ( bx && !fx) {
        gait( t, 0. 5, x[ 0 ] , y[ 0 ] , backwardGait) ;
        gait( t, 0, x[ 1 ] , y[ 1 ] , backwardGait) ;
```

```
            gait(t, 0, x[2], y[2], backwardGait);
            gait(t, 0.5, x[3], y[3], backwardGait);
         }
      else {
            gait(t, 0.5, x[0], y[0], stepGait);
            gait(t, 0, x[1], y[1], stepGait);
            gait(t, 0, x[2], y[2], stepGait);
            gait(t, 0.5, x[3], y[3], stepGait);
         }
      leg0. footPos(x[0], y[0]);
      leg1. footPos(x[1], y[1]);
      leg2. footPos(x[2], y[2]);
      leg3. footPos(x[3], y[3]);
      ty = millis();
   }
/ ************************************************************* /
```

自定义库函数：关于库函数优点及定义方法步骤请参照第 2 章的有关内容，此处不再赘述。这里仅提供几个有关库函数源代码供参考。

1）定义传感器配置库函数。

```
/ *********** sensor. h ************************************* /
/ ** 传感器的配置 ** /
/ ************************************************************* /
#ifndef _SENSOR_H_
#define _SENSOR_H_
#include <Arduino. h>
#define TRIG_F A5
#define ECHO_F A4
#define TRIG_B 2
#define ECHO_B A3
int sensor_timeout = 2200;
/ ************************************************************* /
void sensorSetup() {
      pinMode(TRIG_F, OUTPUT);
      pinMode(ECHO_F, INPUT);
      pinMode(TRIG_B, OUTPUT);
      pinMode(ECHO_B, INPUT);
}
/ ************************************************************* /
float readFront() {
   //给 TRIG_F 发送一个低高低的短时间脉冲，触发测距
      digitalWrite(TRIG_F, LOW);                    //给 TRIG_F 发送一个低电平
      delayMicroseconds(2);                         //等待 2 μs
      digitalWrite(TRIG_F, HIGH);                   //给 TRIG_F 发送一个高电平
      delayMicroseconds(10);                        //等待 10 μs
      digitalWrite(TRIG_F, LOW);                    //给 TRIG_F 发送一个低电平
```

```
        return float( pulseIn( ECHO_F, HIGH, sensor_timeout) ) ;      //返回回波等待时间
    }
/ * * * * * * * * * * * * * * * * * * * * * * * * * * * * * * * * * * * * * * * * * * * * * * * * * * * * * * * /
float readBack( ) {
    //给 TRIG_B 发送一个低高低的短时间脉冲, 触发测距
    digitalWrite( TRIG_B, LOW) ;                                      //给 TRIG_B 发送一个低电平
    delayMicroseconds( 2) ;                                           //等待 2 μs
    digitalWrite( TRIG_B, HIGH) ;                                     //给 TRIG_B 发送一个高电平
    delayMicroseconds( 10) ;                                          //等待 10 μs
    digitalWrite( TRIG_B, LOW) ;                                      //给 TRIG_B 发送一个低电平
    return float( pulseIn( ECHO_B, HIGH, sensor_timeout) ) ;          //返回回波等待时间
}
#endif
/ * * * * * * * * * * * * * * * * * * * * * * * * * * * * * * * * * * * * * * * * * * * * * * * * * * * * * * * /
```

2）定义开关配置库函数。

```
/ * * * * * * * * * * switch. h * * * * * * * * * * * * * * * * * * * * * * * * * * * * * * * * * * * * * * * * /
/ * * 多档选择开关配置 * * /
/ * * * * * * * * * * * * * * * * * * * * * * * * * * * * * * * * * * * * * * * * * * * * * * * * * * * * * * * /
#ifndef _SWITCH_H_
#define _SWITCH_H_
#define SWITCH_1 5
#define SWITCH_2 6
#define SWITCH_3 9
/ * * * * * * * * * * * * * * * * * * * * * * * * * * * * * * * * * * * * * * * * * * * * * * * * * * * * * * * /
void switchSetup( ) {
    pinMode( SWITCH_1, INPUT) ;
    pinMode( SWITCH_2, INPUT) ;
    pinMode( SWITCH_3, INPUT) ;
}
/ * * * * * * * * * * * * * * * * * * * * * * * * * * * * * * * * * * * * * * * * * * * * * * * * * * * * * * * /
int readSwitch( ) {
    if ( digitalRead( SWITCH_1) ) return 1;
    if ( digitalRead( SWITCH_2) ) return 2;
    if ( digitalRead( SWITCH_3) ) return 3;
    return 0;
}
#endif
/ * * * * * * * * * * * * * * * * * * * * * * * * * * * * * * * * * * * * * * * * * * * * * * * * * * * * * * * /
```

3）步态控制库函数。

```
/ * * * * * * * * * * gait. h * * * * * * * * * * * * * * * * * * * * * * * * * * * * * * * * * * * * * * * * * /
/ * * 步态控制 * * /
/ * * * * * * * * * * * * * * * * * * * * * * * * * * * * * * * * * * * * * * * * * * * * * * * * * * * * * * * /
#ifndef _GAIT_H_
#define _GAIT_H_
#include <Arduino. h>
#include <math. h>
```

```
/ *********************************************************** /
struct gaitParam {
    float x_origin;
    float y_origin;
    float amp;
    float half_cycle;
    float period;
    float flight_percent;
};
gaitParam forwardGait = {
    . x_origin = -0.05,
    . y_origin = 0.14,
    . amp = -0.02,
    . half_cycle = 0.1,
    . period = 700,
    . flight_percent = 0.6 };
gaitParam forwardGait2 = {
    . x_origin = -0.02,
    . y_origin = 0.14,
    . amp = -0.02,
    . half_cycle = 0.04,
    . period = 700,
    . flight_percent = 0.6 };
gaitParam backwardGait = {
    . x_origin = 0.05,
    . y_origin = 0.14,
    . amp = -0.02,
    . half_cycle = -0.1,
    . period = 700,
    . flight_percent = 0.6 };
gaitParam backwardGait2 = {
    . x_origin = 0.02,
    . y_origin = 0.14,
    . amp = -0.02,
    . half_cycle = -0.04,
    . period = 700,
    . flight_percent = 0.6 };
gaitParam stepGait = {
    . x_origin = 0,
    . y_origin = 0.14,
    . amp = -0.02,
    . half_cycle = 0.001,
    . period = 700,
    . flight_percent = 0.6 };
/ *********************************************************** /
void gait( float millis, float offset, float &x, float &y, gaitParam param = backwardGait) {
    offset = fmod( offset, 1.0);
    float phase = fmod( millis/param. period + offset, 1.0);
```

```
        if ( phase < param. flight_percent )    {
            float dx = param. half_cycle * phase / param. flight_percent;
            float dy = param. amp * sin( M_PI / param. half_cycle * dx );
            x = param. x_origin + dx;
            y = param. y_origin + dy;
        }
        else    {
            x = param. x_origin + param. half_cycle * ( 1 - phase ) / ( 1 - param. flight_percent );
            y = param. y_origin;
        }
    }
#endif
/ ****************************************************** /
```

4) 腿控制库函数。

```
/ ********************* leg. h ************************** /
#ifndef _LEG_H_
#define _LEG_H_
#include <Arduino. h>
#include <Servo. h>
#include <math. h>
const float L1 = 0. 0896;          //大腿外侧长度(m)
const float L2 = 0. 03;            //大腿内侧长度(m)
const float L3 = 0. 09;            //可调连杆长度(m)
const float L4 = 0. 1;             //小腿长度(m)
const float LPos = 0. 04;          //从大腿到连接的长度(m)
/ ********* graphical algorithms ********************* /
struct point2d {
    float x, y;
    void print( ) {
        Serial. print( "x=" );
        Serial. print( x );
        Serial. print( ", y=" );
        Serial. println( y );
    }
};
/ ****************************************************** /
#define DISTANCE(x1, y1, x2, y2) sqrt((( (x1) - (x2) ) * ( (x1) - (x2) ) + ( (y1) - (y2) ) * ( (y1) - (y2) )))
int circleIntersections( point2d o1, point2d o2, float r1, float r2, point2d &p1, point2d &p2) {
    float d = DISTANCE( o1. x, o1. y, o2. x, o2. y );
    if ( d == 0 ) {
        return 1;
    }
    if ( d > ( r1 + r2 ) ) {
        return 2;
    }
    if ( d < r1 - r2 || d < r2 - r1 )    {
```

```
        return 3;
      }
    float a = (r1 * r1 - r2 * r2 + d * d) / 2.0 / d;
    float h = sqrt(r1 * r1 - a * a);
    float tx = o1.x + a * (o2.x - o1.x) / d;
    float ty = o1.y + a * (o2.y - o1.y) / d;
    p1.x = tx + h * (o2.y - o1.y) / d;
    p1.y = ty - h * (o2.x - o1.x) / d;
    p2.x = tx - h * (o2.y - o1.y) / d;
    p2.y = ty + h * (o2.x - o1.x) / d;
    return 0;
}
/ * * * * * * * * * * * * * * * * * * * * * * * * * * * * * * * * * * * * * * * * * * * * * * * * * * * * * * * * * /
#define RAD_TO_DEGREE(d) ((d) * 180.0 / M_PI)
int cartesianToAlphaBeta(float x, float y, int leg_dirction, float &alpha, float &beta) {
    point2d foot_pos = {x, y}, origin = {0, 0};
    point2d i1, i2;
    if (!circleIntersections(origin, foot_pos, L1, L4, i1, i2)) {
        alpha = atan2(i2.x, i2.y);
        point2d intersection;
        intersection.x = i2.x + (foot_pos.x - i2.x) / L4 * LPos;
        intersection.y = i2.y + (foot_pos.y - i2.y) / L4 * LPos;
        if (!circleIntersections(origin, intersection, L2, L3, i1, i2)) {
            beta = atan2(i1.x, i1.y);
            return 0;
        }
    }
    return 1;
}
/ * * * * * * * * * * leg controller * * * * * * * * * * * * * * * * * * * * * * * * * * * * * * * * * * * * * * * * * * /
class Leg {
public:
    Leg(int opin, int ipin, int mido, int midi, int dir, int pos) {
        _outer_servo.attach(opin);
        _inner_servo.attach(ipin);
        _mido = mido;
        _midi = midi;
        _outer_servo.writeMicroseconds(_mido);
        _inner_servo.writeMicroseconds(_midi);
        _direction = dir;
        _position = pos;
    }

void initPos() {
    footPos(0, 0.13);
    }

void write(float alpha, float beta) {
```

```
    alpha = RAD_TO_DEGREE(alpha);
    beta = RAD_TO_DEGREE(beta);
    float pwo = _mido + _direction * alpha / 135.0 * 1000.0;
    float pwi = _midi + _direction * beta / 135.0 * 1000.0;
    _outer_servo.writeMicroseconds(pwo);
    _inner_servo.writeMicroseconds(pwi);
  }

void footPos(float x, float y) {
    float alpha, beta;
    cartesianToAlphaBeta(x * _position, y, 1, alpha, beta);   //将末端的直角坐标位置转换为各个关
                                                                 节角度
    write(alpha, beta);
    _cur_x = x;
    _cur_y = y;
  }

void up(float delta = 0.003, float threshold = 0.10) {
    if (_cur_y - delta >= threshold) _cur_y -= delta;
  }
void down(float delta = 0.003, float threshold = 0.16) {
    if (_cur_y + delta <= threshold) _cur_y += delta;
  }
void back(float delta = 0.002, float threshold = -0.05) {
    if (_cur_x - delta >= threshold) _cur_x -= delta;
  }
void front(float delta = 0.002, float threshold = 0.05) {
    if (_cur_x + delta <= threshold) _cur_x += delta;
  }
void updatePos() {
    footPos(_cur_x, _cur_y);
  }

private:
    Servo_outer_servo;
    Servo_inner_servo;
    int_mido;
    int_midi;
    int_direction;
    int_position;
    float_cur_x;
    float_cur_y;
  };
Leg leg0(4, A0, 1600, 1480, -1, -1);
Leg leg1(7, A2, 1450, 1480, 1, -1);
Leg leg2(3, 8, 1550, 1450, 1, 1);
Leg leg3(12, 11, 1450, 1450, -1, 1);
#endif
```

5. 动手做

【设计要求】请根据分层设计思路，在上述设计基础上增加红外遥控或蓝牙模块，完成挑战要求的设计。

【设计提示】遥控功能设计可以参照第 9 章的相关内容。

8.4　多自由度双足机器人的设计与实践

多自由度双足机器人是一种串联仿生类型的机器人，能够模仿人类的行为动作，如直立行走、翻跟头等，通常是由多个云台组合而成的，如图 8-48 所示。

关节模块/云台

图 8-48　多自由度双足机器人

作为机械控制的动态系统，双足机器人包含了丰富的动力学特性。下面以六自由度双足机器人为例介绍串联仿人机器人的结构设计、搭建与控制。

8.4.1　设计要求

1. 基本要求

机器人能够站立，稳定行走；具有运动状态指示灯功能，如绿色指示灯表示机器人正常行走，红色指示灯表示机器人停止。

2. 拓展要求

具有按键启停功能；机器人在行走过程中，能够自主检测判断前方是否有障碍物，如果遇到障碍会自动停止，等障碍物清除或绕行继续前进。

8.4.2　双足仿人机器人的结构设计

1. 双足仿人机器人的结构设计思路

双足仿人机器人的结构类似于人，可以像人一样直立行走。分析人体下肢骨骼结构，理想的机器人每条腿应该具备 6 个自由度，其中髋关节有 3 个自由度，膝关节有 1 个自由度，踝关节有 2 个自由度。但是，自由度越多，结构越复杂、控制难度越大。

六自由度双足机器人每条腿有 3 个自由度，即髋关节、膝关节、踝关节各配置 1 个自由度。其中，髋关节用于摆动机器人腿，膝关节用于调节机器人重心高度，踝关节用于控制机器人抬脚换步。

设计使用双轴舵机模仿人类关节的运动，实现机器人的步态设计控制。

2. 六自由度双足机器人的结构搭建

（1）选配零件

参照六自由度双足机器人的结构设计，选择所需的结构零件，如图 8-49 所示。

M01	A03	A05	J02	J04	J05	J10	J12	J23	J26
标准舵机	后盖输出头	输出头	双折弯面板	7×11平板	90°支架	双折弯	五孔连杆	双足支杆	舵机支架
×6	×6	×6	×2	×1	×4	×6	×4	×4	×6

图 8-49　选配零件

（2）装配步骤

1）取 1 个 3×5 双折弯面板 J02、1 个双折弯 J10，按图 8-50 所示的装配关系，用 F308 螺钉和 M3 螺母将二者组装在一起。

2）取 1 个舵机支架 J26、1 个 180°标准舵机 M01，以及 F308 螺钉与 M3 螺母若干。首先组装舵机与舵机支架，调节好舵机复位角度，再用输出头 A05、后盖输出头 A03，将组装好的舵机与第 1）步的双折弯组装，如图 8-51 所示。

图 8-50　步骤 1）

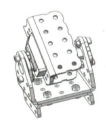

图 8-51　步骤 2）

3）选取标准舵机 M01、舵机支架 J26、双折弯 J10、输出头 A05、后盖输出头 A03，以及 F308 螺钉和 M3 螺母若干。参照图 8-52 组装膝关节、髋关节所需的 2 个关节模块。注意：装配前，需要预先确定并调整好舵机的动作角度范围，再进行组装。

4）参照图 8-53 所示的装配关系，用 F308 螺钉将组装好的 2 个关节模块和第 2）步组装的结构连接在一起。

图 8-52　步骤 3）

图 8-53　步骤 4）

5）再取 2 个 90°支架 J05、2 个五孔连杆 J12、2 根双足支杆，按照图 8-54 所示装配关系，分别用 F308 螺钉将其装配在底部 3×5 双折弯面板 J02 的两侧面。

6）按照同样的装配步骤，完成机器人另一条腿的组装。提示：机器人驱动两条腿的关节舵机的方向是对称的，在组装过程中不要装配错误，如图 8-55 所示。

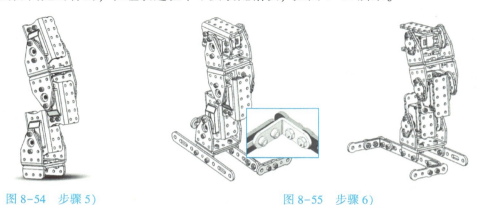

图 8-54　步骤 5)　　　　　　　　　　　　　　　　图 8-55　步骤 6)

7）用一块 7×11 平板将两条腿连接起来，如图 8-56 所示。

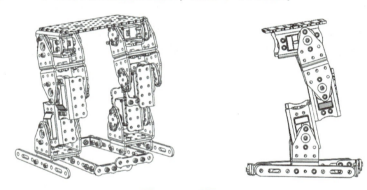

图 8-56　步骤 7)

8）最后将控制板、传感器、电池盒等分别安放在平板上或适当位置，并固定好。

六自由度双足机器人的结构设计不唯一，可以根据功能要求自行设计。在设计时，需要考虑左右腿的结构对称、行走时重心稳定性等问题。

8.4.3　多自由度双足机器人运动算法

双足机器人的行走主要依靠腿部的运动，步态规划主要看腿部各关节的协调，其运动步态简图如图 8-57 所示。

1）调整腿关节舵机角度，使机器人能够稳定站立。

2）行走前，双膝先向前微微弯曲，保持身体平衡。

3）行走时，假设左腿先保持初始的位置不变，右踝关节舵机先向后，抬起右脚；然后右腿向前（x 方向）屈膝抬起，右髋关节舵机向前摆动，带动右腿向前走一步。

4）右脚落地，重心前移，保持身体平衡，右腿回到初始姿态。左腿向前屈膝抬脚，然后左髋关节舵机向前摆动，带动左腿向前走一步。

5）左脚落地，身体前倾、重心前移，左腿回到初始位置，右腿屈膝抬起，重复第 2）、3）步。

如此重复控制左、右腿交替向前移动，就可以实现机器人的行走。

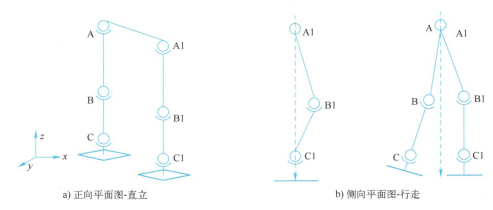

a) 正向平面图-直立　　　　　　　　　　　　　b) 侧向平面图-行走

图 8-57　双足机器人的运动步态简图

8.4.4　多自由度双足机器人的控制实现

双足机器人精确、平稳行走的关键就是必须要实现对机器人各关节驱动舵机旋转角度的精准控制，从而实现对步幅的大小、行进速度的快慢、摆动幅度的控制。

1. 配置 I/O 端口

根据设计要求，机器人需要 6 路舵机控制信号，2 路输出信号控制运行指示灯，1 路输入信号连接启动按键，共需要 9 个 GPIO 端口，Bigfish 扩展板可以满足设计要求。

2. 硬件连接

为了连线方便，机器人的左腿 3 个舵机分别连接 Bigfish 扩展板舵机接口的 D3、D8、D12 端口，右腿 3 个舵机分别连接舵机接口的 D4、D7、D11 端口；启动按键连接 D2 端口，红外避障传感器连接在 A0 端口，双色指示灯连接在 D18、D19（即 A4、A5）端口。

连线时应断电操作，并确保舵机的 3 根导线 S、VCC、GND 连接正确。

3. 编程思路与程序流程

1）根据运动简图，分解机器人行走时的动作姿态和运动步态。

2）参照 8.1.2 节上位机舵机调试的方法步骤，确定行走过程中每个运动步态时的所有关节舵机角度，并记录该数据。

3）先分层再细分目标任务。如先实现机器人站立、行走的基本功能，再叠加按键启动、避障等功能。

4）下面以基本功能设计为例，绘制主循环函数和各功能子函数的流程图，然后编写程序。图 8-58 是主程序和动作子程序的流程图。

5）定义各功能子函数。如舵机连接函数 ServoStart（）、舵机断开函数 ServoStop（）、舵机转动函数 ServoGo（）、动作子函数 servo move（）等。其中，servo move（）是一个带有多参数函数，前几个参数为舵机转动角度，最后一个参数为所有舵机每个动作姿态的时间间隔。

4. 示例程序代码

在设计搭建过程中，所用舵机初始参数均不相同，使用本代码之前，请先将示例中有关 servo 的角度值修改成自己用上位机调试好的角度，再烧录运行程序，以免因参数误差较大造成舵机堵转而损坏。

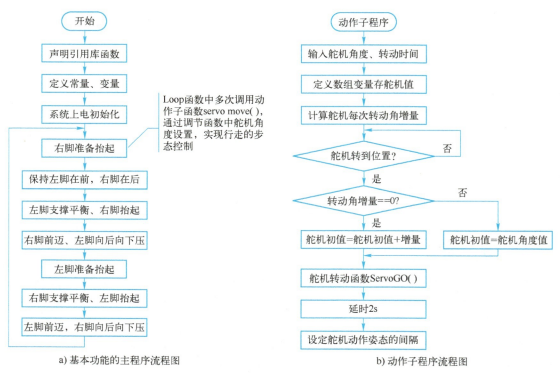

a) 基本功能的主程序流程图　　　　　　　　　　　b) 动作子程序流程图

图8-58　程序流程图

```
/************************声明与定义***************************/
#include <Servo. h>
#define SERVO_SPEED1 28                        //定义舵机转动快慢的时间
#define SERVO_SPEED2 30
#define ACTION_DELAY 0                         //定义所有舵机每个状态时间间隔
Servo    myServo[6];                           //创建6个舵机伺服对象
int f = 10;           //定义舵机每个状态间转动的次数,以此来确定每个舵机每次转动的角度
int servo_port[6] = {3,4,7,8,11,12};           //定义舵机引脚
int servo_num = sizeof(servo_port) / sizeof(servo_port[0]);   //定义舵机数量
float value_init[6] = {42,140,90,85,36,78};    //定义舵机初始角度
/**********************系统初始化***************************/
void setup() {
    Serial. begin(9600);
    for(int i=0;i<servo_num;i++) {
      ServoGo(i,value_init[i]);
    }
    delay(2000);
  }
/**********************主循环函数***************************/
void loop() {
    servo_move(28,104,60,26,36,104,SERVO_SPEED2);    //右脚准备抬起,然后左右脚交替前进
    servo_move(28,104,60,26,33,104,SERVO_SPEED1);
```

```
    servo_move(32,104,60,52,34,86,SERVO_SPEED1);
    servo_move(44,104,60,70,34,74,SERVO_SPEED1);
    servo_move(55,143,137,70,22,80,SERVO_SPEED2);
    servo_move(60,133,107,82,28,85,SERVO_SPEED1);
    servo_move(60,130,99,82,30,85,SERVO_SPEED1);
}
/*************************舵机连接*******************************/
void ServoStart(int which) {
    if(!myServo[which].attached())myServo[which].attach(servo_port[which]);
    pinMode(servo_port[which], OUTPUT);
}
/*************************舵机断开*******************************/
void ServoStop(int which) {
    myServo[which].detach();
    digitalWrite(servo_port[which],LOW);
}
/*************************舵机转动*******************************/
void ServoGo(int which , int where) {
    if(where!=200) {
        if(where==201)
            ServoStop(which);
        else {
            ServoStart(which);
            myServo[which].write(where);
        }
    }
}
/*************************动作子函数*******************************/
void servo_move(float value0, float value1, float value2, float value3, float value4, float value5,int DELAY)
{
    float value_arguments[] = {value0, value1, value2, value3, value4, value5};
    float value_delta[servo_num];
    for(int i=0;i<servo_num;i++) {
        value_delta[i] = (value_arguments[i] - value_init[i]) / f;
    }
    for(int i=0;i<f;i++) {
        for(int k=0;k<servo_num;k++) {
            value_init[k] = value_delta[k] == 0 ? value_arguments[k] : value_init[k] + value_delta[k];
            for(int j=0;j<servo_num;j++) {
                ServoGo(j,value_init[j]);
            }
            delay(DELAY);
        }
        delay(ACTION_DELAY);
    }
}
/*****************************************************************/
```

5. 动手做

【设计要求】在完成基本要求的基础上，增加一个按键、双色 LED 模块、近红外模块，自己动手编程实现拓展功能的设计。

【设计提示】请先绘制主程序流程图，梳理清楚系统控制逻辑，再编写程序。

8.5　进阶实践

随着仿人机器人的发展，不仅简单重复性的工作被机器人所取代，如迎宾机器人，趣味性、娱乐性的仿人机器人也在不断地迭代更新。

8.5.1　主题实践（一）——六自由度仿人机器人的拓展设计与实践

1. 设计要求

1）能够连续表演翻跟头的趣味性动作。

2）如果检测到有人靠近，能够自动弯腰并发出"欢迎光临"的语音。

3）能够随着音乐完成简单的舞蹈动作。

2. 设计思路提示

（1）机构设计

分析设计要求，该机器人需要适应迎宾、趣味性表演等不同应用场合，能够翻跟头、跳简单的韵律操、提供迎宾服务功能，考虑翻跟头时动作幅度比较大，选择 270°关节舵机作为伺服驱动装置，其参考机构如图 8-59 所示。

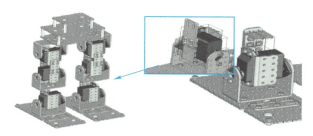

图 8-59　参考机构

（2）电路设计

1）功能选择：机器人需要根据应用场景进行功能切换，需要一个功能选择开关控制系统功能变换或者通过按键的长按、短按实现功能模式切换。

2）迎宾服务：用近红外或红外热释电传感器检测是否有人靠近，语音模块实现音频播放。

3）跳韵律操：可以自行设计韵律的节拍和舞蹈动作，此处不赘述。

（3）动手实践

1）分析设计要求，规划分层递进设计的层次和子任务。

2）参照结构模型图，准备机械零件，搭建机构。

3）选择输入输出电路模块，分配 I/O 端口，正确连接电路。

4）梳理编程思路，绘制程序流程图，从简单到综合逐级编写调试程序代码。

5）系统整机联合调试，优化程序结构和代码。

8.5.2 主题实践（二）——多足仿生机器人的设计与实践

多足仿生机器人是模仿自然界中昆虫运动特点和结构，具有丰富的步态和冗余的肢体结构，运动灵活，可靠性高，如六足仿生蜘蛛。多足机器人虽然移动速度较低，但却可以利用离散的地面支撑实现非接触式障碍规避、障碍跨越、上下台阶及不平整的地面运动，对复杂地形和不可预知的环境变化具有极强的适应性。请参照图 8-60 所示模型和要求设计制作一款多功能六足仿生机器人。

图 8-60　多足仿生机器人

1. 设计要求

1）能够模仿蜘蛛的动作特点实现前进、转向、起伏等基本运动。
2）增加超声波/近红外传感器、循迹传感器实现自主避障与循迹等功能。
3）增加机械手臂、视频传感器等，拓展设计智能分拣、物品搬运等功能。

2. 设计思路提示

（1）机构设计

多功能六足仿生机器人的结构设计可以参照图 8-60。其中，六足仿生机器人主体结构可采用 18 自由度的串联关节型，每条腿采用 3 个舵机串联组成，与地面接触的足部末端部分通常采用比较尖的形状设计。机械臂可参考图 8-61b 所示结构进行设计，也可以参照图 8-60 中的机械臂自主建模设计一个三自由度机械臂。

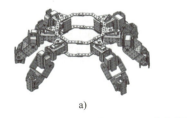

　　　　　a)　　　　　　　　　　　　　b)

图 8-61　参考结构模型

（2）电路设计

多功能六足仿生机器人综合性比较强，使用舵机数量较多、传感器种类较多，在进行控制电路设计时建议使用 SH-SR 扩展板和舵机辅助调试软件。

对于初学者，控制程序设计建议采用分层设计方法以降低编程难度。例如，先从控制实现基本步态着手，然后逐步增加循迹、避障、分拣、抓取、搬运等拓展功能。

18 自由度六足仿生机器人具有三角步态，即将机器人六足均匀分布在身体两侧，身体一侧的前、后足与另一侧的中足组成三角形，分别依靠大腿前后划动实现摆动和支撑，即处于三角形上的三条腿的动作一样，均处于摆动相或均处于支撑相，如图 8-62 所示。

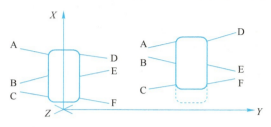

图 8-62　六足仿生机器人的三角步态示意图

3. 动手实践

1）参照结构模型图，准备机械零件，或自主设计加工非标零件。

2）搭建机构。

3）编写控制程序时，采用分层设计逐步编写调试控制程序，然后优化控制程序。

8.6　本章小结

本章主要以串联仿生机器人、并联仿生机器人、仿人机器人为例详细阐述了仿生机器人的结构设计思路、运动姿态与运动算法分析、机构搭建与编程控制思路，并通过进阶实践练习巩固，引领读者进一步掌握仿生机器人的设计思路与控制方法。

第9章　机器人创意设计中的通信技术

在机器人的设计中，有时 MCU 需要和其他设备（PC、外设或另一个 MCU）相互通信。通信分为有线通信和无线通信，如串口通信（RS-232）、以太网、CAN 总线等是有线通信，而红外遥控、蓝牙（BlueTooth）、WiFi 等则属于无线通信。本章主要介绍几种 Arduino 常用的通信方式。

9.1　串行通信

9.1.1　并行通信和串行通信

1. 并行通信方式

并行通信，即多位数据同时传输（图 9-1）。并行通信的数据按字节发送、接收，速度较快，但占用 I/O 端口较多，主要用于近距离传输（板级）。使用通用 I/O 端口可以很方便地实现并行通信。

2. 串行通信方式

串行通信，数据是一位一位在通信线上传输（图 9-2）。串行通信数据按位发送和接收，传输速度较慢，但是一线发送数据，一线接收数据，接线简单，可实现远距离传输，已成为目前主流通信方式。如异步串口通信（UART）、SPI 总线、I²C 总线等均属于串行通信。

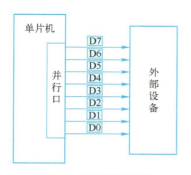
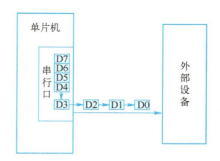

图 9-1　并行通信方式　　　　图 9-2　串行通信方式

9.1.2　串行通信的硬件接口

微控制器大多内置有一个或多个硬件串口与计算机通信。例如，Arduino UNO R3 硬件串口位于 RX（0）、TX（1）引脚上，Mage 2560 则有 3 个硬件串口，分别为 RX0/TX0、RX1/TX1、RX2/TX2。

Arduino 控制板上的 RX、TX 引脚通过转换芯片连接至 USB 接口，与计算机进行串行通信。除此之外，也可以与其他串口设备进行通信。图 9-3 为串行通信示意图。图 9-4 为所示 Arduino UNO R3 控制板上的串行通信接口资源，UART 与数字口的 0、1 复用，I^2C 需使用 A4、A5，SPI 占用数字口 10，11，12，13，在使用这些通信功能时，注意预先留出相应的端口。

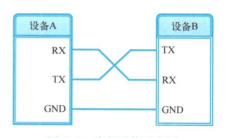

图 9-3　串行通信示意图

注意： PC 上串行通信协议一般是 RS-232 协议，而各种微控制器（单片机）上采用的是 TTL 串行协议，两者电平不同，如果自己设计控制板，需要经过相应电平转换才能进行相互通信。

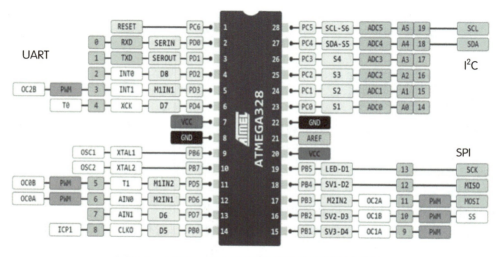

图 9-4　Arduino UNO R3 控制板上的串行通信接口

9.1.3　串行通信的相关参数

1. 波特率

波特率是单位时间内载波参数变化的次数，它是对信号传输速率的一种度量。波特率不同于比特率，比特率是单位时间内传输二进制位的速率。如每秒传输 240 个字符，而每个字符格式包括 10 个位（1 个起始位、1 个停止位、8 个数据位），那么，波特率即为 240，比特率则是 240×10 bit/s = 2400 bit/s。实际上，参数还包含 1 个奇偶校验位或 2 个停止位，共12 位。

通信时，发送与接收双方需要使用相同波特率，否则通信将会被识别错误。例如，收发波特率不一致，可能在串口终端显示一连串奇怪的字符。

实际应用中，大多数 UART 设备能够支持多种波特率，如 300、1200、2400、9600、19200、38400、115200 等。在嵌入式系统中，常用波特率为 9600、19200、115200。

2. 起始位

起始位是一组数据开始传输的信号，起始位总为低电平。

3. 数据位

数据位是通信中实际发送的数据部分。当 Arduino 通过串口发送一个数据包，实际数据可能不是 8 位的，例如标准 ASCII 码是 0~127（7 位），扩展的 ASCII 码是 0~255（8 位）。Arduino 默认为 8 位数据位，即每次可以传输 1B 数据。

4. 奇偶校验位

奇偶校验位主要用于传输检测，是串行通信过程中一种简单的检错方式。奇偶校验位嵌入一个数据包中，可以设置偶校验位或者奇校验位。

5. 停止位

停止位是在每一组数据包结束时自动发送，表示单个包的最后一位，典型值为 1~2 位，高电平有效。

9.2　异步串口通信（UART）

9.2.1　串口通信的库函数

要使用串口通信就需要用到 Serial 类函数。Arduino 函数库提供了丰富的串口通信 Serial 函数（表 9-1）。这些函数定义在 Arduino IDE 软件安装路径（Arduino\hardware\arduino\avr\cores\arduino\）的 HardwareSerial.h 头文件中。在进行串口通信时，必须先完成一些配置，例如在 Setup() 中开启串口 Serial.begin(speed)，再使用串口函数。

表 9-1　Arduino IDE 提供的 Serial 函数

Serial 函数	if(Serial)	find()	peek()	readString()
	available()	findUntil()	print()、println()	readStringUntil()
	availableForWrite()	flush()	read()	setTimeout()
	begin()	parseFloat()	readBytes()	write()
	end()	parseInt()	readBytesUntil()	serialEvent()

关于串口通信的函数功能、使用配置方法可查询官方语法手册。简易方法：打开 Arduino IDE\帮助菜单\参考，直接链接至语法网页，找到 Serial 单击进入即可找到相应的库函数。下面仅举例说明。

Serial.begin()

描述：启用串口，通常在 setup() 函数中配置。

语法：Serial.begin(speed) 与 Serial.begin(speed, config)。

参数：speed：波特率，一般取值 9600、19200、115200 等；config：可选参数，设置数据位、校验位和停止位。默认 SERIAL_8N1（即 8 个数据位，无校验位，1 个停止位）。

返回值：无。

9.2.2 串口通信的应用设计

1. 硬件串口

（1）计算机与 Arduino 主控板的串行通信

【设计要求】打开串口监视器窗口，输入"123"，然后按〈Enter〉键或者"发送"键，在下面的显示区将会对应返回字符"1""2""3"的 ASCII 码值，调整串口监视器的结束符选项，再次发送"123"，观察结果的异同。

【实践材料】计算机，1 块 Basra/Arduino 控制板，1 根数据线。

图 9-5　计算机与 Arduino 通信

【设计思路】计算机通过连接 USB 或 microUSB 数据线，与 Arduino 或 Basra 主控板的 Rx 和 Tx 进行串口通信。主控板可以通过 Rx 端口接收计算机传送的数据，也可以通过 Tx 端口将数据上传至计算机，并通过串口调试软件（如串口监视器窗口）查看。例如在 Arduino IDE 中输入如下的参考示例代码，并将程序传送至主控板并运行，显示结果如图 9-5 所示。

```
int incomingByte = 0;
void setup( ) {
    Serial. begin( 9600 );
    }
void loop( ) {
    if ( Serial. available( ) > 0) {
    incomingByte = Serial. read( );
    Serial. print( "I received: " );
    Serial. println( incomingByte, DEC );
    }
}
```

（2）两块 Arduino 主控板之间的串行通信

【设计要求】实现两块 Arduino 主控板——A 和 B 的通信。当按下 A 上连接按键，向 B 发送一个信号，B 收到信号后双色 LED 灯交替闪烁一次，并向 A 发送一个通信成功的反馈信号，A 13 号引脚连接的板载 LED 指示灯闪烁。

【实践材料】2 块 Basra/Arduino 主控板、1 个触碰传感器、1 个红绿双色 LED 模块（或者用面包板、2 个 LED、2 个限流电阻）。

【设计思路】实现两个或多个主控板之间的通信，需要先根据设计要求，确定设备的关系，然后分别编写主控板 A 和 B 的控制程序。

1）连接电路。按照图 9-6 将触碰传感器接在主控板 A 的 A0/A1（D14、D15）接口，双色 LED 灯（可以用 2 个 LED 及限流电阻替代）连接在主控板 B 的 A4/A5（D18、D19）接口，用 2 根面包板导线，将主控板 A 的串口 TX、RX 分别与主控板 B 的串口 RX、TX 相连。注意，如果 2 块主控板采用不同的电源供电时，需要用 1 根导线将 2 块主控板共地。

图 9-6　双机串口通信电路连线图

2）编写控制程序。根据设计要求先编写两个程序。具体编程思路如下：

Arduino_A：使用函数 Serial. print('y')向 B 发送一个字符"y"；同时，通过 Serial. read( ) 函数接收来自 B 的返回信号。如果接收到信号"g"，13 号引脚的板载指示灯闪烁。

Arduino_B：通过 Serial. read( )从串口读取 A 发送的信息，如果接收到信号"y"，将控制所连接的双色 LED 交替闪烁；同时，向 A 发送一个信号"g"。

程序流程图如图 9-7、图 9-8 所示。程序编译无误，分别下载至两个目标主控板，并做好 A、B 标记。注意：A、B 的通信波特率必须设置相同，否则在 COM 口可能显示乱码。

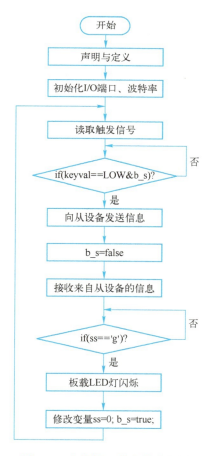

图 9-7　主控板 A 的程序流程图

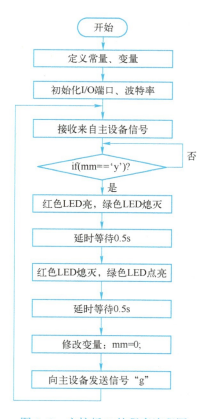

图 9-8　主控板 B 的程序流程图

3）分析示例代码，观察实践结果：若通信已建立，按下触碰开关，B 上所连接的双色 LED 将交替闪烁，A 的 13 号引脚指示灯将闪烁。

【示例程序代码】

1）控制板 A 的程序如下：

```
/***********************************************************/
/** 功能 双机通信-A，向 B 发送信号 **/
/***********************************************************/
#define button 14
boolean b_s=true;
char ss;
/***********************************************************/
void setup() {
    Serial. begin(9600);           //设置串口速度，双机配置需相同
    pinMode(13,OUTPUT);            //用 13 号引脚上的板载 LED 指示通信状态
    pinMode(button,INPUT);         //A0 连接触碰传感器
    }
/***********************************************************/
void loop() {
    int keyval=digitalRead(button);  //读取触发信号
    if(keyval==LOW&b_s) {          //启动信号，可以避免主程序陷入死循环
      Serial. print('y');          //先向 B 发一个"y"
      b_s=false;
      }
    ss=Serial. read();             //再读串口，接收 B 发送的字符
    if(ss=='g') {                  //如果接收到的是字符"g"
      digitalWrite(13, HIGH);
      delay(300);
      digitalWrite(13, LOW);
      delay(300);                  //让 13 号引脚的 LED 闪烁 1 次
      ss=0;
      b_s=true;
      }
    }
/***********************************************************/
```

2）控制板 B 的程序如下：

```
/***********************************************************/
/** 功能 双机通信-B，接收 A 信号 **/
/***********************************************************/
#define R_LED 18                   //定义指示灯分别接在 A4、A5 口
#define G_LED 19
char mm;
/***********************************************************/
void setup() {
    Serial. begin(9600);
    pinMode(R_LED,OUTPUT);
```

```
    pinMode(G_LED,OUTPUT);
    }
/******************************************************/
void loop( ) {
    mm=Serial. read( );              //接收来自 A 的信号,如果信号是"y",红绿 LED 灯交替闪烁 1 次
    if( mm = = 'y' ) {
      digitalWrite( R_LED, HIGH );
      digitalWrite( G_LED, LOW );
      mm = 0;
      delay( 500 );
      digitalWrite( R_LED, LOW );
      digitalWrite( G_LED, HIGH );
      delay( 500 );
      }
    Serial. print( 'g' );            //收到信息"y"后向主机发一个字符"g"
    }
/******************************************************/
```

2. 软件串口

当硬件串口资源不够用时,软件串口库能够利用软件在其他数字引脚模拟串口功能,进行串口通信。使用软串口 SoftwareSerial 通信与硬件串口 Serial 通信,电路连接、函数用法都类似,只是在编写程序代码时需要先定义虚拟端口,具体操作如下:

1) 用#include 指令声明引用软件串口库头文件,并定义两个软串口引脚;再创建一个新的软串口对象。

```
#include <SoftwareSerial. h>
#define RxPin 10
#define TxPin 11
SoftwareSerial   mySerial( RxPin, TxPin );
```

2) 在 setup( ) 函数中设置软件串口的通信波特率。参数的格式与硬件串口的设置类似,如:

```
mySerial. begin( 4800 );
```

3) 编写程序,连接电路,观察程序运行结果。

说明: SoftwareSerial 需要一个能产生中断的引脚(至少接收引脚 Rx 需要中断支持)。例如, Arduino UNO R3 开发板下需要将 2、3、5、6、9 ~ 11、A0 ~ A5 号引脚分配给 Rx; Mega2560 开发板可以使用 10 ~ 15、50 ~ 53、A8 ~ A15 号引脚。

另外,由于软串口使用占用 CPU 资源较多,建议谨慎使用。

3. 动手做

【设计要求】请结合第 5 章的小车底盘设计,应用两块控制板的串口通信功能,设计实现小车的无线遥控。

【设计提示】一块控制板接按键做发送运动指令的控制器,一块控制板执行指令实现小车的运动。

9.3　SPI 总线通信

9.3.1　SPI 简介

串行外围设备接口（Serial Peripheral Interface，SPI）总线技术是 Motorola 公司推出的一种同步串行接口。它主要用于 MCU 和外围设备之间进行全双工、同步串行通信，是一种总线协议的串行通信方式。SPI 总线上可以通过 SPI 连接多个从机，并通过程序选择与之进行通信的从机。其典型结构如图 9-9 所示。

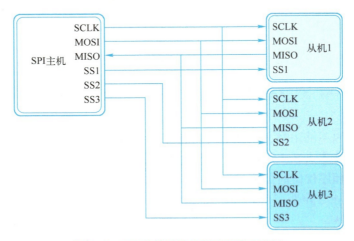

图 9-9　SPI 总线通信的典型结构示意图

由图 9-9 可知，SPI 总线通信需要 4 种信号线：时钟线 SCLK（由主机控制）、2 根数据传输线 MOSI（主机输出-从机输入）和 MISO（从机输出-主机输入）、从机选通线 SS（低电平有效）。其中，从机的 SCLK、MISO、MOSI 与主机连接共用，SS 分别连接到主机的 I/O 端口，用于选择与主机通信的从机（SS1、SS2、SS3），见表 9-2。

表 9-2　SPI 总线引脚功能

SPI 引脚	SPI 主机	SPI 从机
MOSI（Master Out Slave In）	通信数据输出	通信数据输入
MISO（Master In Slave Out）	通信数据输入	通信数据输出
SCLK（Serial Clock）	输出同步时钟	外部同步时钟输入
SS（Slave Select）	从机使能信号	必须低电平

SPI 属于主/从通信协议，且由主机启动与从机通信。主机负责输出时钟信号及选择通信的从机，时钟信号通过主机的 SCLK 引脚输出，提供给通信从机使用。参与通信的从机由从机上的 SS 引脚电平信号决定。当某从机的 SS 信号为低电平"0"时，该从机被选通，主机可以与从机通信；当 SS 引脚为高电平"1"时，该从机被禁止，数据的收发通过 MOSI 和

MISO 进行。SPI 系统有以下几种形式：一台主机 MCU 和若干台从机 MCU，多台 MCU 互相连接成一个多主机系统，一台主机 MCU 和若干台从机外围设备。

9.3.2　Arduino SPI 通信及应用设计

Basra/Arduino UNO 主控板的 SPI 总线引脚与数字端口 10~13 复用，引脚对应关系见表 9-3 及图 9-10。

表 9-3　SPI 总线引脚与 I/O 端口关系

SPI 总线引脚	Arduino 的数字 I/O 端口
MOSI	D11 或 ICSP-4
MISO	D12 或 ICSP-1
SCLK	D13 或 ICSP-3
SS	D10 或定义其他 I/O

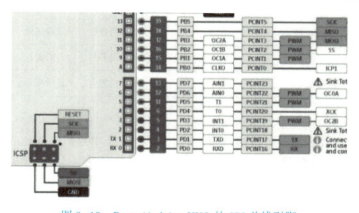

图 9-10　Basra/Arduino UNO 的 SPI 总线引脚

1. SPI 库

Arduino IDE 为用户提供了功能强大的 SPI 库，有助于高效处理 SPI 通信。大多数 Arduino 开发板使用了 IDE 自带的 SPI 库，不同型号的开发板，其 SPI 库略有差异。这里仅简单介绍 SPI 的标准库函数及用法。

（1）SPI. begin( )

功能：启用 SPI 总线通信。通常在 setup( ) 函数中配置，如 SPI. begin(9600)；无参数、无返回值。该函数将 SCLK、MOSI、SS 引脚初始化为输出。MISO 则自动被设置为输入。

（2）SPI. end( )

功能：禁止 SPI 通信。该函数无参数、无返回值。

（3）SPI. transfer(val) 或 SPI. transfer16(val16)，SPI. transfer(buffer, size)

功能：数据传输。SPI 传输在主站和从站之间同时发送和接收数据，每次传输一个字节，接收到的数据以 receivedVal 形式存入 SPDR。返回值：SPDR。

如果发送和接收数据为 receivedVal16 形式时，接收数据以低字节传入 SPDR，发送数据时高字节先传出。

在缓冲区传输的情况下，接收到的数据存储在缓冲区中（数据自动刷新）。

（4）SPI. setBitOrder(bitorder)

功能：设置 SPI 串行传输数据位的顺序，即最高位优先（MSBFIRST）或最低位优先（LSBFIRST）。无返回值。

（5）SPI. setDataMode(mode)

功能：用于设置 SPI 的数据模式，即设置 SCLK 的极性和相位。无返回值。

参数：mode 有四种模式，取决于时钟 SCLK 相位和极性的组合，由控制寄存器的控制位 CPHA 和 CPOL 决定，见表 9-4。

表 9-4　mode 的四种模式

mode	CPOL	CPHA	功 能 作 用
SPI_MODE0	0	0	上升沿采样，下降沿置位，SCK 闲置时为 0
SPI_MODE1	0	1	上升沿置位，下降沿采样，SCK 闲置时为 0
SPI_MODE2	1	0	下降沿采样，上升沿置位，SCK 闲置时为 1
SPI_MODE3	1	1	下降沿置位，上升沿采样，SCK 闲置时为 1

（6）SPI. setClockDivider(clockDiv)

功能：设置 SPI 通信的系统时钟分频系数。基于 AVR 单片机的 Arduino 系统时钟 fosc 频率的分频系数分别为 2、4、8、16、32、64 或 128。默认值为 4 分频 SPI_CLOCK_DIV4，常量名定义在 SPI. h 头文件中。

2. SPI 通信的应用设计实例

【设计要求】

1）实现 SPI 的多机通信功能（至少一主机，两个从机）。

2）应具有通信启停和正在通信指示功能。例如，启动按钮按下，S_LED1 灯点亮，表示主机开始与选通的从机进行通信。

3）能够通过串口监视器查看通信状态和结果。

【实践材料】3 块 Basra/Arduino 主控板及 Bigfish 扩展板、1 个触碰传感器、2 个 LED 模块（或 2 个 LED、2 个 220 Ω 的限流电阻）、面包板导线若干。

【设计思路】

1）导入 SPI 库。在 Arduino IDE 菜单中选择"项目"→"加载库"→"SPI"，或输入代码手动添加库。定义全局变量和从机选通引脚 SS1（引脚 10 为系统默认从机选通）和 SS2（9）。

```
#include <SPI. h>
#define SS1    10
#define SS2    9
```

2）在 setup（ ）函数中初始化系统开机或复位时的状态。如开启 SPI 通信功能、设置 UART 串口通信波特率、通信时钟频率；配置从机选通引脚 SS1 和 SS2 为 OUTPUT 模式；初始化从机选通为屏蔽状态。

3）根据设计要求，编写主、从机程序及功能子程序。从机模式下的接收函数采用中断服务函数 ISR（SPI_STC_vect），详见参考程序代码。

在 SPI 多机通信模式下，SPI 中断可能会干扰 UART 串口输出。因此，需要在 ISR（SPI_STC_vect）中断服务函数接收数据后屏蔽 SPI 接收中断，待下次 SPI 接收数据之前，重新开启 SPI 中断。

```
ISR (SPI_STC_vect)  {                //SPI 中断程序
    SPCR |= _BV(SPE);                //在从机模式下开 SPI 中断
    byte c2 = SPDR;                  //从 SPI 数据寄存器读取字节
    if (indx < sizeof s_buff2)  {
        s_buff2 [indx++] = c2;       //将数据保存在数组 buff 的下一个索引中
        if (c2 == '\r')              //检查是否是结尾字符，即检测字符是否是"\r"回车符
            p_flag = true;
        SPCR |= ~_BV(SPE);           //在从机模式下关闭 SPI 通信，避免干扰 UART 串口输出
    }
}
```

4）硬件电路连接，如图 9-11 所示。连接时，SPI 引脚信号线需要用面包板转接。触碰传感器是低电平有效，如果使用按键，要采用上拉电阻接法。

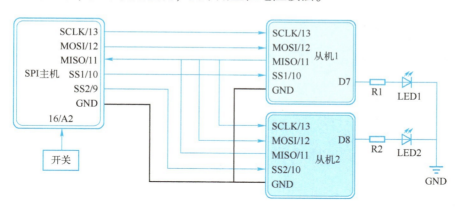

图 9-11　硬件电路连接原理框图

5）将运行程序分别烧录到主机、从机 1 和从机 2。此时，按下开关，启动通信，可分别通过主、从板的串口监视器和 LED 灯状态和颜色观察通信结果。

运行结果：

① 当第 1 次按下按键，主机与从机 1 进行通信，从机 1 数字引脚 7 连接的指示灯点亮，主机向从机 1 发送"Hello，world！"，并在从机 1 串口输出显示。

② 当第 2 次按下按键，主机与从机 2 进行通信，从机 2 数字引脚 8 连接的指示灯点亮，主机向从机 2 发送"Hello，world！"，并在从机 2 串口输出显示。

③ 当第 3 次按下按键，SS1、SS2 置高电平，主、从通信断开。

【示例程序代码】

1) SPI 主机代码如下:

```
/*************************************************************/
/** 程序: SPI 主机     功能: UNO(主)和 UNO(从)之间的 SPI 通信 */
/*************************************************************/
#include <SPI.h>
#define m_button 16
#define SS1 10
#define SS2 9
int m_buttonval, count = 0;
void setup() {
    Serial.begin(115200);                    //开启串口通信, 设置通信波特率为 115200
    pinMode(m_button, INPUT);
    pinMode(SS1, OUTPUT);                     //配置从机选通端口为输出模式
    pinMode(SS2, OUTPUT);
    digitalWrite(SS1, HIGH);                  //禁用从机, 选通信号 LOW 为选择从机, HIGH 为禁用
    digitalWrite(SS2, HIGH);
    SPI.begin();                              //开启 SPI 通信
    SPI.setClockDivider(SPI_CLOCK_DIV8);      //设置 SPI 的时钟频率为 8 分频 (默认为 4 分频)
}
/*************************************************************/
void loop() {
    char c1, c2;
    m_buttonval = digitalRead(m_button);      //读取按键
    delay(10);
    if(m_buttonval == LOW) {
        count++;
    }
    if(count%3 == 1) {
        digitalWrite(SS1, LOW);               //选通从机 1, 禁用从机 2
        digitalWrite(SS2, HIGH);
        for(const char *p = "Hello, World!\r"; c1 = *p; p++) {      //发送测试的字符串
            SPI.transfer(c1);                 //通过 SPI 接口向从机 1 发送字符
            Serial.print(c1);
        }
        digitalWrite(SS1, HIGH);              //发送完毕后将 SS 引脚置高电平, 禁用从机
        delay(2000);
    }
    if(count%3 == 2) {
        digitalWrite(SS2, LOW);               //启用从机 2
        digitalWrite(SS1, HIGH);
        for(const char *q = "Hello, China!\r"; c2 = *q; q++) {      //发送测试的字符串
            SPI.transfer(c2);                 //通过 SPI 接口向从机 2 发送字符
            Serial.print(c2);
        }
        digitalWrite(SS2, HIGH);              //发送完毕后将 SS 引脚置高电平, 禁用从机
        delay(2000);
```

```
    }
  if( count%3 = = 0)    {
    digitalWrite( SS2,HIGH) ;                       //禁用从机
    digitalWrite( SS1,HIGH) ;
    }
  Serial. println( ) ;
  }
```

2) SPI 从机 1 代码如下:

```
/ * * * * * * * * * * * * * * * * * * * * * * * * * * * * * * * * * * * * * * * * * * * * * * /
/ ** 程序:  SPI 从机 1        功能:接收主机发送的信息,并送串口显示 * /
/ * * * * * * * * * * * * * * * * * * * * * * * * * * * * * * * * * * * * * * * * * * * * * * /
#include <SPI. h>
#define S_LED1 7
char s_buff2 [ 128] ;
volatile byte indx = 0;
volatile boolean p_flag = false;
/ * * * * * * * * * * * * * * * * * * * * * * * * * * * * * * * * * * * * * * * * * * * * * * /
void setup ( )   {
  pinMode( S_LED1,OUTPUT) ;
  Serial. begin ( 115200) ;
  pinMode( MISO, OUTPUT) ;               //将 MISO 设置为输出,以便数据发送至主机
  SPI. attachInterrupt( ) ;             //打开中断
}
/ * * * * * SPI 中断服务程序 * * * * * * * * * * * * * * * * * * * * * * * * * * * * * * * * * * /
ISR ( SPI_STC_vect)  {                   //SPI 中断程序
  SPCR | = _BV( SPE) ;                   //在从机模式下打开 SPI 通信
  byte c2 = SPDR;                        //从 SPI 数据寄存器读取字节
  if ( indx < sizeof s_buff2) \
{
    s_buff2 [ indx++] = c2;             //将数据保存在数组 buff 的下一个索引中
    if ( c2 = = '\r')                   //检查是否是结尾字符,即检测字符是否是"\r"回车符
      p_flag = true;
    SPCR | = !_BV( SPE) ;               //在从机模式下关闭 SPI 通信,避免干扰 UART 串口输出
    }
  }
/ * * * * * 主循环函数 * * * * * * * * * * * * * * * * * * * * * * * * * * * * * * * * * * * * * /
void loop( )    {
  if( p_flag)    {
    p_flag = false;                     //重置通信过程
    Serial. print( " s_buff2:") ;
    Serial. println (s_buff2) ;         //在串口监视器上打印接收到的 buff 数据
    digitalWrite( S_LED1,HIGH) ;        //设置通信指示灯,点亮 LED1
    delay( 1000) ;
    indx = 0;                           //重置 index, 即为重置 buff 索引
    }
  }
```

3）SPI 从机 2 代码如下：

```
/***************************************************************/
/** 程序：SPI 从机 2      功能：接收主机发送的信息，并送串口显示 */
/***************************************************************/
#include <SPI.h>
#define S_LED2 8
char s_buff2 [128];
volatile byte indx = 0;
volatile boolean p_flag = false;
/***************************************************************/
void setup () {
    pinMode(S_LED2, OUTPUT);
    Serial.begin (115200);
    pinMode(MISO, OUTPUT);          //将 MISO 设置为输出，以便数据发送至主机
    SPI.attachInterrupt();          //打开中断
}
/***************************************************************/
ISR (SPI_STC_vect) {               //SPI 接收中断程序
    SPCR |= _BV(SPE);
    byte c2 = SPDR;                 //从 SPI 数据寄存器读取字节
    if (indx < sizeof s_buff2) \
    {
        s_buff2 [indx++] = c2;      //将数据保存在数组 buff 的下一个索引中
        if (c2 == '\r')            //检查是否是结尾字符，即检测字符是否是 "\r" 回车符
            p_flag = true;
        SPCR |= ~_BV(SPE);         //在从机模式下先关闭 SPI 通信，避免干扰 UART 串口输出
    }
}
/***************************************************************/
void loop() {
    if(p_flag) {
        p_flag = false;             //重置通信过程
        Serial.print("s_buff2:");
        Serial.println (s_buff2);   //在串口监视器上打印接收到的 buff 数据
        digitalWrite(S_LED2, HIGH); //设置通信进行指示灯，点亮 LED2
        delay(1000);
        indx = 0;                   //重置 index，即为重置 buff 索引
    }
}
/***************************************************************/
```

3. 动手做——自动门禁刷卡系统设计

【设计要求】在自动门机械结构的基础上加入 RFID-RC522、双色 LED、触碰开关等模块，自行设计一款自动门禁刷卡系统。

例如：刷卡，通过 RFID-RC522 识别卡上的信息，若为有效卡，绿灯亮同时自动门打开 5 s 后自动关闭，若为无效卡，红灯亮且门不开。

【设计提示】

1）安装 RFID-RC522 库。在库管理器中搜索并安装基于 Arduino SPI 通信协议的 RC522 开源库文件 MFRC522。

2）打开文件→示例→MFRC522→ReadUNID，下载至 Basra 控制板。

3）按图 9-12 所示，用杜邦线将 RFID-RC522 与 Basra 连接好。将卡或卡扣放在读卡器 RC522 上，串口监视器将显示卡的相关信息。

RFID-RC522的引脚	Basra 的引脚
VCC	3.3V
RST	D9
GND	GND
MISO	D12
MOSI	D11
SCK	D13
NSS	D10
IRQ	不接

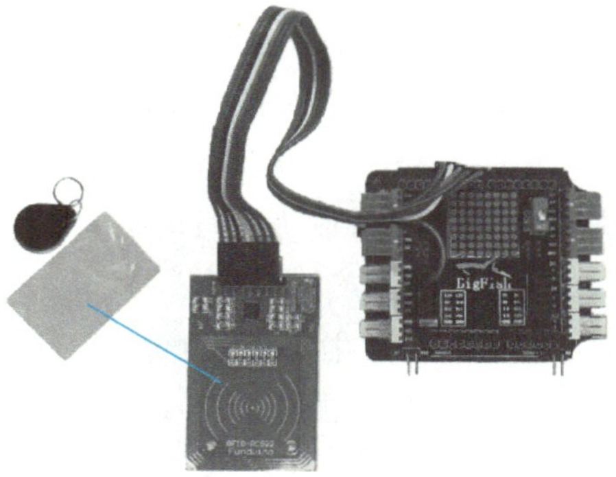

图 9-12　Basra 与 RFID-RC522 的电路连接

4）根据设计要求，确定门禁刷卡系统的控制逻辑，绘制程序流程图，编写控制程序。

5）调试优化控制程序，梳理设计思路，掌握 RFID 的应用设计方法。

9.4　I²C 总线通信

9.4.1　I²C 总线简介

I²C（Inter-Integrated Cirtuit）是由 Philips 公司开发的一种接线简单、功能强大的两线串行接口（TWI）。它只需要一根串行数据线、一根串行时钟线和一根公共地线就可以实现与连接在总线上的器件之间进行通信，极大地简化了对硬件资源和 PCB 布线，降低了系统成本，提高了可靠性。

I²C 总线由 SDA（串行数据线）和 SCL（串行时钟线）构成串行总线，可发送和接收数据。I²C 通信的所有设备都并行连接在总线上，如图 9-13 所示，7 位地址空间允许寻址多达 128 个不同的从机地址，每个设备都有单独的地址，设备之间通过地址进行区分。

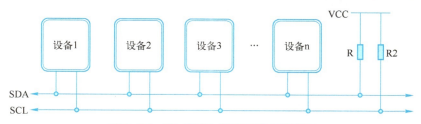

图 9-13　I²C 总线协议的两线串行连接

SDA 和 SCL 都是双向 I/O 线，接口电路为漏极开路（开漏输出），需要通过上拉电阻连接电源 VCC。使用 Arduino 实现 I^{2}C 通信时，其内置上拉电阻在 I^{2}C 初始化时将自动激活，所以无须上拉电阻。

I^{2}C 支持主、从操作。设备可作为发射机或接收机工作，主机发出启动信号，从机响应。主机在发送数据之前，先寻址从机发出通信请求信号，从机响应后，再发送数据至从机。它常用于 EEPROM 扩展、DAC 扩展等板级应用。

9.4.2　I^{2}C 通信及应用设计

不同型号的开发板，其 I^{2}C 的引脚编号和数量也不尽相同。例如在 UNO R3 控制板上，I^{2}C 的两根线 SDA、SCL 分别与模拟输入端口的 A4、A5 复用；Mega2560 控制板与数字引脚 20、21 复用；而 Due 控制板则有两组独立的 I^{2}C 总线 SDA、SCL 和 SDA1、SCL1。

1. Wire（I^{2}C）库

Arduino 的 Wire 库中提供了能满足 I^{2}C 协议通信需要的库函数，这些函数定义在 Wire. h 头文件中，与软件串口通信、SPI 通信一样，使用之前需要先加载库，如#include <Wire. h>，然后再调用库函数。下面以 UNO 为例介绍几个常用库函数：

（1）Wire. begin()与 Wire. begin(address)

功能：启用 I^{2}C 通信，初始化控制板为 I^{2}C 协议设备。如果作为从机，需要给出 7 位的设备地址，如 Wire. begin(3)，表示从机为 3 号设备；如果作为主机接入 I^{2}C 通信网络，直接使用 Wire. begin()。

（2）Wire. end()

功能：禁止 I^{2}C 通信。

（3）Wire. setClock()

功能：设置 I^{2}C 通信的时钟频率。

（4）Wire. beginTransmission()与 Wire. beginTransmission(address)

功能：开始向从机传输。对于多个从机，还需要指定从机地址，address 为 7 位的从机地址。传输的字节和数据类型由 write()决定。

（5）Wire. endTransmission()与 Wire. endTransmission(endstop)

功能：停止向从机传输信息。使用前需要先调用 Wire. beginTransmission()开始传输。

（6）Wire. requestFrom(addres, quantity)

功能：该函数在主机中，用于向从机请求发送数据。请求发送之后，可以使用 vailable()和 read()来接收并读取从机发送的数据。

参数：address，要请求字节的从机的 7 位地址；quantity，要请求的字节数。

（7）Wire. onReceive()

功能：从机接收主机发送的数据。

（8）Wire. onRequest()

功能：从机应答主机发送数据的请求。

除了上述函数，Wire 库中还定义了与串口通信类似的函数，如 read()、write()、send()、vailable()、flush()等。

2. I²C 通信

（1）请求与应答

I²C 总线通信是主从模式，主机负责产生时钟信号、启动与终止数据传输。在每个通信周期内，主机会先以广播的形式发送 7 位的从机地址，I²C 总线上的所有从机收到地址后，判断地址是否匹配，不匹配的从机继续等待，匹配的从机发出一个应答信号。主机侦听到从机应答响应后，再开始发送信息。

I²C 总线通信由起始位开始通信，由结束位停止通信，并释放 I²C 总线。起始位和结束位都由主机发出。同一时刻，主机、从机只能有一个设备发送数据。

（2）数据传输

I²C 数据传输以字节（即 8 bits）为单位，每个字节传输完后都会有一个应答信号。应答信号的时钟是由主机产生的。

1）主机的读写操作（接收与请求）。"读"是主机接收从机的数据，"写"是主机发送数据给从机。

写操作是主机通过 I²C 总线将信息发送给从机。在写数据之前，主机应先启动 I²C 通信，建立数据传输的通道，再开始写数据，数据传输完毕应结束本次传输。例如，主机给 3 号从机写一个变量 x：

```
Wire. beginTransmission(3);        //传输到 3 号从机
Wire. write(x);                    //传输一个变量 x
Wire. endTransmission();           //结束传输
```

在执行读操作时，主机启动 I²C 通信后，首先向从机发送一个请求信息，该信息应包含请求通信的从机地址、从机要发送的字节数（实际发送的字节可以少于请求数），再执行读操作。例如，主机请求 3 号从机发送 8 个字节，并将读取的信息从串口输出：

```
Wire. reguestFrom(3,8);            //请求 3 号从机发送 8 个字节的信息
while (Wire. available())          //当有数据等待时，就读取信息
   {
      char c = Wire. read();        //读取从机信息并送给字符变量 c
      Serial. print(c);             //将读到的信息通过串口输出
   }
```

2）从机的接收与发送。在 I²C 通信中，从机接收主机发送的信息是作为事件处理。从机接收信息之前，应先在 setup() 函数中将接收主机的信息注册为一个事件，然后创建事件回调函数（函数名自定义，参数类型为 int）。例如：

```
Wire. onReceive(receiveEvent);     //在 setup() 函数中注册事件
   …
void receiveEvent(int byteCount) {
   while(Wire. available()) {
      int data = Wire. read();       //接收信息
      Serial. print(data);           //将接收到的信息通过串口输出
      if(data == 1)
         digitalWrite(13,HIGH);
      else
```

```
            digitalWrite(13,LOW);
        }
    }
```

从机响应主机的发送信息请求也是作为事件处理。同样，在发送信息前需要先注册事件，然后创建回调函数。例如：

```
Wire. onRequest(requestEvent);          //注册事件
    …
void requestEvent() {
    Wire. write("hello");               //从主机发送的信息
    }
```

3. I²C 通信的应用设计实例

【设计要求】

1) 应用 I²C 总线实现两块 Basra/Arduino 主控板之间的数据传输。

2) 主机请求 3 号从机通过 I²C 总线将检测到的环境参数传送至主机。

3) 主机将通过 I²C 总线读取的数据，送至 OLED 显示屏显示出来。

【实践材料】两块 Basra/Arduino 主控板及扩展板（面包板），OLED 显示屏 1 块、LM35 温度传感器 1 个、面包板导线若干。

【设计思路】根据设计要求和分层递进设计思想，可以将上述设计任务分为数据采集、数据传输、数据显示三个基本任务。

（1）数据采集

数据采集由温度传感器 LM35 实现，如图 9-14 所示。TO-92 封装的 LM35 温度传感器有 3 个引脚，分别为 VCC、V_{out}、GND。LM35 的工作电压为 5~30 V，可直接与 Basra 板的 +5 V 相连。其输出电压与温度成正比例关系，环境温度每升高 1℃，Vout 增加 10 mV。可以根据这个特性，编写如下的温度采集功能子函数 float T_test()。

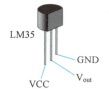

LM35与Basra引脚连接	
LM35	Basra
VCC	+5V
GND	GND
V_{out}	A0

图 9-14　LM35 实物图及其与 Basra 引脚连接关系

```
float   T_test() {
    int val;                        //用于存储 LM35 读到的值
    double data;                    //用于存储已转换的温度值
    val=analogRead(A0);             //LM35 连到模拟口，并从模拟口读值
    data = (double) val * (5/10.24);  //得到电压值，通过公式换成温度
    return data;
    }
```

（2）数据传输

在 I²C 总线通信中，发送和接收的数据都是以字节为单位的 8 位整数，温度检测函数 T_

test( )返回值是 float 型数据，数据传输前后需要进行数据类型转换。即在发送数据时，将 float 型数据拆分为许多单字节逐个发送；接收数据后，再把这些字节拼起来转换成 float 或 int 等类型。例如：

发送时，将 float 型转换为 char 型：

```
char * float_char(float y)    {              //定义一个指针函数
    char * p_char;                           //定义一个字符指针
    p_char = (char *)malloc(sizeof(float));  //在堆区分配一个动态内存空间，存放数据
    memcpy(p_char, &y, sizeof(float));       //从原内存地址的起始位置复制若干字节到目标内
                                             //  存地址中

    return p;
}
```

接收时，将 char 型转换为 float 型：

```
float char_float(char * p)    {
    float * p_float;
    p_float = (float *)malloc(sizeof(float));
    memcpy(p_float, p, sizeof(float));
    float y = * p_float;
    free(p_float);                           //释放内存空间
    return y;
}
```

要将从机检测的数据通过 I²C 总线发送至主机，不仅需要转换数据格式，还需分别编写主、从机的程序，启动 I²C 通信、实现数据传输。具体步骤如下：

1）加载 Wire 库。在 Arduino IDE 菜单中，选择 "项目" → "加载库" → "Wire"，或手动输入 #include<Wire. h>。注意：主、从程序中均需要加载 Wire. h。

2）定义全局变量和常量。根据需要进行定义，如在从机程序 I2C_Detect&Send( )中定义一个 float 型全局变量 float t。

3）系统初始化。分别在主、从机的 setup( )函数中配置 Wire. begin( )和 Wire. begin(address)以启动 I²C 通信。如果想使用串口监视器协助调试程序，还需要启动串口通信 Serial. begin(9600)。从机向主机发送信息是作为事件处理，所以从机发送数据前需要先响应主机的请求，注册响应请求事件 Wire. onRequest(requestEvent)，并创建事件函数。

```
/****** 初始化主机 *****/
void setup() {
    Wire. begin();                           //主机启用 I²C 通信
    Serial. begin(9600);
}
/****** 初始化从机 *****/
void setup() {
    Wire. begin(3);                          //从机启用 I²C 通信
    Serial. begin(9600);
    Serial. println("I2C_LM35 TEST PROGRAM ");
    Wire. onRequest(requestEvent);           //注册响应请求事件
}
```

4）创建事件函数 requestEvent（）。在事件函数中先调用温度测量函数，并将测量结果转换成 char 型，再通过 Wire. write（m1，sizeof（float））将数据写入。

```
float requestEvent( )  {
    t=T_test( );                        //读取测量数据
    char * m1;                          //定义一个字符指针
    m1=float_char(t);                   //将 float 型数据转换为 char 型
    Wire. write(m1,sizeof(float));      //响应主机的请求后，从机写入数据
    delay(3000);
    free(m1);                           //释放存储空间
}
```

5）主机读取数据。主机的读操作是在 loop（）函数中实现的。I^2C 通信启动后，主机先向从机发送一个请求并侦听到响应后，才执行读操作 Wire. read（），再将读取的 char 型数据拼接在一起，转换成 float 型保存待用。

```
void loop( ) {
    Wire. requestFrom(3, sizeof(float));        //请求 3 号设备发送数据
    char * m1=(char *) malloc(sizeof(float));   //定义字符指针
    for(int i=0;i<sizeof(float);i++) {          //依次读取从机发送的数据，并存入指针指向的内存
                                                //空间
        *(m1+i)= Wire. read( );
    }
    float t_y = char_float(m1);                 //char 型数据转为 float 型
    delay(200);
    free(m1);                                   //释放内存空间
}
```

注意：使用指针或 malloc（）函数申请动态内存空间后，需要用 free（）函数将内存空间释放出来。

由于 I^2C 通信对时序要求比较严格，而从机发送数据是作为事件处理的，需要先响应主机请求再发送数据，因此在事件函数中的数据采集程序不能太复杂，否则会造成时序错误，通信失败。

（3）数据显示

数据显示是由带有 I^2C 通信接口的 OLED 模块实现的，如图 9-15 所示。其中，OLED 显示屏是一款分辨率为 128×64 像素、自发光的显示模块。该 OLED 显示模块的显示颜色为白色，显示尺寸为 0.96 in，驱动 IC 为 SSD1306，工作电压为 5 V，通过 I^2C 接口与控制器通信。

GND 5V SDA SCL

从左至右引脚定义：

GND	接地
5V	逻辑电压5V
SDA/A4	数据输入引脚
SCL/A5	时钟输入引脚

图 9-15   OLED 及其引脚定义

　　使用该模块时，需要在 IDE 中安装相应的驱动库，如 U8glib. h、ACROBOTIC_SSD1306. h、Adafruit_SSD1306. h 等。可以通过"项目"→"加载库"→"库管理器"，搜索、下载、安装所需要的库文件；或者使用本书提供的探索者的库文件，将 OLED 扩展库 .. \OLED 显示屏\libraries\MultiLCD 复制到 Arduino IDE 的 libraries 中。这里使用了开源库文件 U8glib. h，显示子函数 float display(float t_data) 见示例程序代码。

　　硬件电路连接如图 9-16 所示，用两根面包板导线分别将主机的 SDA、SCL 与从机的 SDA、SCL 相连，温度传感器 LM35 经面包板连在从机的模拟输入的 A0 端口，OLED 显示模块连主机 Bigfish 扩展板的 A4、A5（SDA、SCL）端口。注意，电源的 +5 V、GND 不能接错。

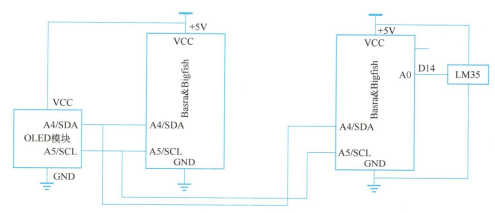

图 9-16　硬件电路连接原理图

【示例程序代码】

1）主机程序如下：

```
/ ****************************************************** /
/ ** 主机程序：  I2C_Read&Display       功能：读取 3 号设备传输的数据，并通过 OLED 显示 ** /
/ ****************************************************** /
#include <Wire. h>                          //引用 Wire(I²C)库
#include <U8glib. h>                        //引用 OLED 库
U8GLIB_SSD1306_128X64 u8g( U8G_I2C_OPT_NONE);
int send_val = 0;
double t_data;
/ ****************************************************** /
void setup( ) {
    Wire. begin( );                          //启用 I²C 通信
    Serial. begin(9600);                     //启用串口监视器，设置波特率为 9600
}
/ ****************************************************** /
void loop( ) {
    Wire. requestFrom(3, sizeof(float));      //请求 3 号设备发送数据
    char * m1 = (char * ) malloc( sizeof(float));  //定义字符指针
    for( int i = 0;i<sizeof(float);i++) {     //读取 3 号设备发送的数据
        * (m1+i) = Wire. read( );
```

```
        }
    float t_y = char_float(m1);
    //Serial. println(t_y);
    display(t_y);
    delay(200);
    free(m1);
    }
/ ********** 数据转换 ***************************************/
float char_float(char * p) {
    float * p_Int;
    p_Int = (float * )malloc(sizeof(float));
    memcpy(p_Int, p, sizeof(float));
    float y = * p_Int;
    free(p_Int);
    return y;
    }
/ ********** 显示函数 ***************************************/
float display(float t_data) {
    u8g. firstPage();
    do {
        u8g. setFont(u8g_font_unifont);
        u8g. drawStr( 0, 10, "Current");
        u8g. drawStr( 0, 25, "Temperature is");
        u8g. setPrintPos(0,28);              //设置显示位置
        u8g. setScale2x2();                  //显示比例放大为原来的 2 倍
        u8g. print(t_data);                  //显示温度值
        u8g. undoScale();                    //恢复默认显示比例
        }
    while( u8g. nextPage() );
}
```

2) 从机程序如下：

```
/ ***************************************************/
/ **从机程序： I2C_Detect&Send   功能：检测环境温度，并将测量结果通过 I²C 发送给 3 号设备 **/
/ ***************************************************/
#include <Wire. h>                     //
float   t ;
void setup() {
    Wire. begin(3);
    Wire. onRequest(requestEvent);       //注册事件
    }
/ ***************************************************/
void loop() {
    delay(1000);
    }
/ ********** 温度测量 ***************************************/
float T_test() {
```

```
    int val;                        //用于存储 LM35 读到的值
    double data;                    //用于存储已转换的温度值
    val = analogRead( A0 );         //LM35 连到模拟口，并从模拟口读值
    data = ( double) val * (5/10.24);   //通过公式转换成温度
    return data;
    }
/ ********** 事件回调函数 ***************************************/
float requestEvent( ) {
    t = T_test( );
    char * m1;
    m1 = float_char( t );
    Wire. write( m1, sizeof( float ) );
    delay( 3000 );
    free( m1 );
    delay( 1000 );
    }
/ *****************************************************/
char * float_char( float y ) {
    char * p;
    p = ( char * ) malloc( sizeof( float ) );
    memcpy( p, &y, sizeof( float ) );
    return p;
    }
/ *****************************************************/
```

注意：在程序运行时，如果两块控制板连接在不同的计算机上，这时需要用一根导线将两块控制板共地，否则可能无法正常显示。

4. 动手做——基于 I²C 通信的温度测控预警系统

【设计要求】请在上述示例的基础上，增加按键启停、湿度检测、温度异常报警等功能，自主设计实现基于 I²C 通信的温度测控及预警系统。

9.5　蓝牙通信

9.5.1　蓝牙技术简介

蓝牙（Bluetooth）是一种支持短距离的无线通信技术标准，可以实现固定设备、移动设备、楼宇等个人域网之间的短距离数据交换，工作频率为 2.4~2.48 GHz 的 ISM 波段的 UHF 无线电波。

9.5.2　蓝牙模块及其应用

常用的蓝牙模块有 BLE4.0、HC—05、HC—06 等，如图 9-17 所示。下面以 BLE4.0/BLE4.0a 模块为例介绍蓝牙模块的使用方法。

1. 功能特点

BLE4.0 蓝牙模块支持 V4.0 蓝牙规范。该模块采用 TI CC2540 芯片，配置 256 KB 空间，

支持 AT 指令。用户可根据需要更改主、从模式，以及串口波特率、设备名称、配对密码等参数，使用灵活。

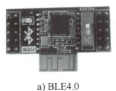
a) BLE4.0

b) HC—05

c) HC—06

图 9-17　常用的蓝牙模块

2. 主要参数（表9-5）

表 9-5　BLE4.0 的主要参数

参　　数	说　　明
工作电压	3.3 V
工作频率	2.4 GHz ISM band
通信距离	空旷环境下可以达到 110 m
发射功率	−23 dBm，−6 dBm，0 dBm，6 dBm，可通过 AT 指令修改
传输速率	Asynchronous/Synchronous：6 KB
功耗	自动休眠模式下，待机电流为 400 μA~1.5 mA，传输时为 8.5 mA
工作温度	−5~+65℃

3. 模块配置

在使用蓝牙模块进行无线通信时，需要先使用 AT 指令对模块进行配置，具体操作如下：

1）给控制板烧写空程序。打开 arduino IDE，单击新建，即为空程序；

2）连接 AT 配置的电路。按照图 9-18 所示，用杜邦线将蓝牙模块连接在 Bigfish 扩展板上，然后将扩展板叠插在 Basra 主控板上。

BLE4.0a模块	Basra控制板
3.3V	3.3V
GND	GND
RX	TX
TX	RX

注：错误的连接会导致模块损坏

图 9-18　AT 指令配置时 BLE4.0a 与 Barsa 连接图

3）打开 Arduino 的串口监视器，输入 AT 指令，观察蓝牙模块的应答。AT 常用指令集见表 9-6。

表 9-6　AT 常用指令集

功　能	指　令	应　答	参　数	说　明
测试	AT	OK OK+LOST	无	模块待机时，通过串口返回"OK" 模块连接时，若设置了 AT+NOTI1，会断开连接并返回"OK+LOST"
查询模块 MAC 地址	AT+ADDR?	OK + LADD: MAC 地址	无	
查询、设置波特率	查询：AT+BAUD?	OK+Get: [para1]	Para1：0~8 0＝9600；1＝19200； 2＝38400；3＝57600； 4＝115200；5＝4800； 6＝2400；7＝1200； 8＝230400；Default：0	
	设置：AT + BAUD [para1]	OK+Set: [para1]		
连接指定地址的从设备	AT+CON[para1]	OK+CONN[Para2]	Para1：蓝牙地址 Para2：A，E，F A：连接中 B：连接错误 F：连接失败	若远程设备异常（断电或已与其他设备连接），则 OK+CONNF 需要 10 s 左右才会返回 注：此指令只在主设备时有效，从设备无效
清除主设备配对信息	AT+CLEAR	OK+CLEAR	无	清除成功连接过的设备地址信息
设置模块工作类型	查询：AT+IMME?	OK+ Get: [para]	Para：0 ~ 1 0：上电立即工作 1：上电等待 AT+START 后开始工作 Default：0	重新上电后，该设置值生效
	设置：AT + IMME [para]	OK+ Set: [Para]		
设置模块工作模式	查询：AT+MODE?	OK+ Get: [para]	Para：0 ~ 2 0：透传模式 1：远控模式 2：透传+远控模式 Default：0	透传模式：普通串口透明传输 远控模式：蓝牙连接后，通过远端进行参数设置、PIO 控制等 透传+远控模式：可同时进行串口传输和参数控制
	设置：AT + MODE [para]	OK+ Set: [Para]		
恢复默认设置（Renew）	AT+RENEW	OK+RENEW	无	恢复模块出厂设置，所有设置均会被重置为出厂时状态。重置后，模块延时 500 ms 后重启，请慎用
模块复位，重启（Reset）	AT+RESET	OK+RESET	无	该指令执行后，模块将延时 500 ms 后重启
查询、设置主从模式	查询：AT+ROLE?	OK+ Get: [para]	Para1：0~1 1：主设备；0：从设备； Default：0	该指令执行后，会导致模块延时 500 ms 重启
	设置：AT + ROLE [para]	OK+ Set: [Para]		

4）配置主从模式。如果使用蓝牙模块实现双机通信，还需要先通过 AT 指令对模块进行主从模式配置。首先，将配置程序代码下载至主控板，并按照图 9-19 连接 BLE4.0a，然后将两个触碰传感器分别连接在 Bigfish 扩展板的 A0、A4。

按下 A0 端口键时，BLE4.0a 模块配置为主机，点阵（0，0）灯亮；换另一块 BLE4.0a，按下 A4 端口键时，BLE4.0a 模块配置为从机，点阵（0，1）灯亮。

配置程序代码如下：

```
/ **************************************************** /
/ * 功能：蓝牙模块的主从模块配置
/ * 硬件：Basra 与 Bigfish、BLE4.0 模块、2 个触碰传感器
/ **************************************************** /
#include "LedControl. h"
LedControl lc = LedControl(12,11,13,1);          //调用 8×8 点阵函数库，并创建对象
/ **************************************************** /
void setup() {
    Serial. begin(9600);                         //设置串口通信波特率
    Serial. print("AT");                         //以下六条语句通过 AT 指令设置蓝牙模块参数
    delay(100);
    Serial. print("AT+CLEAR");
    delay(100);
    Serial. print("AT+BAUD0");
    delay(100);
    lc. shutdown(0, false);                       //设置点阵参数，清屏
    lc. clearDisplay(0);
    }
/ **************************************************** /
void loop() {
    if( !digitalRead(A0)) {                       //如果按下从模式按键，即 A0 端口键
        for( int i = 0;i<5;i++) {
            Serial. print("AT");                 //AT 指令配置
            delay(10);
            }
        Serial. print("AT+ROLE0");               //设置从模式
        delay(100);
        if( Serial. find("Set:0")) {             //判断是否设置成功，成功则点阵的 (0, 0) 灯亮
            lc. clearDisplay (0);
            lc. setLed(0, 0, 0, true);           //点亮点阵 (0, 0)
            }
        }
    if( !digitalRead(A4)) {                       //如果按下主模式按键，即 A4 端口键
        for( int i = 0;i<5;i++) {
            Serial. print("AT");                 //AT 指令配置
            delay(10);
            }
        Serial. print("AT+ROLE1");               //设置主模式
        if( Serial. find("Set:1")) {             //判断是否设置成功，成功则点阵的 (0, 1) 灯亮
            lc. clearDisplay (0);
            lc. setLed(0, 0, 1, true);           //点亮点阵 (0, 1)
            }
        }
    }
/ **************************************************** /
```

5) 恢复连接。使用 BLE4.0a 蓝牙模块进行双机通信时，将配置好的模块直接插接到 Bigfish 扩展板上，无需导线连接，如图 9-20 所示（注意：BLE4.0a 的使用方法则与其相反）。

与 SPI 和 I²C 总线通信不同，这里的主从配置只在蓝牙配对查找时有差别（只能主模块查找从模块），一旦建立通信，便不再区分主从，其后的工作过程与串口通信类似，数据传输用无线替代了传统的串口线，所以也有蓝牙串口一说。

图 9-19　主从配置接线图

图 9-20　蓝牙模块进行通信时的接线

4. 蓝牙应用设计示例

【设计要求】用 BLE4.0a 蓝牙模块实现两块 Basra 主控板之间的通信，并通过 Bigfish 扩展板自带的 8×8 点阵描述通信状态。例如，连接主蓝牙模块的控制板 A 点阵（0,0）亮，通过蓝牙发送字符"0"，连接从模块的控制板 B 接收到字符"0"后点阵（0,0）亮；1 s 后，A 点阵（0,1）亮，发送字符"1"；B 收到"1"后，点亮（0,1）；依此类推，到 B 接收到字符"7"后结束。

【实践材料】2 个 BLE4.0a/BLE4.0 蓝牙模块，2 块 Barsa 主控板和 Bigfish 扩展板。

【实践步骤】

1）按照模块配置方法，先将蓝牙模块配置为主从模块，做好主从标记。

2）根据设计要求编写主模块 A 机、从模块 B 机程序，或者将示例代码分别下载至两个控制板。

3）将配置好的主从模块分别正确插接在 Bigfish 扩展板上，然后叠插在主板上，接通电源，主从模块会自动建立连接。如果 BLE4.0a 模块的指示灯由闪烁变成常亮，说明配对成功。观察现象是否与要求一致。

【示例程序代码】

1）主模块 A 机程序代码如下：

```
/*******************************************************************/
#include" LedControl. h"
LedControl lc = LedControl( 12,11,13,1);
int i = 0;                        //要发送的数据
/*******************************************************************/
void setup( ) {
    Serial. begin( 9600);
    lc. shutdown( 0, false);
    delay( 3000);
 }
/*******************************************************************/
void loop( ) {
    delay( 500);
```

```
            lc. clearDisplay (0);
            Serial. print(i);                     //发送出去
            lc. setLed(0, 0, i, true);
            delay(50);
            for( int k=0;k<3;k++)
            Serial. read();                       //消除串口缓冲区的数据"i""ok",以便执行 serialEvent 事件
            delay(100);
    }
/******************************************************************/
void serialEvent() {                              //如果从模块响应了发送行为,数据加 1
    i++;
    if( i==8)
    i=0;
    }
/******************************************************************/
```

2) 从模块 B 机程序代码如下:

```
/******************************************************************/
#include" LedControl. h"
LedControl lc =LedControl(12,11,13,1);
/******************************************************************/
void setup() {
    delay(1000);
    Serial. begin(9600);
    lc. shutdown(0, false);
    lc. clearDisplay (0);
    while (Serial. available())                   //消除串口缓冲区多余数据,以便执行 loop()
    Serial. read();
}
/******************************************************************/
void loop() {
    while (Serial. available()) {                 //收到数据工作
        int i=Serial. read();                     //读取数据存入 i
        delay(100);
        lc. clearDisplay (0);
        switch(i) {                               //判断收到的数据
            case 48:{lc. setLed(0, 0, 0, true); Serial. print("ok");} break;   //点亮相应的灯并回应
                                                                                主模块
            case 49:{lc. setLed(0, 0, 1, true); Serial. print("ok");} break;
            case 50:{lc. setLed(0, 0, 2, true); Serial. print("ok");} break;
            case 51:{lc. setLed(0, 0, 3, true); Serial. print("ok");} break;
            case 52:{lc. setLed(0, 0, 4, true); Serial. print("ok");} break;
            case 53:{lc. setLed(0, 0, 5, true); Serial. print("ok");} break;
            case 54:{lc. setLed(0, 0, 6, true); Serial. print("ok");} break;
            case 55:{lc. setLed(0, 0, 7, true); Serial. print("ok");} break;
            default:;break;
        }
```

```
    }
  }
  /************************************************************/
```

5. 动手做

【设计要求】利用手机蓝牙功能与 BLE4.0a 蓝牙模块实现小车的无线遥控。

【设计提示】

1）下载安装一个开源的手机蓝牙串口调试 APP。

2）创建手机蓝牙，与蓝牙模块配对连接，实现手机与控制板的通信功能。

3）设定手机遥控界面，编写小车控制程序，实现前进、倒车、转弯、停车等基本运动功能。

9.6 无线数传

蓝牙适合与手机等具备蓝牙功能的移动终端设备联合使用，如果需要点对点短距离控制，也可以选择无须网络协议的 2.4 GB 无线数传模块。

无线数传设备提供点对点通信，也可以实现点对多点通信，具有高稳定性、高可靠性和低成本等特点，广泛应用于遥控、遥感、遥测系统中的数据采集等领域。本节以 nRF24L01 为例浅谈无线数传模块及应用。

9.6.1 nRF24L01 无线数传简介

nRF24L01 是由 NordicVLSI 公司出品的一款单片无线射频收发器件。工作在 2.4~2.5 GHz 的 ISM 频段，内置了频率发生器、功率放大器、晶体振荡器以及调制器，并融合了增强型 ShockBurst 技术。其输出功率、通信频道和协议可通过程序进行配置，适用于多机通信。

nRF24L01 采用低功耗设计，工作在 0 dBm 发射模式下，工作电流只有 11.3 mA；接收模式时，工作电流为 12.3 mA；掉电模式和待机模式下电流消耗更低，掉电模式时仅为 900 nA。

1. 功能特点

1）增强型 ShockBurst 工作模式，可实现硬件 CRC 校验和点对多点的地址控制。

2）4 线 SPI 通信端口，编程简单、通信速率快（最高可达 8 Mbit/s），适合与各种 MCU 连接。

3）可通过编程设置工作频率、通信地址、传输速率和数据包长度。

4）MCU 可通过 IRQ 引脚快速判断是否完成数据接收和数据发送。

2. 主要参数（表 9-7）

表 9-7 nRF24L01 的主要参数

参　　数	说　　明
工作电压范围	1.9~3.6 V，输入引脚可承受 5 V 电压输入
工作频率范围	2.400~2.525 GHz
发射功率范围	可选择 0 dBm、−6 dBm、−12 dBm 和−18 dBm

（续）

参　数	说　明
数据传输速率	支持 1 Mbit/s、2 Mbit/s[2]
单次传输长度	1~32 B
工作温度范围	−40~+80℃

nRF24L01 模块有 126 个 RF 通道、6 个增强型数据通道，可满足多点通信和调频通信需要。

9.6.2　nRF24L01 串口无线数传模块及其应用

1. nRF24L01 串口无线数传模块

探索者为方便用户使用，在保持 nRF24L01 各项功能不变的情况下，特别改制了串口无线数传模块：将 nRF24L01 的 4 线 SPI 通信接口转换为 UART 串口传输模式；将 3.3 V 的工作电压转换为 5 V，可直接插接在 Bigfish 扩展板的扩展坞接口上，其电路连接如图 9-21 所示。注意，电路必须连接正确，否则无线模块可能会被损坏。

图 9-21　nRF24L01 及其与 Bigfish 扩展板的连接

2. nRF24L01 串口无线数传模块的应用示例

【设计要求】实现无线模块的串口传输功能。

【实践材料】nRF24L01 模块 2 个、控制板 2 个、Bigfish 扩展板 2 个、直流电机 1 个、miniUSB 数据线、上位机终端 2 台、触碰传感器 2 个。

【实践步骤】

（1）无线模块的通道调整

1）创建新 Sketch 文件，输入或打开通道调整例程代码 setchannal.ino，校验无误后下载到主控板。

2）将 nRF24L01 无线数传模块插接到 Bigfish 扩展坞接口，将触碰传感器连接到输入接口 A0/A1，并接通电源。

如果使用 Arduino 主控板，需要分别将 nRF24L01 模块的 TX 与 Arduino 的 RX 连接，nRF24L01 模块的 RX 与 Arduino 的 TX 相连，即做如下对应：

nRF24L01 模块的引脚	+5 V	GND	TX	RX
Arduino 控制板的引脚	+5 V	GND	RX	TX

3）传感器每触发一次，无线模块通道数加 1。通道数通过模块上 4 个 LED 灯组成的二

进制码表示（LED 为左显示），0~F 共 16 个通道。例如左侧两个灯亮，表示选择第 3 个通道。

4）将两个无线模块调节到相同的任一通道，如 3 通道。

（2）用无线模块实现串口通信

1）准备两个主控板，分别将 receive. ino 和 send. ino 程序下载到主控板，再将 nRF24L01 无线模块连接到 Bigfish 扩展板上。

2）依次打开接收端、发送端，在下载了 receive. ino 程序的主控板 LED 点阵屏上，可以看到发送端从串口通道发送的字符串，如数字 1~9。

【示例程序代码】

1）通道调整的程序代码如下：

```
/******************************************************/
/*程序: setchannel. ino          功能: 通道调整 */
/******************************************************/
int sensor[4] = {A0,A2,A4,A3};
void setup() {
  Serial. begin(9600);
  for(int i=0;i<4;i++)
      pinMode(sensor[i],INPUT);
  }
/******************************************************/
void loop() {
  if(SensorTrigger(0)) {
      Serial. println('#');
    }
  delay(100);
  }
/******************************************************/
boolean SensorTrigger( int which ) {
  boolean where = false;
  if( !digitalRead( sensor[ which ] ) ) {
    delay( 100 );
    if( !digitalRead( sensor[ which ] ) )
        where = true;
    }
  return( where );
  }
/******************************************************/
```

2）nRF24L01 串口通信的程序代码如下：

```
/******************************************************/
/*接收端程序 receivel. ino          功能:接收信息 */
/******************************************************/
#include "LedControl. h"
LedControl lc=LedControl(12,11,13,1); //config 8 * 8 led
String inputString = "";
```

```
boolean stringComplete = false;
/******************************************************************/
void setup( ) {
    Serial. begin( 9600 );
    inputString. reserve( 200 );
    pinMode( 9, OUTPUT );
    pinMode( 10, OUTPUT );
    pinMode( 5, OUTPUT );
    pinMode( 6, OUTPUT );
    LedInit( );
    }
/******************************************************************/
void loop( ) {
  if ( stringComplete )
    {
    string_deal( );
    }
  }
/******************************************************************/
void string_deal( ) {
    Serial. println( inputString );
    int len = inputString. length( )-1;
    char buf[ len ];
    inputString. toUpperCase( );
    inputString. toCharArray( buf, len );
    for( int i=0; i<len-1; i++ ) {
        LedLetter( buf[ i ] );
        delay( 1000 );
        }
    inputString = " ";
    stringComplete = false;
  }
/******************************************************************/
void serialEvent( ) {
    while ( Serial. available( ) )
     {
      char inChar = ( char )Serial. read( );
      if ( inChar == '\n' )
        stringComplete = true;
      else
        inputString += inChar;
     }
  }
/******************************************************************/
void LedInit( ) {
    lc. shutdown( 0, false ); //start the 8 * 8 led
    LedIntensity( 8 );
    LedClear( );
```

```
    }

void LedIntensity(int i) { //0~15
    lc.setIntensity(0,i);
    }


void LedClear() {
    lc.clearDisplay(0);
  }
/******************************************************************/
void LedLetter(char a) {
    LedClear();
    byte j[8];
    switch(a) {
        case '0': { j[0]=B00111100;j[1]=B01100110;j[2]=B01100110;j[3]=B01100110;
                    j[4]=B01100110;j[5]=B01100110;j[6]=B01111110;j[7]=B00111100;break;}
        case '1': {j[0]=B00001000;j[1]=B00011000;j[2]=B00111000;j[3]=B00011000;
                    j[4]=B00011000;j[5]=B00011000;j[6]=B00011000;j[7]=B00111100;break;}
        case '2': {j[0]=B00111100;j[1]=B01111110;j[2]=B00000110;j[3]=B00001100;
                    j[4]=B00011000;j[5]=B00110000;j[6]=B01111110;j[7]=B00111110;break;}
        case '3': {j[0]=B00111100;j[1]=B01000010;j[2]=B00000110;j[3]=B00011100;
                    j[4]=B00001100;j[5]=B00000110;j[6]=B01000010;j[7]=B00111100;break;}
        case '4': {j[0]=B00000100;j[1]=B00001100;j[2]=B00010100;j[3]=B00100100;
                    j[4]=B01000100;j[5]=B01000100;j[6]=B01111110;j[7]=B00000100;break;}
        case '5': {j[0]=B01111110;j[1]=B01000000;j[2]=B01000000;j[3]=B01111100;
                    j[4]=B00000010;j[5]=B00000010;j[6]=B01000010;j[7]=B00111100;break;}
        case '6': {j[0]=B00001000;j[1]=B00010000;j[2]=B00100000;j[3]=B01111100;
                    j[4]=B01000010;j[5]=B01000010;j[6]=B01000010;j[7]=B00111100;break;}
        case '7': {j[0]=B01111110;j[1]=B01111110;j[2]=B00000110;j[3]=B00001100;
                    j[4]=B00001100;j[5]=B00011000;j[6]=B00011000;j[7]=B00011000;break;}
        case '8': {j[0]=B00111100;j[1]=B01100110;j[2]=B01100110;j[3]=B00111100;
                    j[4]=B00111100;j[5]=B01100110;j[6]=B01100110;j[7]=B00111100;break;}
        case '9': {j[0]=B00111100;j[1]=B01100110;j[2]=B01100110;j[3]=B01100110;
                    j[4]=B00111110;j[5]=B00001100;j[6]=B00011000;j[7]=B00110000;break;}
        default : break;
        }
    for(int i=0;i<8;i++)
        lc.setRow(0,i,j[i]);
  }
/******************************************************************/
/* 发射端程序 send.ino        功能:发送信息 */
/******************************************************************/
void setup() {
    Serial.begin(9600);
    }


void loop()    {
```

```
        Serial. println("123456789");
    }
/*********************************************************/
```

9.7　WiFi 无线通信

9.7.1　WiFi 技术简介

WiFi 是一种由 Wi-Fi 联盟认证的基于 IEEE 802.11 标准的无线局域网技术。它是通过无线电波联网，并进行网络数据传输，工作在 2.4 GHz 和 5.8 GHz 频段，是目前应用最为广泛的一项无线网络传输技术，也广泛应用于智能家居、机器人控制等领域，实现无线联网与远程控制。

9.7.2　ESP8266 WiFi 模块概述

ESP8266 WiFi 是一款超低功耗的 UART-WiFi 透传模块，专为移动设备和物联网应用设计，可将用户的物理设备连接到 WiFi 无线网络上，进行互联网或局域网通信，实现联网功能。图 9-22 所示是一些经常使用的 WiFi 模块。

NodeMCU V1.0　　　　ESP-01　　　　　ESP-12F

图 9-22　WiFi 模块

1. 功能简介

ESP8266 可以实现的主要功能包括：串口透传、PWM 调控、GPIO 控制。

1）串口透传：数据传输，传输的可靠性好，最大的传输速率为 460800 bit/s。

2）PWM 调控：灯光调节、三色 LED 调节、电机调速等。

3）GPIO 控制：控制开关、继电器等。

2. 基本参数

ESP8266 基本参数见表 9-8。

表 9-8　ESP8266 基本参数

模　　块	型　　号	ESP8266-12（主芯片 ESP8266）		
无线参数	无线标准	IEEE 802.11b/g/n		
	频率范围	2.412~2.484 GHz		
	发射功率	802.11b：+16 +/-2 dBm（@ 11 Mbit/s）		
		802.11g：+14 +/-2 dBm（@ 54 Mbit/s）		
		802.11n：+13 +/-2 dBm（@ HT20，MCS7）		

（续）

模　块	型　号	ESP8266-12（主芯片 ESP8266）		
无线参数	接收灵敏度	802.11b：−93 dBm（@ 11 Mbit/s，CCK）		
		802.11g：−85 dBm（@ 54 Mbit/s，OFDM）		
		802.11n：−82 dBm（@ HT20，MCS7）		
	天线接口形式	板载 PCB 天线、IPEX 接口和邮票孔接口		
硬件参数	硬件接口	可支持 UART、IIC、PWM、GPIO、ADC 等		
	工作电压	3.3 V		
	GPIO 驱动能力	Max：15 mA		
	工作电流	持续发送下≥平均值 70 mA，正常模式下≥平均值 12 mA，峰值为 200 mA		
	工作温度	−40~125℃		
	存储环境	温度：<40℃；相对湿度：<90%		
串口透传	传输速率	110~921600 bit/s		
	TCP Client	5 个		
软件参数	无线网络类型	STA/AP/STA+AP		
	安全机制	WEP/WPA−PSK/WPA2−PSK		
	加密类型	WEP64/WEP128/TKIP/AES		
	固件升级	本地串口，OTA 远程升级		
	网络协议	IPv4，TCP/UDP/FTP/HTTP		
	用户配置	AT+指令集，Web 页面 Android/iOS 终端，Smart Link 智能配置 APP		

3. 工作模式

ESP8266 模块支持 STA、AP、STA+AP 三种工作模式。

1）STA 模式：ESP8266 模块通过路由器连接互联网，手机或计算机通过互联网实现对设备的远程控制。

2）AP 模式：ESP8266 模块作为热点，实现手机或计算机直接与模块通信，实现局域网无线控制。

3）STA+AP 模式：两种模式的共存模式，可以通过互联网控制实现无缝切换，方便操作。

4. 应用领域

ESP8266 应用比较广泛，例如串口 CH340 转 WiFi、工业透传 DTU、WiFi 远程监控/控制、玩具领域、LED 控制、消防、安防智能一体化管理、智能卡终端、无线 POS 机 WiFi 摄像头、手持设备等。

9.7.3　ESP8266 WiFi 模块的应用

这里以 NodeMCU（一款搭载 ESP8266 WiFi 模块可通过 MicroUSB 线直接连接计算机使用的开发板）为例，介绍模块的使用。

1. ESP8266 WiFi 库

ESP8266 官方提供了非常丰富的无线 WiFi 库函数资源，这些库函数在安装开发板时一起自动下载。ESP8266 WiFi 库文件由工作模式库、网络连接、网络通信等功能库文件组成

（表9-9），每个库文件都包含其相关的库函数，用户可以根据需要查询或导入程序。

表 9-9   ESP8266 WiFi 库

工作模式		ESP8266 WiFiAP 库
		ESP8266 WiFiSTA 库
网络连接		ESP8266 WiFiGeneric 库
		ESP8266 WiFiMulti 库
		ESP8266 WiFiScan 库
网络通信	TCP	WiFiClient 库
		WiFiServer 库
	HTTP	ESP8266 HTTPClient 库
		ESP8266 WebServer 库
	HTTPS	WiFiClientSecure 库
		WiFiServerSecure 库
	UDP	WiFiUDP 库
	DNS	DNSServer 库
其他		ESP8266 mDNS 库
		ESP8266 LLMNR 库
		Ethernet 库
		ESP8266 NetBIOS 库
		ESP8266 SSDP 库

2. 搭建环境（在 Windows 系统）

1）打开 Arduino IDE，选择"文件"→"首选项"，打开"首选项"对话框，在"附加开发板管理器网址："文本框中键入网址 http://arduino. esp8266. com/stable/package_esp8266com_index. json，如图9-23所示，然后单击"好"按钮确定。

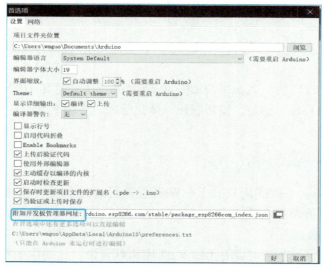

图 9-23   搭建环境设置界面

2）安装开发板。在菜单栏中选择"工具"→"开发板"→"开发板管理器"，在文本框中输入"esp8266"，如图9-24所示，选择过滤后的唯一安装包，单击"安装"按钮。

图9-24 安装开发板

3）将NodeMCU开发板与计算机连接。通过菜单栏中的"工具"→"开发板"，选择NodeMCU 1.0（ESP-12E Module）开发板，并选择COM端口。如果COM端口不可选，需要先下载安装USB驱动，再选择COM端口，如图9-25所示。

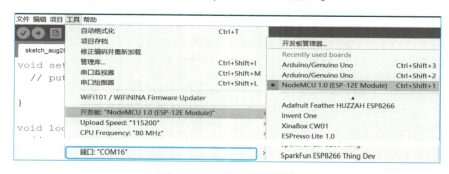

图9-25 选择开发板类型

4）测试配置是否成功。

① 测试GPIO端口。选择"文件"→"示例"→"ESP8266"→"blink"，打开LED闪烁示例，下载至开发板，如果板载LED闪烁，说明ESP8266开发板的GPIO配置成功。

② 测试串口通信。将如下代码下载至开发板，在串口监视器若有"hello world"输出，说明串口通信无误。

```
void setup( ) {
    Serial. begin( 115200) ;
}
void loop( ) {
    delay( 2000) ;
    Serial. println( "hello world" ) ;
}
```

用同样方式，可以测试PWM输出功能。测试时需要注意，不同型号或版本的开发板，其引脚功能定义有所不同，使用前需要进行确认，避免接错线。

5）运行DEMO程序，观察运行结果。

① 打开示例→ESP8266WiFi→WiFiManualWebServr，将WiFi地址和密码修改为你的

WiFi 名称和密码，重新编译校验无误后下载至目标板。

②打开串口监视器，获取无线网络的 IP 地址。如图 9-26a 中出现的 192.168.199.101。

③手机或计算机等客户在终端浏览器中输入 IP 地址，刷新后将会看到图 9-26b 所示网络页面。注意，要确保客户端与 ESP8266 WiFi 模块（NodeMCU）连接在同一局域网。

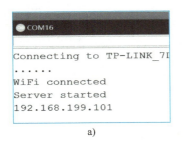

a)

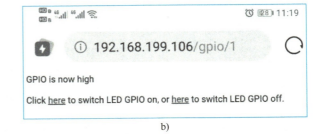

b)

图 9-26　从串口监视器获取无线网络的 IP 地址

此时，可以通过客户端查看板载 LED 的亮灭状态，并进行控制。

```
/**************************************************/
/** 功能描述：（手机）WiFi 远程控制 LED 点亮与熄灭 **/
/**************************************************/
#include <ESP8266WiFi.h>                     //导入 WiFi 库
const char * ssid = "sic-guest";             //设置需要连接的 WiFi 网络的名称
const char * password = "sicguest";          //设置所连接的 WiFi 网络的密码
WiFiServer server(80);                       //创建一个服务器，设定 CUP 频率
/**************************************************/
void setup() {
    Serial.begin(115200);
    pinMode(LED_BUILTIN, OUTPUT);            //初始化板载指示灯
    digitalWrite(LED_BUILTIN, 0);
    Serial.println();                        //连接 WiFi 网络
    Serial.println();
    Serial.print(F("Connecting to "));
    Serial.println(ssid);
    WiFi.mode(WIFI_STA);                     //设置工作模式为 STA 模式
    WiFi.begin(ssid, password);              //启动无线 WiFi 模块
    while (WiFi.status() != WL_CONNECTED) {
        delay(500);
        Serial.print(F("."));
    }
    Serial.println();
    Serial.println(F("WiFi connected"));
    server.begin();                          //启动服务器
    Serial.println(F("Server started"));
    Serial.println(WiFi.localIP());          //串口输出 IP 地址
    }
/**************************************************/
void loop() {
```

```
       WiFiClient client = server. available( );          //检查客户端是否已连接
       if ( !client) {
           return;
           }
       Serial. println( F( "new client") );
       client. setTimeout( 5000 );                         //默认是 1000
       String req = client. readStringUntil('\r');         //读取请求信号的第一行
       Serial. println( F( "request:") );
       Serial. println( req );
       //匹配请求
       int val;
       if ( req. indexOf( F( "/gpio/0") ) != -1) {
         val = 0;
           }
       else if ( req. indexOf( F( "/gpio/1") ) != -1) {
         val = 1;
           }
       else {
         Serial. println( F( "invalid request") );
         val = digitalRead( LED_BUILTIN );
           }
       digitalWrite( LED_BUILTIN, val );                   //根据请求信号设置 LED

       while ( client. available( ) ) {                    //读取/忽略其余请求
         client. read( );                                  //逐字节基本无效
           }
         }
       //将响应发送到客户端(手机)
       client. print( F( "HTTP/1. 1 200 OK\r\nContent-Type: \
           text/html\r\n\r\n<!DOCTYPE HTML>\r\n<html>\r\nGPIO is now ") );
       client. print( ( val) ? F( "high") : F( "low") );
       client. print( F( "<br><br>Click <a href='http:  //") );
       client. print( WiFi. localIP( ) );
       client. print( F( "/gpio/0'>here</a> to switch LED GPIO on, or <a href='http://") );
       client. print( WiFi. localIP( ) );
       client. print( F( "/gpio/1'>here</a> to switch LED GPIO off. </html>") );
       Serial. println( F( "Disconnecting from client") ); //当函数返回且客户端超出范围时,断开客户端连接
/**************************************************************/
```

3. ESP8266 与 Arduino 之间串口通信应用实例

【设计要求】 在局域网内,以 PC 或手机作为网络客户端,通过 ESP8266 编程实现对 Basra/Arduino 端的电机、LED 等设备的网络控制。

【实践材料】 Basra 控制板、ESP8266 NodeMCU、直流电机及驱动模块 (Bigfish 扩展板)、LED、220 Ω 限流电阻、面包板及若干导线,以及手机或 PC 客户端。

【设计思路】 根据设计要求,如果想通过 PC/手机等客户端对下位机所连的外设进行控制,设计任务可分为网页操作界面、ESP8266 与客户端的无线 WiFi 通信、ESP8266 与 Arduino 的串口通信、电机及 LED 的运行控制等若干部分。

1）按照上述方法搭建 ESP8266 运行环境，选择开发板类型，这里仍选择 NodeMCU 控制板；

2）编写 ESP8266 NodeMCU 端的程序。该部分程序包括客户端 Web 页显示、NodeMCU 连接无线 WiFi 以及与 Basra 的数据传输等，其程序流程图如图 9-27 所示。客户端 Web 页显示采用 HTML5 语言，NodeMCU 与 Basra 之间采用串口通信。

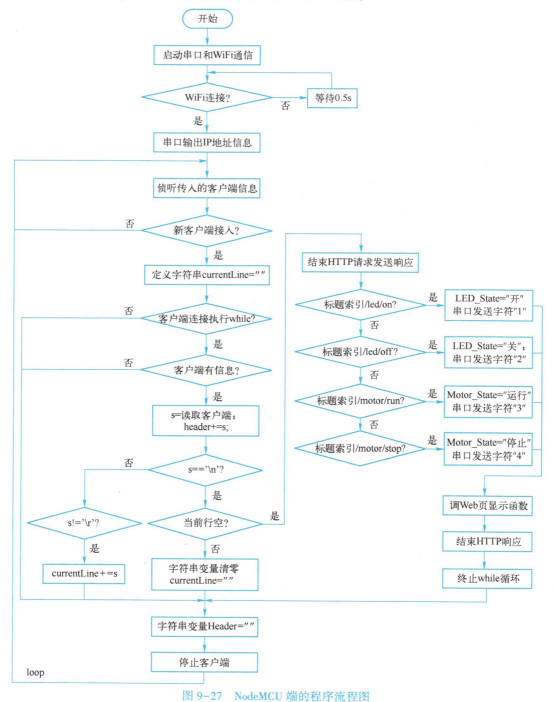

图 9-27 NodeMCU 端的程序流程图

3）Basra/Arduino 端的程序比较简单，当 CPU 检测到软串口有信息传输，就开始读取串口信息，根据结果向 I/O 端口发送相应的控制信号，其程序流程如图 9-28 所示。程序包括 lower_Basra.ino 和控制子程序 System_Ctrl( )（见示例代码）。为不影响串口监视器使用，在程序 lower_Basra.ino 中定义了软串口：数字端口 2 和 3。

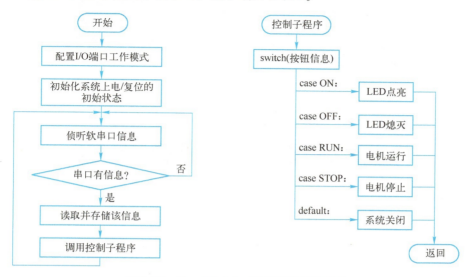

图 9-28　Basra/Arduino 端控制程序的流程

4）程序编译通过后，分别下载至 ESP8266 NodeMCU 板和 Basra/Arduino 控制板。

5）硬件连线。ESP8266 与 Basra 引脚对应关系如图 9-29 所示。其中，定义 Basra 控制板的数字端口 2、3 为软串口的 RX、TX。将 NodeMCU 板的 TX、RX 分别与 Bigfish 扩展的数字引脚 2、3 相连，GND 与 GND 相连，3V3 与 3V3 相连。直流电机连接在数字引脚 5，LED 模块连接在数字引脚（A0），然后将 Bigfish 扩展板叠插入 Basra 控制板，如图 9-30 所示。

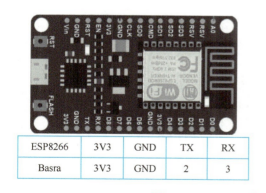

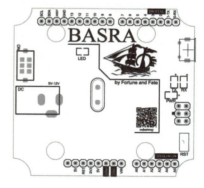

ESP8266	3V3	GND	TX	RX
Basra	3V3	GND	2	3

图 9-29　ESP8266 与 Basra 引脚对应关系

6）打开串口监视器，将波特率设为 9600，然后按下 NodeMCU 的复位键 RST，就可以在串口监视器看到当前所连网络名称及 IP 地址，如图 9-31 所示。

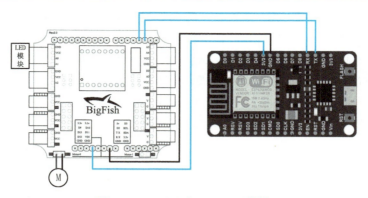

图 9-30　Bigfish 与 ESP8266 连接

```
COM16

I%_ςς-ςςςConnecting to:sic-guest
.
WiFi connected.
IP address:
172.18.29.73
```

图 9-31　查看网络名称及 IP 地址

7）打开移动终端或 PC 的浏览器，输入 IP 地址后按〈Enter〉键，就可以看到 Web 页显示结果如图 9-32a 所示，此时 Arduino 控制板无信号输出，电机静止、LED 熄灭。如果单击 Motor 下面的"RUN"按钮，控制板上连接的电机将会起动运行，Web 页显示电机的状态将由"停止"变为"运行"，题头索引/motor/stop→/motor/run，如图 9-32b 所示。

a)

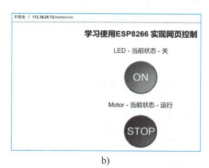

b)

图 9-32　打开移动终端或 PC 浏览器

【示例程序代码】

1）Basra/Arduino 端的程序如下：

```
/**************************************************/
/** 程序：lower_Arduino. ino    功能：实现电机和 LED 的驱动控制 ****/
/**************************************************/
#include <SoftwareSerial. h>              //引用软串口库函数
#define   ON        '1'                    //定义按钮功能
```

```
#define    OFF    '2'
#define    RUN    '3'
#define    STOP   '4'
SoftwareSerial mySerial(2, 3);              //定义软串口引脚：RX=2, TX=3
const int motor = 5;                        //为电机和 LED 分配 I/O 端口
const int led = 14;
/ * * * * * * * * * * * * * * * * * * * * * * * * * * * * * * * * * * * * * * * * * * * * * * * * * * * * * * /
void setup( ) {
    Serial. begin(9600);                    //设置串口通信波特率
    mySerial. begin(9600);
    pinMode(led,OUTPUT);                     //系统上电时，设备处于停止状态
    pinMode(motor,OUTPUT);
    digitalWrite(led, LOW);
    digitalWrite(motor, LOW);
    delay(1000);
}
/ * * * * * * * * * * * * * * * * * * * * * * * * * * * * * * * * * * * * * * * * * * * * * * * * * * * * * * /
void loop( ) {
    while(1) {
        mySerial. listen( );                //侦听软串口的信息
        if( mySerial. available( ) > 0 )    //如有信息，执行读操作
        {
            char control = mySerial. read( ); //将读取信号存储在字符变量中
            System_Ctrl(control);           //调用系统控制子程序 System_Ctrl( )
        }
    }
}
/ * * * * * * * 系统控制子程序 * * * * * * * * * * * * * * * * * * * * * * * * * * * * * * * * * * * * * * * * /
void System_Ctrl( char control) {
    switch(control) {
        case ON:    digitalWrite(led, HIGH);
                    break;
        case OFF:   digitalWrite(led, LOW);
                    break;
        case RUN:   digitalWrite(motor, HIGH);
                    break;
        case STOP:  digitalWrite(motor, LOW);
                    break;
        default:    digitalWrite(motor, LOW);
                    digitalWrite(led, LOW);
                    break;
    }
}
/ * * * * * * * * * * * * * * * * * * * * * * * * * * * * * * * * * * * * * * * * * * * * * * * * * * * * * * /
```

2）ESP8266 NodeMCU 端的程序如下：

```
/ * * * * * * * * * * * * * * * * * * * * * * * * * * * * * * * * * * * * * * * * * * * * * * * * * * * * * * /
/ * * * 程序：ESP8266_Server. ino    功能：接收客户端信息，* * * * /
```

```
/********************************************************/
#include <ESP8266WiFi.h>
const char * ssid       = "sic-guest";    //声明两个全局变量用以保存想要连接的 WiFi 网络名称及其密码
const char * password = "sicguest";
WiFiServer server(80);                //设置端口
WiFiClient client
String header;                       //定义字符串变量 header, 存储 HTTP 请求
int led, motor;
String LED_State = "关";              //LED 的状态
String Motor_State = "停止";          //电机的状态
/********************************************************/
void setup() {
  Serial.begin(9600);
  WiFi.begin(ssid, password);        //连接网络接入点
  Serial.print("Connecting to:");
  Serial.println(ssid);
  while (WiFi.status() != WL_CONNECTED) {
    delay(500);
    //Serial.print(".");
    }
  Serial.println("");
  Serial.println("WiFi connected.");      //串口输出本地 IP 地址并启动 Web 服务
  Serial.println("IP address: ");
  Serial.println(WiFi.localIP());         //在串口显示 Pi 的 IP 地址, 该地址应输入到浏览器中
  server.begin();
}
/********************************************************/
void loop() {
  client = server.available();            //侦听传入的客户端信息
  if (client) {                           //如果是一新的客户端
    String currentLine = "";              //定义一个字符串变量 currentLine 以保存来自客户端的传
                                          //入数据
    while(client.connected()) {           //客户端连接时, 循环执行 while()
      if(client.available()) {            //如果从客户端读取有效字符, 读取结果送给变量 s
        char s = client.read();
        header += s;
        if (s == '\n') {                  //如果读取的字节是换行符, 判断内容行长度
          //若当前行为空, 则一行中有两个换行符; 客户端 HTTP 请求到此结束, 请发送响应:
          if (currentLine.length() == 0) {
            client.println("HTTP/1.1 200 OK");      //HTTP 标题以 HTTP/1.1 200 OK 开始
            client.println("Content-type:text/html");//告诉客户端资源文件的类型以便客户端知道
                                          //将要发生什么
            client.println("Connection: close");
            client.println();
            //控制 GPIOs 导通/断开
            if(header.indexOf("GET /led/on") >= 0) {
              LED_State = "开";
              Serial.print("1");
```

```
            else if( header. indexOf( "GET /led/off" ) >= 0)  {
                LED_State = "关";
                Serial. print( "2" );  }
            else if( header. indexOf( "GET /motor/run" ) >= 0)  {
                Motor_State = "运行";
                Serial. print( "3" );  }
            else if( header. indexOf( "GET /motor/stop" ) >= 0) {
                Motor_State = "停止";
        Serial. print( "4" );  }
            //Display the HTML web page
            client_webDisplay( );
            client. println( );                //http 响应以另一个空行结束
            break;                             //中断跳出 while 循环
        }
            else                               //如果有换行符, 则清除当前行
                currentLine = "";
            }
        else if ( s != '\r')                   //如果除了回车符还有其他字符, 请将其添加到当前行的末尾
  currentLine += s;
}
    }
    header = "";                               //清 header 变量
    client. stop( );                           //断开连接
    }
    }
}
/ ********* 客户端 Web 显示 **************************************/
void client_webDisplay( ) {
    client. println( "<!DOCTYPE html><html>" );
    client. println( "<head><meta name=\"viewport\" content=\"width=device-width,initial-scale=1\"
charset=\"utf-8\">" );

    client. println( "<link rel=\"icon\" href=\"data:,\">" );
    //CSS to style the on/off buttons
    //Feel free to change the background-color and font-size attributes to fit your preferences
    client. println( "<style type=\"text/css\">html {font-family:Helvetica; display:inline-block;\
                margin:0px auto; text-align:center;}" ); \
    client. println( ". button { background-color:##32CD32; color:white;border-radius:50%;\
                height:80px;width:80px; background:radial-gradient( circle at 80px 80px, #00FF00,
#333);" );   \
    client. println( "text-decoration:none; font-size:25px; margin:0px; cursor:pointer;}" );
    client. println( ". button2 {background-color:#FF0000; background:radial-gradient( circle at 80px
80px, #FF0000, #333); }" );
    client. println( ". label {text-decoration:none; font-size:15px;}</style></head>" );
                                                //定义 label 组, 修改字体的大小

    client. println( "<body><h3>学习使用 ESP8266 实现网页控制</h3>" );  //网页标题及字号 h1~h6
    client. println( "<p class=\"label\">LED - 当前状态 - " + LED_State +" </p>" );
                                                //显示 LED 连接按钮当前状态, ON/OFF
```

```
    if ( LED_State = = "关" ) {                                          //如果绿灯是关闭状态, 按钮显示 ON
        client. println ( "<p><a href=\"/led/on\"><button class=\"button\">ON</button></a></p>" );
    }
    else {
        client. println ( "<p><a href=\"/led/off\"><button class=\" button button2\">OFF</button></a>
</p>" );
    }
    client. println ( "<p class=\"label\">Motor -当前状态 - " + Motor_State + "</p>" );
                                                                       //显示 Motor 按钮当前状态, ON/OFF
    if ( Motor_State = = "停止" ) {                                       //如果红灯是关闭状态, 按钮显示 ON
        client. println ( "<p><a href=\"/motor/run\"><button class=\"button\">RUN</button></a></p>" );
    }
    else {
        client. println ( "<p><a href=\"/motor/stop\"><button class=\" button button2\">STOP</button>
</a></p>" );
    }
    client. println ( "</body></html>" );
}
/**************************************************************/
```

说明：NodeMCU 是一款搭载了 ESP8266 的开发板, 自带 32 位 MCU 和 USB 接口, 默认开发板模式, 使用时无须连接 Barsa/Arduino 控制板, 如果想设置透传模式则需要刷入 AT 固件。

ESP8266 串口 WiFi 模块出厂时默认内置 AT 固件, 波特率为 115200, 可通过串口调试助手发送 AT 指令进行配置（关于 AT 指令集可找商家提供）。

4. 动手做——基于局域网的温度、湿度检测与控制系统设计

【设计要求】在理解示例代码的基础上, 尝试使用无线 WiFi 模块 ESP8266、Basra/Arduino、温度及湿度传感器 DHT11、直流电机及其驱动模块（Bigfish 扩展板）、OLED 模块、手机或移动终端, 设计基于局域网的温度、湿度检测与控制系统。

【设计提示】温度、湿度检测可以在 Basra/Arduino 控制板上实现。

9.8 本章小结

本章主要介绍了单片机控制系统中常用的几种通信方式, 解读了通信技术涉及的函数库, 重点介绍了几款常用的通信模块的使用方法, 最后结合应用实例详细介绍了设计的思路、开展实践的方法和步骤。

第 10 章　自主创意设计实例

叶圣陶先生曾说："教是为了不教"。经过前几章的学习和主题实践，读者应该对机器人设计基础和编程控制方法有了比较清晰的认识，下面我们需要跳出模型机学习的知识框架，开拓思维，进行自主构思创意，设计制作出新颖实用的机器人或个性化作品。

v10-1 智能机器人创意设计视频

10.1　自主创意设计的基本思路

选题是自主创意设计中非常重要的环节。题目往往可以体现出设计者的创造性思维和卓越主见，以及作品的功能价值。设计的作品要有一定的创新性、实用性、可行性。

10.1.1　选题的思路

首先，立意要明确。可以从自己熟悉的日常生活学习中存在的问题入手，确定设计题目，突出题目的社会意义和价值，也可以契合当前社会热点问题，或尝试趣味型、服务型等主题。

其次，自主创意设计要立足创新。所谓创新并不意味着要提出一种全新的产品。事实上，对于先进机器人产品局部结构上的创新性改进同样值得提倡。在此基础上，学生应充分拓宽自己的视野，更多地集中于如何运用创新思维解决一个特定问题，避免过度追求创新而落入"为创新而创新"的误区。在创新的过程中，应首先对提出的方案进行实用性分析，深入思考这一设计是否具有价值。这一价值不应仅以经济价值体现，同样也可以以社会价值的形式加以展示。这就要求设计者对市场进行充分的调研，明确自己的设计的目标受众。

最后，还需要认识到创新设计应考虑创新者的能力（材料、成本、技术），因此提出的设计必须是处于设计者能力范围之内，且具有一定操作可行性的，切忌选题难度太大，过于标新立异以至于无法完成。

10.1.2　设计的思路

拟定好设计题目和设计要求，接下来就要根据设计题目制定详细的设计方案和切实可行的技术路线，如选择结构类型和材料、设计装配方法、确定零件加工工艺、设计控制电路、编写控制程序等。

1）结构上，一般应遵循能简不繁的原则。除非有特殊用途和要求，应尽可能使用结构简单、效率高、能耗低的方案实现最终的设计要求。这是因为结构设计、零件加工、装配等环节中都存在一定的误差，且结构越复杂，误差累积的影响越大。例如，在激光加工时，经常会忽略加工精度，导致零件之间配合间隙过大或过小，而无法正常装配。

2）控制上，在实现设计要求的基础上，应使控制电路硬件资源选型和配置合理、连线简便，控制程序语句简明、逻辑清晰，控制界面友好、操作简单，保证系统运行稳定。例如，选择驱动模块时应考虑最大负载，并预留一定的裕量，避免因过载损坏器件。

3）实现上，还要充分考虑设计成本和制作工艺。特别是面向市场的产品原型机设计，控制设计成本、求取最大利润是产品探索市场的必要因素。

另外，设计上应有一定的冗余度，以应对结构或系统失效时的应急措施。

除此之外，在项目设计过程中还有一些文档资料，如开题报告和结题报告。

1）开题报告可以作为选题、定题的备案，也是分析论证项目可行性的报告。内容主要包括：设计主题、设计要求和技术要求，设计思路和设计方案（结构设计和控制系统设计），计划采用的实施方法、步骤，小组成员分工，所需材料选型以及文献或市场调研信息。

2）结题报告是对项目设计完成情况的分析与总结。撰写一份条理清晰的书面设计报告，不仅可帮助梳理设计思路，总结设计经验，也可向他人或市场展示该作品的功能特点与设计过程。具体内容包括：作品题目，设计者的个人基本信息，作品功能简介，选题背景、意义，系统设计方案（结构设计方案、控制系统设计方案），难点与创新点，在设计过程中存在的问题、解决方案以及心得体会，设计文件资料（设计图、程序代码、作品实物或演示视频），参考文献资料，致谢。如果是面向市场的产品，还需要提供一份详细的产品使用操作说明书。

10.2　学生自主创意设计作品

【创意设计作品1】移动式投掷机器人的设计（图10-1）

 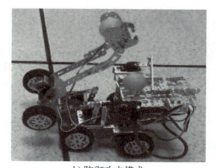

a) 正常攻击模式　　　　　　　　　　　b) 防御攻击模式

图10-1　移动式投掷机器人

c) 灵活移动模式

图 10-1　移动式投掷机器人（续）

【创意设计作品 2】变形机器人的设计（图 10-2）

a) 直立行走状态

b) 遇坡爬行状态

图 10-2　变形机器人

【创意设计作品 3】仿生系列（图 10-3）

a) 仿生暴龙兽

b) 四足摇摆狗

c) 加特林机械狗

图 10-3　仿生系列

【创意设计作品 4】双足仿人机器人（图 10-4）

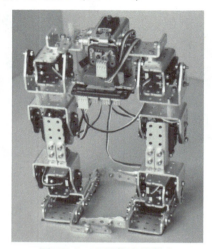

图 10-4　双足仿人机器人

【创意设计作品 5】清道夫机器人（图 10-5）

图 10-5　清道夫机器人

【创意设计作品 6】扫地机器人（图 10-6）

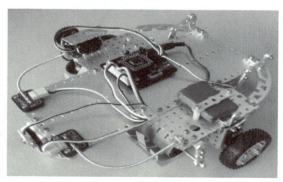

图 10-6　扫地机器人

参 考 文 献

［1］谭浩强．C++程序设计［M］．3版．北京：清华大学出版社，2015.
［2］曲凌．慧鱼创意机器人设计与实践教程［M］．上海：上海交通大学出版社，2007.
［3］PRATA S．C++ Primer Plus：第6版［M］．张海龙，袁国忠，译．北京：人民邮电出版社，2020.
［4］张龙，张庆，祖莉，等．空间机构学与机器人设计方法［M］．南京：东南大学出版社，2018.
［5］王留芳．面向多元化学生的工程实训策略研究［J］．中国大学教学，2016（8）：70-73.
［6］王留芳，曲凌．混合式工程实践的教学重构［J］．中国大学教学，2019（5）：24-28.